SQL Server 2019 ^{微课 视频版}

从入门到精通

刘媛媛　编著

中国水利水电出版社
www.waterpub.com.cn
· 北京 ·

内 容 提 要

《SQL Server 2019 从入门到精通（微课视频版）》由浅入深、循序渐进地介绍了 SQL Server2019 的知识体系，以及如何开发、设计、管理 SQL Server 2019 数据库应用系统。

全书共 22 章，以企业物资管理系统实例进行讲解，内容涵盖了数据库概述、SQL Server 2019 服务器安装、SQL Server 基础知识、服务器管理、数据库分析、数据库管理、表和索引、数据库的完整性、Transact-SQL 入门、数据查询利器—SELECT 语句、数据处理、视图管理、存储过程、触发器、用户自定义函数、事务、数据库安全性、数据库备份与恢复、数据库复制、SQL Server 自动化管理、使用.NET 访问 SQL Server 等知识。整个内容贯穿了设计、开发和管理整个数据库应用的流程，力求让读者掌握如何设计开发并管理一个数据库应用系统，通过本书能够学习尽可能多的知识。

《SQL Server 2019 从入门到精通（微课视频版）》内容通俗易懂，具有较高的趣味性和交互性。全书配备了 276 集长达 1160 分钟的大容量超详细的教学视频、全书的 PPT 教学课件和课后习题答案，适用于初中级 SQL Server 用户，亦可作为各高校和社会培训班相关专业的教材。

图书在版编目（CIP）数据

SQL Server 2019从入门到精通（微课视频版）/ 刘媛媛编著. — 北京：中国水利水电出版社，2022.4

　ISBN 978-7-5170-9826-3

　Ⅰ. ①S… Ⅱ. ①刘… Ⅲ. ①关系数据库系统—高等学校—教材 Ⅳ. ①TP311.132.3

中国版本图书馆 CIP 数据核字(2021)第 163256 号

书　　　名	SQL Server 2019 从入门到精通（微课视频版） SQL Server 2019 CONG RUMEN DAO JINGTONG
作　　　者	刘媛媛　编著
出版发行	中国水利水电出版社 （北京市海淀区玉渊潭南路 1 号 D 座　100038） 网址：www.waterpub.com.cn E-mail: zhiboshangshu@163.com 电话：（010）62572966-2205/2266/2201（营销中心）
经　　　售	北京科水图书销售中心（零售） 电话：（010）88383994、63202643、68545874 全国各地新华书店和相关出版物销售网点
排　　　版	北京智博尚书文化传媒有限公司
印　　　刷	河北文福旺印刷有限公司
规　　　格	190mm×235mm　16 开本　29 印张　715 千字
版　　　次	2022 年 4 月第 1 版　2022 年 4 月第 1 次印刷
印　　　数	0001—3000 册
定　　　价	89.80 元

凡购买我社图书，如有缺页、倒页、脱页的，本社营销中心负责调换

前　言

在当今的信息大爆炸时代，为了对信息进行有效管理，引入了数据库管理系统。数据库的应用已经渗透到社会领域的方方面面。然而，数据库的使用和开发并非一件容易的事情，各种数据库系统都异常庞大复杂，而且发展变化相当迅速。此外，各行各业对数据库管理系统的要求也是不一样的，这些问题都成为数据库管理系统开发、设计、维护工作中巨大的障碍。而 SQL Server 2019 的推出为我们解决了以上问题。

SQL Server 2019 是微软公司于 2019 年推出的版本。它在 SQL Server 2017 版本的基础上进一步增强了事务处理、数据挖掘、负载均衡等方面的能力，而且更加易用，使开发、设计数据库应用系统更加快捷、方便。

为了帮助众多数据库应用开发的从业者提高 SQL Server 2019 开发、设计、应用管理的水平，编者精心编著了本书。本书依照读者的学习规律，首先介绍基本概念和基本操作，在读者掌握了这些内容的基础上，再深入地进行讲解，严格遵循由浅入深、循序渐进的原则。

本书特点

1．实例经典，内容丰富

本书以 ABC 汽车修理厂的物资管理系统作为实例进行讲解。该实例是在企业应用中最常见的进、销、存的简化版，对从需求分析到结合 SQL Server 2019 进行数据库设计中各个对象在实际设计开发中的应用作了详细的介绍。

2．来源实际，经验之谈

在讲解每个知识点前，充分考虑了 SQL Server 2019 的各个功能模块知识和实践工作的结合，并将编者开发设计数据库管理系统中的经验以及需要注意的问题与读者分享。同一功能的实现用 SQL Server Management Studio（SSMS）和 Transact-SQL 分别讲解示范，并比较了它们各自的应用情况，让读者知其然，也要知其所以然，掌握真正规律性的东西，从而在面对实际问题和学习新技术、新知识时都能够游刃有余。

3．讲解通俗，步骤详细

每个实例的步骤都以通俗易懂的语言阐述，并穿插技巧提示和注意事项，使读者在阅读时像听课一样，详细而贴切。读者只需按照步骤操作，就可以学习到 SQL Server 2019 的相关功能。

4．门槛很低，容易上手

部分 SQL Server 的书理论性太强，通常在开篇就讲一大堆理论，让读者云里雾里，难以学习。本书每章开篇都是用最简单的几句话概括出需要明白的概念理论，让读者了解后，再辅以实例进行详细介绍，使读者很容易上手操作。

5．循序渐进，层层深入

本书以简单的操作开始，让读者学会最简单的实现方式，然后再讲解通过较为复杂的方式来实现某个特殊操作，让读者得以提高。

本书主要包括的内容

第 1 章首先带领读者了解什么是数据库，并结合编者经验对如何开发一个数据库应用系统进行了分析。

第 2 章是安装 SQL Server 2019，介绍了在各种情况下如何安装 SQL Server 2019 并对常见安装故障进行分析。

第 3 章是基础知识，介绍了 SQL Server 2019 的各种对象的概念、数据类型以及对象命名规则等内容，让读者能够较为全面地了解 SQL Server 的全貌。

第 4 章是 SQL Server 2019 的服务器管理部分，介绍了如何管理 SQL Server 2019 的服务器以及服务器组。

第 5 章是本书的案例数据库分析，对书中采用的数据库进行了分析设计，让读者了解该数据库为什么是这样的，引导读者如何设计一个数据库。

第 6 章是数据库管理，主要介绍了创建、修改、附加、分离等数据库操作。

第 7 章在 SQL Server 下分别介绍了使用 SQL Server Management Studio 和 Transact-SQL 进行表创建、修改、删除、信息查看和重命名，以及创建表之间的关系的方法等，并对表操作中应该注意的一些问题进行了讲解。

第 8 章介绍了约束、规则、默认值、标识字段的特点、创建方法以及使用时机，让读者对数据库完整性有一个清楚的认知，能够根据实际情况设计并有效地维护数据库的完整性。

第 9 章介绍了 Transact-SQL 的基本要素——变量、常量、流程控制以及游标的操作，目的是引导读者对 Transact-SQL 有一个全面的认知。

第 10 章讲述了 SELECT 命令中经常用到以及可能用到的功能，是本书的重点章节之一。作为数据库应用中最常用到的命令，本书对其重点介绍。

第 11 章主要介绍了数据处理的基本知识，即添加、修改、删除数据，希望读者通过本章的学习能够掌握 SQL Server Management Studio 以及常用的 INSERT、UPDATE、DELETE 命令的基本操作。

第 12 章主要介绍了设计管理视图的方法,让读者了解什么时机使用视图,如何开发、管理视图。

第 13 章主要介绍了存储过程的创建、管理、使用和调试,合理地使用存储过程会为数据库应用系统的开发带来极大的方便,希望读者认真阅读本章,尤其 SQL Server 的初学者。

第 14 章介绍了 SQL Server 2019 触发器的特点、创建方法和管理使用方法,以及如何利用触发器维护数据的完整性。

第 15 章介绍了用户自定义函数。

第 16 章对事务作了简单介绍。

第 17 章介绍了数据库安全性的重要概念,介绍了 SQL Server 如何在服务器级、数据库级以及数据库对象级上实施安全性的管理。

第 18 章详细介绍了 SQL Server 提供的备份与恢复操作工具,包括可视化的 SQL Server Management Studio 操作环境,以及 Transact-SQL 编程语句。最后以 WZGL 数据库为例针对常见的数据库应用环境提供了可行的实施方案和建议。

第 19 章介绍了复制的重要概念,介绍了 SQL Server 如何创建、分发和订阅数据库服务器。

第 20 章简单介绍了 SQL Server 自动化管理的有关内容。

第 21 章介绍了如何使用.NET 访问 SQL Server 2019 数据库的数据。

第 22 章介绍了成绩查询系统的实现。

本书具有知识全面、实例精彩、指导性强的特点,力求以全面的知识及丰富的实例指导读者透彻地学习 SQL Server 2019 理论知识与技术实践。本书可以作为读者初次学习 SQL Server 2019 的入门教材,可以作为在校学生数据库课程设计或毕业设计的实践教材,也可以作为中高级数据库工程师的工具书,帮助其提高技能,对其具有一定的启发意义。

本书资源下载

本书提供配套的教学视频、PPT 教学课件和课后习题答案,读者使用手机微信"扫一扫"功能扫描下面的二维码,或在微信公众号中搜索"人人都是程序猿",关注后输入 SQL98263 并发送到公众号后台,获取本书资源下载链接。将该链接复制到计算机浏览器的地址栏中,根据提示下载即可。

读者可加入 QQ 群 675337183,与其他读者交流学习。

致谢

　　本书能够顺利出版，是作者、编辑和所有审校人员共同努力的结果，在此深表谢意。同时，祝福所有读者在职场一帆风顺。

编　　者

目　　录

第 1 章　数据库概述 ················· 1

　　📹 视频讲解：96 分钟　实例：11 集

1.1　关系型数据库的基本特点 ···········2
　　1.1.1　数据结构化 ·················2
　　1.1.2　数据独立性 ···············3
　　1.1.3　数据共享 ·················4
　　1.1.4　数据的统一管理和控制 ·······5
1.2　如何设计数据库应用系统 ···········6
　　1.2.1　设计数据库应用系统的
　　　　　一般步骤 ·················6
　　1.2.2　功能设计原则 ·············9
　　1.2.3　项目实施注意事项 ·········9
1.3　数据库管理系统简介 ·············10
1.4　SQL Server 2019 特点 ···········11
1.5　SQL Server 2019 应用体系 ·······13
1.6　小结 ························14
1.7　习题 ·······················14

第 2 章　安装 SQL Server 2019 ········ 15

　　📹 视频讲解：61 分钟　实例：12 集

2.1　安装前的准备工作 ···············16
　　2.1.1　安装 SQL Server 2019 的
　　　　　硬件要求 ···············16
　　2.1.2　安装 SQL Server 2019 的
　　　　　软件要求 ···············16
　　2.1.3　安装 SQL Server 2019 前要
　　　　　注意的事项 ···········17
2.2　安装 SQL Server 2019 ···········17
　　2.2.1　安装 SQL Server 2019 的
　　　　　基本组件 ···············17

　　2.2.2　安装 SQL Server Management
　　　　　Studio ·················22
2.3　安装多个实例 ·················23
　　2.3.1　实例的概念 ·············23
　　2.3.2　安装实例 ···············24
2.4　从以前的版本升级 ·············25
　　2.4.1　升级前的准备工作 ·······25
　　2.4.2　SQL Server 旧版本的升级
　　　　　方法 ·················26
2.5　SQL Server 2019 常见的启动问题··· 29
2.6　删除 SQL Server 2019 ··········· 29
2.7　小结 ························31
2.8　习题 ························32

第 3 章　SQL Server 2019 基础 ········ 33

　　📹 视频讲解：130 分钟　实例：18 集

3.1　SQL Server 2019 的基本对象 ·······34
3.2　服务器端常用工具 ·············36
3.3　客户端常用工具 ···············37
　　3.3.1　SQL Server Management
　　　　　Studio ·················38
　　3.3.2　查询分析功能 ·············41
　　3.3.3　SQL Server Profiler ········49
3.4　SQL Server 2019 的系统数据库 ·····51
　　3.4.1　SQL Server 2019 系统数据库
　　　　　简介 ·················52
　　3.4.2　系统表 ···············52
　　3.4.3　系统存储过程 ···········53
3.5　SQL Server 的数据类型 ·········53
　　3.5.1　数值数据类型 ···········54
　　实例 3.1　在个人数据库中创建一个

有数值数据类型字段的

数据表 ······················ 55

3.5.2　字符数据类型 ············ 56

实例 3.2　在个人数据库中创建一个

有字符数据类型字段的

数据表 ····················57

3.5.3　日期/时间数据类型 ······ 58

3.5.4　货币数据类型 ············ 59

实例 3.3　在数据表中创建日期、货币

数据类型的字段 ·········· 59

3.5.5　二进制数据类型 ·········· 60

实例 3.4　使用二进制数据类型 ···· 60

实例 3.5　获取图片 ·············· 61

3.5.6　Unicode 数据类型 ········ 62

3.5.7　sql_variant 数据类型 ····· 62

实例 3.6　sql_variant 数据类型的应用···62

3.5.8　table 数据类型 ··········· 63

实例 3.7　table 数据类型的应用 ··· 63

3.5.9　其他数据类型 ············ 64

3.5.10　用户自定义数据类型 ····· 64

实例 3.8　以 char 为基类型建立一个

长度为 1 的 grade 数据

类型 ····················65

3.6　SQL Server 2019 的命名规则 ······· 66

3.6.1　标识符简介 ·············· 66

3.6.2　标识符规则 ·············· 67

3.6.3　分隔标识符规则 ·········· 68

3.6.4　对象命名规则 ············ 69

3.6.5　对象命名的注意事项 ······ 70

3.7　小结 ························ 71

3.8　习题 ························ 71

第 4 章　SQL Server 服务器管理 ······· 73

📹 视频讲解：32 分钟　实例：12 集

4.1　创建服务器组 ················ 74

实例 4.1　创建服务器组 ··········74

4.2　注册服务器 ·················· 75

4.3　断开和恢复同服务器的连接 ······· 77

4.4　删除服务器 ·················· 78

4.5　配置服务器 ·················· 78

4.5.1　配置开发服务器 ·········· 78

实例 4.2　对开发服务器进行配置······79

4.5.2　配置企业数据库服务器 ····· 80

实例 4.3　对企业数据库服务器进行

配置 ····················80

4.6　重命名服务器 ················ 81

4.7　为服务器用户指派密码 ········ 82

4.8　通过 Internet 连接 SQL Server ····· 82

4.9　SQL Server 的警报管理 ········ 84

4.9.1　添加 SQL Server 警报 ····· 85

实例 4.4　添加库存警报 ·········· 85

4.9.2　管理 SQL Server 警报 ····· 86

4.10　小结 ······················· 87

4.11　习题 ······················· 87

第 5 章　SQL Server 数据库分析 ······· 88

📹 视频讲解：28 分钟　实例：9 集

5.1　需求分析 ···················· 89

5.1.1　仓库管理现状 ············ 89

5.1.2　用户需求 ················ 89

5.1.3　业务流程 ················ 89

5.2　概要设计 ···················· 93

5.2.1　可行性分析 ·············· 93

5.2.2　采用技术分析 ············ 93

5.2.3　数据流程图的设计 ········ 93

5.3　详细设计 ···················· 94

5.3.1　归纳字段 ················ 94

5.3.2　归纳表 ·················· 95

5.4　小结 ························ 97

5.5　习题 ························ 97

第 6 章　SQL Server 数据库管理 ······· 98

📹 视频讲解：51 分钟　实例：12 集

6.1　数据库文件概述 ·············· 99

6.1.1　数据库文件 ……………… 99
6.1.2　文件组的概念 …………… 99
6.2　创建数据库 ……………………… 100
6.2.1　使用 SQL Server Management
　　　 Studio 创建数据库 ……… 100
6.2.2　使用 Transact-SQL 创建
　　　 数据库 …………………… 101
实例 6.1　创建简单的 WZGL
　　　　　 数据库 ……………… 103
实例 6.2　创建名为 WZGL 并指定日志
　　　　　 文件的数据库 ……… 104
实例 6.3　指定多个数据库文件和日志
　　　　　 文件创建数据库 WZGL ····· 104
实例 6.4　使用文件组创建数据库
　　　　　 WZGL ……………… 105
6.3　管理数据库 ……………………… 106
6.3.1　给数据库重新命名……… 106
6.3.2　扩充数据库 ……………… 107
实例 6.5　扩充 WZGL 数据库 … 108
6.3.3　收缩数据库 ……………… 108
实例 6.6　收缩 WZGL 数据库 … 110
6.3.4　删除数据库 ……………… 110
6.4　附加与分离数据库 ……………… 111
6.4.1　附加数据库 ……………… 111
实例 6.7　附加 WZGL 数据库 … 113
6.4.2　分离数据库 ……………… 114
实例 6.8　分离"示例数据库" … 114
6.5　数据库的脱机与联机 …………… 115
6.6　小结 ……………………………… 116
6.7　习题 ……………………………… 116

第 7 章　表和索引 …………………… 118
　　　　 视频讲解：56 分钟　实例：17 集
7.1　创建表 …………………………… 119
7.1.1　使用 SQL Server Management
　　　 Studio 创建表 …………… 119
实例 7.1　创建物资信息表 …… 119

7.1.2　使用 Transact-SQL
　　　 创建表 …………………… 121
实例 7.2　创建物资库存记录表……… 121
7.2　修改表 …………………………… 122
7.2.1　使用 SQL Server Management
　　　 Studio 修改表…………… 122
实例 7.3　修改物资信息表——使规格
　　　　　 型号不能为空 ……… 122
7.2.2　使用 Transact-SQL
　　　 修改表 …………………… 123
实例 7.4　在物资信息表中增加一个
　　　　　 说明字段 …………… 124
7.3　删除表 …………………………… 124
7.3.1　使用 SQL Server Management
　　　 Studio 删除表…………… 125
实例 7.5　删除物资信息表 …… 125
7.3.2　使用 Transact-SQL
　　　 删除表 …………………… 125
实例 7.6　使用 Transact-SQL 删除物资
　　　　　 信息表 ……………… 125
7.4　查看表的属性 …………………… 126
7.4.1　使用 SQL Server Management
　　　 Studio 查看表的属性…… 126
实例 7.7　使用 SQL Server Management
　　　　　 Studio 查看物资信息表的
　　　　　 属性 ………………… 126
7.4.2　使用系统存储过程 sp_help
　　　 查看表的属性 …………… 127
实例 7.8　使用系统存储过程 sp_help
　　　　　 查看物资信息表的属性…… 127
7.5　重命名表 ………………………… 127
7.5.1　使用 SQL Server Management
　　　 Studio 对表进行重命名… 127
实例 7.9　将"物资信息表"重命名为
　　　　　"物资信息" ………… 128
7.5.2　使用系统存储过程 sp_rename
　　　 对表进行重命名 ………… 128

实例 7.10　使用系统存储过程 sp_rename
　　　　　　将"物资信息表"重命名为
　　　　　　"物资信息" …………… 128

7.6　创建表之间的关系 ………… 129
实例 7.11　在表设计器中创建物资信息
　　　　　　表和物资库存表之间的
　　　　　　关系 ………………… 129
实例 7.12　使用关系图创建"物资入库
　　　　　　正式表"与"物资入库明细
　　　　　　正式表"之间的关系 … 130

7.7　索引 …………………………… 132
7.7.1　索引的特点与用途 ……… 132
7.7.2　使用 SQL Server Management
　　　　Studio 创建、删除索引 …… 133
实例 7.13　在物资入库明细临时表中
　　　　　　创建物资编码的索引 …… 133
7.7.3　使用 Transact-SQL 创建、
　　　　删除索引 ………………… 134
实例 7.14　给物资入库明细临时表
　　　　　　记录创建索引 ……… 134
7.7.4　使用索引优化查询 ……… 135
7.7.5　优化调整索引 …………… 135

7.8　小结 …………………………… 137
7.9　习题 …………………………… 138

第 8 章　数据库的完整性 ………… 139
　　　　视频讲解：42 分钟　实例：11 集
8.1　数据完整性概述 ……………… 140
8.2　使用约束实施数据库的完整性 …… 140
8.2.1　非空约束 ………………… 141
8.2.2　检查约束 ………………… 142
8.2.3　唯一约束 ………………… 145
8.2.4　主键约束 ………………… 146
8.2.5　外键约束 ………………… 148
8.3　使用规则实现数据库的完整性 …… 149
8.4　使用默认值实现数据库的
　　完整性 ………………………… 150

8.4.1　使用 SQL Server Management
　　　　Studio 指定列的默认值 …… 150
8.4.2　使用 Transact-SQL 创建并
　　　　应用默认值 ……………… 151
8.5　使用标识字段实现数据库的
　　完整性 ………………………… 151
8.5.1　使用 SQL Server Management
　　　　Studio 创建标识字段列 …… 152
8.5.2　使用 Transact-SQL 创建标识
　　　　字段列 ………………… 152
8.6　小结 …………………………… 153
8.7　习题 …………………………… 153

第 9 章　Transact-SQL 入门 ………… 155
　　　　视频讲解：116 分钟　实例：25 集
9.1　Transact-SQL 概述 …………… 156
9.2　常量与变量 …………………… 157
9.2.1　常量 ……………………… 157
9.2.2　变量 ……………………… 157
实例 9.1　使用 DECLARE 语句声明
　　　　　两个变量 …………… 158
实例 9.2　声明变量并用 SET 语句
　　　　　赋值，并且在结果集中
　　　　　显示变量的值 ……… 159
实例 9.3　使用 SELECT 语句给变量
　　　　　赋值 ………………… 159
实例 9.4　声明变量并用 SELECT 语句
　　　　　赋值 ………………… 160
实例 9.5　使用 SELECT 语句赋值的
　　　　　错误用法 …………… 161
实例 9.6　声明两个变量，查看其
　　　　　作用域 ……………… 162
9.3　基本运算 ……………………… 164
9.3.1　算术运算 ………………… 164
实例 9.7　运算符的使用 ……… 164
9.3.2　逻辑运算 ………………… 164
实例 9.8　逻辑运算的应用 1 …… 165

实例 9.9　逻辑运算的应用 2⋯⋯⋯ 165

9.3.3　字符串处理 ⋯⋯⋯⋯⋯166

实例 9.10　字符串的连接⋯⋯⋯ 166

9.3.4　比较运算 ⋯⋯⋯⋯167

实例 9.11　比较运算的应用 ⋯⋯ 168

9.3.5　空值判断 ⋯⋯⋯⋯168

实例 9.12　判断空值⋯⋯⋯⋯169

9.3.6　日期运算 ⋯⋯⋯⋯169

实例 9.13　日期时间运算 ⋯⋯⋯ 169

9.3.7　大对象处理 ⋯⋯⋯⋯170

9.4　流程控制 ⋯⋯⋯⋯⋯⋯172

9.4.1　IF⋯ELSE 结构 ⋯⋯⋯⋯172

实例 9.14　根据物资库存的亏盈更改
库存量 ⋯⋯⋯⋯⋯172

实例 9.15　带 ELSE 的 IF 语句 ⋯⋯ 172

实例 9.16　嵌套 IF⋯ELSE 语句 ⋯⋯ 173

9.4.2　IF EXISTS()结构 ⋯⋯⋯⋯173

实例 9.17　IF EXISTS() ⋯⋯⋯⋯ 173

9.4.3　BEGIN⋯END 结构 ⋯⋯⋯174

实例 9.18　BEGIN⋯END 结构的
应用 ⋯⋯⋯⋯⋯174

9.4.4　WHILE 循环 ⋯⋯⋯⋯⋯175

实例 9.19　给书的价格加倍 ⋯⋯⋯ 175

9.4.5　GOTO 语句 ⋯⋯⋯⋯⋯176

实例 9.20　GOTO 语句的应用 ⋯⋯ 177

9.4.6　CASE 语句 ⋯⋯⋯⋯⋯177

实例 9.21　在查询结果集内显示作者
居住州的全名 ⋯⋯ 178

实例 9.22　返回图书的价格类型⋯⋯ 178

9.5　游标 ⋯⋯⋯⋯⋯⋯⋯⋯178

9.5.1　游标概述 ⋯⋯⋯⋯179

9.5.2　声明游标 ⋯⋯⋯⋯180

实例 9.23　创建物资信息游标⋯⋯ 180

9.5.3　打开游标 ⋯⋯⋯⋯180

9.5.4　使用游标 ⋯⋯⋯⋯181

9.5.5　关闭游标和释放游标⋯⋯⋯182

9.6　编码风格 ⋯⋯⋯⋯⋯⋯182

9.6.1　关于大小写 ⋯⋯⋯⋯⋯ 183

9.6.2　关于代码的缩进与对齐 ⋯ 183

9.6.3　代码注释与模块声明 ⋯⋯ 184

9.7　小结 ⋯⋯⋯⋯⋯⋯⋯184

9.8　习题 ⋯⋯⋯⋯⋯⋯⋯185

第 10 章　数据查询利器——SELECT
语句 ⋯⋯⋯⋯⋯⋯⋯ 186

📹 视频讲解：114 分钟　实例：21 集

10.1　执行 SELECT 语句的工具 ⋯⋯ 187

10.2　简单数据查询 ⋯⋯⋯⋯⋯ 191

实例 10.1　查询所有字段的数据 ⋯⋯ 192

实例 10.2　查询指定字段的数据 ⋯⋯ 192

10.3　TOP 关键字 ⋯⋯⋯⋯⋯ 193

实例 10.3　查询前 n 行记录 1 ⋯⋯ 193

实例 10.4　查询前 n%的记录 1 ⋯⋯ 194

实例 10.5　查询前 n%的记录 2 ⋯⋯ 195

实例 10.6　查询前 n 行记录 2 ⋯⋯ 195

实例 10.7　WITH ties 参数的应用 ⋯ 196

10.4　ROWCOUNT 关键字⋯⋯⋯⋯ 197

实例 10.8　ROWCOUNT 全局变量
的应用 ⋯⋯⋯⋯ 197

10.5　DISTINCT 关键字 ⋯⋯⋯⋯ 197

实例 10.9　查询物资名称 ⋯⋯⋯ 197

实例 10.10　使用 DISTINCT 关键字
查询物资名称 ⋯⋯⋯ 198

10.6　WHERE 子句 ⋯⋯⋯⋯⋯ 198

10.6.1　在 WHERE 子句中使用
比较运算符 ⋯⋯⋯⋯ 199

实例 10.11　查询单个物资的记录 ⋯ 199

10.6.2　在 WHERE 子句中使用
逻辑运算符 ⋯⋯⋯⋯ 199

实例 10.12　查询多个物资的记录 ⋯ 199

10.6.3　BETWEEN⋯AND
结构 ⋯⋯⋯⋯⋯200

实例 10.13　使用 BETWEEN⋯AND
结构按范围查询 ⋯⋯ 200

实例 10.14　改写实例 10.13 ·········201
实例 10.15　NOT BETWEEN…AND
　　　　　　结构的应用 ·······201
10.6.4　IN 关键字 ··············201
实例 10.16　使用 IN 关键字按列表
　　　　　　查询 ·············201
实例 10.17　使用 IN 关键字按子查询
　　　　　　查询 ·············202
实例 10.18　NOT IN 关键字的
　　　　　　应用 ·············203
10.6.5　LIKE 关键字 ············203
实例 10.19　使用"%"通配符
　　　　　　查询 ·············203
实例 10.20　使用"_"通配符
　　　　　　查询 ·············204
实例 10.21　使用"[]"通配符
　　　　　　查询 ·············204
实例 10.22　使用"[^]"通配符
　　　　　　查询 ·············205
10.6.6　EXISTS 关键字 ·········206
实例 10.23　EXISTS 关键字的
　　　　　　应用 ·············206
实例 10.24　NOT EXISTS 关键字的
　　　　　　应用 ·············207
10.7　设置查询字段的显示名称 ·······208
实例 10.25　显示自定义的名称 ·····208
10.8　使用统计函数 ··············209
实例 10.26　sum()函数的应用 ·····209
实例 10.27　avg()函数的应用 ·····210
实例 10.28　max()函数和 min()函数
　　　　　　的应用 ·········210
实例 10.29　count()函数的应用 ·····211
10.9　GROUP BY 子句和 HAVING
　　　关键字 ·················211
实例 10.30　GROUP BY 子句的
　　　　　　应用 ·············212
实例 10.31　HAVING 关键字的

应用 ·····················212
10.10　ALL 关键字 ··············213
10.11　ORDER BY 子句 ···········214
实例 10.32　使用 ORDER BY 子句
　　　　　　递减排序 ·······214
实例 10.33　指定多个字段对查询的
　　　　　　结果集进行排序 ·····215
10.12　多表查询 ················216
实例 10.34　多表查询的应用 ·····216
实例 10.35　WHERE 子句、GROUP BY
　　　　　　子句和 ORDER BY 子句
　　　　　　的综合应用 ·······218
10.13　UNION 表达式 ············218
实例 10.36　UNION 表达式的
　　　　　　应用 ·············219
10.14　CASE 表达式 ············220
10.15　INNER JOIN…ON…表达式 ···221
实例 10.37　内连接的应用 ·······221
10.16　小结 ···················222
10.17　习题 ···················222

第 11 章　数据处理 ················223
　视频讲解：50 分钟　实例：11 集
11.1　插入数据 ················224
11.1.1　使用 SQL Server Management
　　　　Studio 插入数据 ·······224
实例 11.1　插入新数据 ·········224
11.1.2　INSERT 语句 ···········225
实例 11.2　插入一行记录 ·······225
实例 11.3　简化实例 11.2 ·······226
11.1.3　SELECT 语句 ···········227
实例 11.4　插入多行记录 ·······227
实例 11.5　复制 SELECT 语句的查询
　　　　　结果 ·············228
11.2　修改数据 ················229
11.2.1　使用 SQL Server Management
　　　　Studio 修改数据 ·······229

11.2.2 批量修改·················230
实例 11.6 批量修改单个字段······230
实例 11.7 批量修改多个字段······231
11.2.3 条件修改·················232
实例 11.8 按条件修改单个字段····232
实例 11.9 使用 FROM 子句·········233
11.3 删除数据·····················234
11.3.1 使用 SQL Server Management
Studio 删除数据·········234
11.3.2 DELETE 语句··············235
实例 11.10 删除表中所有的记录····235
实例 11.11 按条件删除记录········235
实例 11.12 使用 FROM 子句·········236
11.3.3 TRUNCATE 语句···········236
实例 11.13 使用 TRUNCATE 语句
删除表中所有的记录····236
11.3.4 删除游标行···············237
实例 11.14 使用 WHERE CURRENT OF
子句删除游标行·······237
11.4 小结·························238
11.5 习题·························239

第 12 章 视图管理··················240
视频讲解：29 分钟 实例：12 集
12.1 视图概述·····················241
12.1.1 视图的概念···············241
12.1.2 视图的作用···············241
12.2 创建视图·····················241
12.2.1 使用 SQL Server Management
Studio 创建视图·········242
12.2.2 使用 Transact-SQL 创建
视图·····················245
实例 12.1 创建单表视图··········246
实例 12.2 创建多表联合视图······246
12.3 管理视图·····················247
12.3.1 查看视图信息·············247
实例 12.3 使用 sp_helptext 存储过程

查看·················248
实例 12.4 使用 sp_help 存储过程
查看·················249
实例 12.5 使用 sp_depends 存储过程
查看·················249
12.3.2 重命名视图···············250
实例 12.6 使用 sp_rename 存储过程
重命名视图·········250
12.3.3 修改视图·················251
12.3.4 删除视图·················252
实例 12.7 使用 DROP VIEW 语句
删除视图···········252
12.3.5 对视图进行加密···········252
实例 12.8 WITH encryption 选项···253
12.4 管理视图中的数据·············253
12.4.1 查看视图中的数据·········253
12.4.2 删除视图中的数据·········253
12.5 小结·························254
12.6 习题·························254

第 13 章 存储过程··················256
视频讲解：67 分钟 实例：16 集
13.1 存储过程概述·················257
13.1.1 存储过程的分类··········257
实例 13.1 存储过程
sp_addrolemember········257
实例 13.2 用户自定义存储过程····257
13.1.2 存储过程的优点···········258
13.2 创建存储过程·················259
13.2.1 使用 SQL Server Management
Studio 创建存储过程·····259
13.2.2 使用 CREATE PROCEDURE
创建存储过程·········261
实例 13.3 更新库存价格·········262
13.3 管理存储过程·················262
13.3.1 查看存储过程信息········262
实例 13.4 查看 Test 的文本信息····263

实例 13.5　查看 Test 的一般信息……264

实例 13.6　查看 Test2 的依赖关系…265

13.3.2　重命名存储过程………265

实例 13.7　重命名 Test……265

13.3.3　修改存储过程………266

13.3.4　删除存储过程………267

实例 13.8　使用 DROP PROC 语句
删除存储过程…………268

13.3.5　对存储过程进行加密……268

实例 13.9　使用 WITH encryption
选项对存储过程进行
加密………………268

13.4　使用存储过程………………269

13.4.1　执行无参数存储过程……269

实例 13.10　直接执行无参数存储
过程………………269

实例 13.11　执行存储过程的错误
方法………………269

实例 13.12　使用 EXECUTE 或 EXEC
关键字执行无参数存储
过程………………270

13.4.2　执行有参数存储过程……270

实例 13.13　执行单参数存储过程……270

实例 13.14　执行多参数存储过程……271

13.4.3　设置参数默认值………271

实例 13.15　带默认值的存储过程……271

13.4.4　从存储过程返回数据……272

实例 13.16　带输出参数的存储
过程………………272

实例 13.17　中止存储过程的执行……273

实例 13.18　使用 return 命令返回执行
的状态………………274

实例 13.19　使用 raiserror 命令返回
错误信息…………275

13.4.5　在查询中使用存储过程……276

13.5　调试存储过程………………276

13.6　小结……………………………279

13.7　习题……………………………279

第 14 章　触发器………………281

视频讲解：35 分钟　实例：12 集

14.1　触发器概述……………………282

14.2　创建 DML 触发器……………284

14.2.1　使用 SQL Server Management
Studio 创建触发器………284

实例 14.1　创建触发器 1…………285

14.2.2　使用 Transact-SQL 创建
触发器………………286

实例 14.2　创建触发器 2…………287

14.3　管理 DML 触发器……………288

14.3.1　查看触发器信息………288

实例 14.3　查看触发器的文本
信息………………288

实例 14.4　查看触发器的一般
信息………………289

实例 14.5　查看触发器的依赖
关系………………289

14.3.2　重命名与修改触发器……290

实例 14.6　重命名触发器………290

14.3.3　删除触发器………291

实例 14.7　使用语句删除触发器……292

14.3.4　加密触发器………292

实例 14.8　使用 WITH encryption
选项对触发器进行
加密………………292

14.4　使用 DML 触发器……………293

14.4.1　使用 AFTER 触发器……293

实例 14.9　实现复杂的数据验证……293

14.4.2　使用 INSTEAD OF
触发器………………294

实例 14.10　使用 INSTEAD OF
触发器验证物资编码…294

14.4.3　触发器的特殊功能………295

实例 14.11　级联修改多数据表的

触发器 …………………… 296

14.5 利用存储过程和触发器维护
数据完整性 ……………… 296

14.6 小结 ……………………… 297

14.7 习题 ……………………… 297

第 15 章　用户自定义函数 ………… 299

视频讲解：12 分钟　实例：7 集

15.1 标量函数 …………………… 300

15.1.1 创建标量函数 ………… 300

实例 15.1 简单的数值计算 ……… 300

实例 15.2 用户自定义标量函数 …… 301

15.1.2 调用标量函数 ………… 302

15.2 内嵌表值函数 ……………… 302

15.2.1 创建内嵌表值函数 …… 302

实例 15.3 内嵌表值函数的创建 …… 303

15.2.2 调用内嵌表值函数 …… 303

15.3 多语句表值函数 …………… 303

15.3.1 创建多语句表值函数 … 304

实例 15.4 多语句表值函数的创建 … 304

15.3.2 调用多语句表值函数 … 305

15.4 小结 ……………………… 305

15.5 习题 ……………………… 306

第 16 章　事务 …………………… 307

视频讲解：17 分钟　实例：6 集

16.1 事务概述 …………………… 308

16.2 使用事务 …………………… 309

16.2.1 自动提交事务 ………… 310

16.2.2 使用显式事务 ………… 311

实例 16.1 显式事务的应用 ……… 311

16.2.3 使用隐式事务 ………… 312

实例 16.2 隐式事务的应用 ……… 312

16.2.4 事务的嵌套 …………… 314

实例 16.3 嵌套事务的应用 ……… 314

16.3 小结 ……………………… 315

16.4 习题 ……………………… 315

第 17 章　数据库安全 …………… 317

视频讲解：61 分钟　实例：17 集

17.1 SQL Server 的安全性机制 …… 318

17.1.1 硬件环境与操作系统的
安全性 …………………… 318

17.1.2 SQL Server 服务器的
安全性 …………………… 319

17.1.3 SQL Server 数据库的
安全性 …………………… 319

17.1.4 SQL Server 数据库对象的
安全性 …………………… 320

17.2 服务器安全管理 …………… 320

17.2.1 更改 SQL Server 2019 的
验证模式 ………………… 321

17.2.2 管理 Windows 用户 …… 322

17.2.3 管理 SQL Server 用户 … 326

17.2.4 特殊账户 sa …………… 330

17.3 数据库安全性 ……………… 330

17.3.1 添加数据库用户 ……… 330

17.3.2 特殊数据库用户 ……… 332

17.4 角色 ……………………… 332

17.4.1 SQL Server 的固定
服务器角色 ……………… 333

17.4.2 SQL Server 的固定
数据库角色 ……………… 334

17.4.3 创建数据库角色 ……… 337

17.5 权限 ……………………… 339

17.5.1 数据库对象的权限
管理 ……………………… 339

17.5.2 使用 SQL Server Management
Studio 对数据库用户或
角色进行权限管理 ……… 340

17.6 小结 ……………………… 340

17.7 习题 ……………………… 341

第 18 章　数据库的备份与恢复 …… 342

视频讲解：45 分钟　实例：12 集

18.1 数据库备份的概念 …………………343
　18.1.1 实施数据库备份的
　　　　 原因 ………………………343
　18.1.2 数据库备份的类型………343
　18.1.3 数据库备份的设备………345
　18.1.4 物理备份设备名和
　　　　 逻辑备份设备名 …………346
18.2 数据库备份 ……………………346
　18.2.1 数据库备份前的准备
　　　　 工作 …………………346
　18.2.2 使用 SQL Server Management
　　　　 Studio 对数据库进行
　　　　 备份 ……………………347
　18.2.3 使用 Transact-SQL 对
　　　　 数据库进行备份 ………350
18.3 恢复数据库 ……………………350
　18.3.1 恢复数据库前的准备
　　　　 工作 …………………350
　18.3.2 使用 SQL Server Management
　　　　 Studio 对数据库进行
　　　　 恢复 ……………………351
　18.3.3 使用 Transact-SQL 对
　　　　 数据库进行恢复 ………353
18.4 实施备份恢复计划 ……………353
　18.4.1 分析 WZGL 数据库的
　　　　 运行情况 ………………353
　18.4.2 制定 WZGL 数据库的
　　　　 备份与恢复方案 ………354
18.5 小结 ……………………………354
18.6 习题 ……………………………354

第 19 章　复制 ………………………356
　　📹 视频讲解：25 分钟　实例：6 集
19.1 复制概述 ………………………357
　19.1.1 复制模型 ………………357
　19.1.2 复制的分类 ……………358
19.2 配置复制 ………………………359

　19.2.1 创建服务器角色和分发
　　　　 服务器 ………………359
　19.2.2 配置订阅服务器 ………363
19.3 复制监视器 ……………………366
19.4 小结 ……………………………368
19.5 习题 ……………………………368

第 20 章　SQL Server 自动化管理…369
　　📹 视频讲解：20 分钟　实例：6 集
20.1 SQL Server 自动化管理概述……370
20.2 配置 SQL Server 代理 ………370
20.3 创建操作员 ……………………372
20.4 设置警报 ………………………373
20.5 创建作业 ………………………375
20.6 小结 ……………………………377
20.7 习题 ……………………………377

第 21 章　使用.NET 访问 SQL Server·378
　　📹 视频讲解：49 分钟　实例：12 集
21.1 ADO.NET 简介 ………………379
　21.1.1 ADO.NET 概述 ………379
　21.1.2 ADO.NET 的对象模型…379
21.2 .NET 中的数据组件 …………381
　21.2.1 SQLConnection 组件……381
　21.2.2 SQLCommand 组件 ……381
　21.2.3 SQLDataAdapter 组件…382
　21.2.4 DataSet 组件 …………382
21.3 使用 ADO.NET 访问 SQL Server
　　 数据库（C#语言环境）………383
　21.3.1 设计窗体 ………………383
　21.3.2 使用 SQLConnection
　　　　 对象连接 SQL Server
　　　　 数据库 ………………385
　21.3.3 配置数据适配器 ………386
　21.3.4 绑定数据源 ……………388
　21.3.5 编写数据操作按钮的
　　　　 代码 ……………………390

21.4　小结 ···················· 392

21.5　习题 ···················· 392

第 22 章　创建成绩查询系统（C#语言环境）··············· 394

　　　📹 视频讲解：32 分钟　实例：11 集

22.1　需求分析 ·················395

　　22.1.1　成绩查询系统的由来······395

　　22.1.2　用户需求 ·············395

　　22.1.3　系统功能 ·············395

22.2　系统设计 ·················395

　　22.2.1　数据库设计 ···········395

　　22.2.2　前端程序设计 ·········396

22.3　系统实现 ·················396

　　22.3.1　登录界面设计 ·········397

　　22.3.2　学生成绩查询界面

　　　　　　设计 ···············401

　　22.3.3　老师登记、查询成绩

　　　　　　界面设计 ···········401

　　22.3.4　界面切换原理 ·········403

22.4　系统测试 ·················404

22.5　小结 ···················· 405

附录 A　SQL Server 数据集成服务（SSIS）··············· 406

A.1　SSIS 概述 ················407

　　A.1.1　SSIS 的概念和意义·······407

　　A.1.2　SSIS 开发管理工具·······407

A.2　使用 SQL Server Management Studio

　　导入数据 ·················407

　　实例 A.1　将电话簿数据库信息迁移

　　　　　　到 SQL Server ···· 407

A.3　SSIS 设计器 ···············411

　　A.3.1　SSIS 设计器的基本

　　　　　概念 ··············411

　　A.3.2　安装 SSIS 设计器 ······412

　　A.3.3　SSIS 设计器使用方法

　　　　　简介 ··············417

　　实例 A.2　使用 SSIS 设计器 ···417

A.4　小结 ···················· 425

附录 B　SQL Server 与微软办公软件的集成················426

B.1　在 Word 中插入数据库信息········427

　　实例 B.1　在 Word 中插入物资库存

　　　　　　记录信息············ 427

B.2　在 Excel 中插入数据库信息 ·······430

　　实例 B.2　在 Excel 中导入物资库存

　　　　　　记录信息············ 430

B.3　在 Access 中插入数据库信息······431

　　B.3.1　导入 mdb 文件、连接 SQL

　　　　　Server 数据表 ········431

　　实例 B.3　向 Access 导入 WZGL

　　　　　　数据库中所有的表········ 432

　　B.3.2　使用 adp 项目访问 SQL Server

　　　　　数据库 ···········435

　　实例 B.4　在 Access 中创建 adp

　　　　　　项目 ··········· 436

B.4　在 Visio 中设计 SQL Server

　　数据库 ·················440

　　实例 B.5　将 WZGL 数据库信息

　　　　　　导入 Visio ······ 441

B.5　小结················443

第 1 章

数据库概述

　　数据库是具有某些共同性质的数据集合。例如，学校图书馆的所有藏书都具有书名、作者、出版社等共同性质；公司的客户信息都具有客户姓名、地址、联系方式等共同性质；企业的仓库物资信息都具有物资名称、规格型号、库存数量等共同性质。当将这些数据组织成数据库以后，还要经常对数据进行增加、删除、修改和检索等工作。这些工作既枯燥，又烦琐，数据量较小时还能够通过手动实现，但如果数据量较大，手动管理就会非常困难，甚至无法完成。这时，可以用一种工具完成这些工作，这个工具就是数据库管理系统。本章将对数据库的发展历史和特点及常用数据库进行简单介绍，并结合编者开发经验探讨开发数据库应用系统的一般步骤、一般原则和要注意的问题。

1.1 关系型数据库的基本特点

数据库技术是应数据管理任务的需要而产生的，是随着数据管理需求的不断增加而发展的。数据管理经历了人工管理、文件管理和数据库系统管理 3 个阶段，如图 1.1 所示。

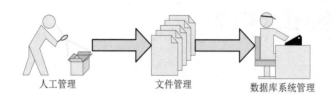

人工管理　　　　　文件管理　　　　数据库系统管理

图 1.1　数据管理的发展阶段

现在最常用的关系型数据库是典型的数据库管理系统，它具有以下特点：
- ➥ 数据结构化。
- ➥ 数据独立性。
- ➥ 数据共享。
- ➥ 数据由数据库管理系统（Data Base Management System，DBMS）统一管理和控制。

1.1.1 数据结构化

扫一扫，看视频

数据结构化是数据库系统与文件系统的根本区别。在文件系统中，相互独立的文件的记录内部是有结构的，传统文件最简单的形式是等长同格式的记录集合。在关系型数据库中，数据的结构化体现在"关系"中，就是在数据库管理系统中常见的表。清单 1.1 显示了文件系统中的物资库存信息。

清单 1.1　文件系统中的物资库存信息

物资编号	物资名称	规格型号	物资单位	物资单价	库存数量	入库情况	出库情况

在文件系统中，如果要存储一个物资的库存信息，首先要考虑某一项物资有多少次入库情况和出库情况。如果这个文件按照所有物资中入库信息和出库信息最大的一项进行设计，则会造成资源的极大浪费。如果想查找某一项物资在 2006 年以后的入库情况，则在应用程序编程开发中会面临较大难度。

在关系型数据库中，可以采用主记录与明细记录相结合的形式形成多文件结构。例如，将库存信息分别分解成清单 1.2～清单 1.5，它们之间的对应关系如图 1.2 所示。这样的数据组织形式使库存数据结构化。各个记录之间通过物资编号建立了联系，实现了整体数据的结构化，极大地减小了数据的冗余。在描述物资库存信息时，不单单是库存数据本身，还要考虑到库存信息与入库信息、出库信息，以及物资信息之间的联系。

清单 1.2　关系型数据库管理系统中的库存信息

物资编号	库存数量	入库编号	出库编号

清单 1.3　关系型数据库管理系统中的物资信息

物资名称	规格型号	物资单位	物资单价

清单 1.4　关系型数据库管理系统中的入库信息

入库编号	物资编号	入库数量	入库时间

清单 1.5　关系型数据库管理系统中的出库信息

出库编号	物资编号	出库数量	出库时间

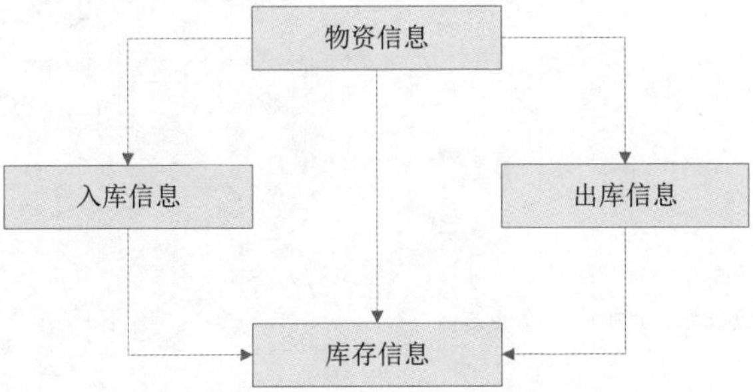

图 1.2　物资库存信息之间的关系

1.1.2　数据独立性

数据独立性是指数据库中的数据独立于应用程序，即数据的逻辑结构、存储结构与存取方式不因应用程序的变化而有所改变。应用程序与数据库服务器之间的关系如图 1.3 所示。数据独立性分为物理独立性与逻辑独立性。

应用程序　　　　　　数据库服务器

图 1.3　应用程序与数据库服务器之间的关系

物理独立性是指数据的物理结构（包括存储结构、存取方式等）的改变不影响数据库的逻辑结构，从而不引起应用程序的变化。也就是说，将数据库文件从这个服务器迁移到另外一个服务器，

扫一扫，看视频

不会影响到应用程序。

　　逻辑独立性是指数据库总体逻辑结构的改变，如修改数据模式、增加新的数据类型、改变数据间的联系等，不需要修改相应的应用程序。例如，随着物资库存量记录的增多，用户无须修改应用程序即可直接使用数据库中的数据。

扫一扫，看视频

1.1.3　数据共享

　　数据库中的数据共享主要体现在以下几个方面：

➥　数据库中的数据可以供多个应用程序使用。如图 1.4 所示，仓库物资数据库既可以被进销存系统使用，也可以被财务系统使用。

➥　数据库中的数据可供同一系统的多个程序调用。如图 1.5 所示，进销存系统中的物资入库、物资出库、物资更账程序都调用仓库物资数据库中的数据。

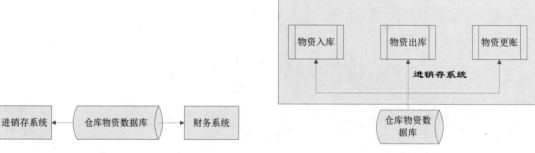

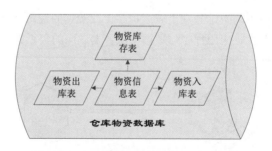

图 1.4　一个数据库被两个系统使用　　　　　图 1.5　一个应用程序的多个方面调用同一个数据库

➥　数据库的数据可直接向本数据库中的其他关联信息提供服务。如图 1.6 所示，在仓库物资数据库中，物资信息表为物资入库表、物资出库表、物资库存表提供物资基本信息的服务。

图 1.6　一个表为多个表提供服务

　　数据共享直接关系到数据的冗余和数据的一致性。增强数据库系统的数据共享可大大减少数据冗余，并保持数据的一致性。

1.1.4　数据的统一管理和控制

数据库管理系统（DBMS）是数据库系统的核心，DBMS 的功能反映出数据库系统的基本特点。现代 DBMS 一般具有以下特点和功能：

➥ 提供高级的用户接口。最为直接的接口就是视图接口，它为用户提供数据库信息，让用户更为直观地管理和操作数据，如图 1.7 所示。

扫一扫，看视频

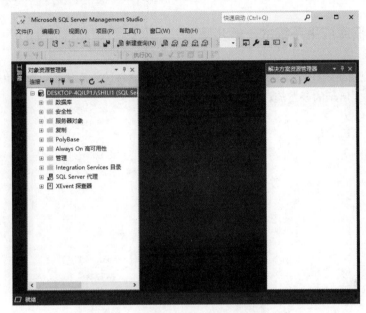

图 1.7　SQL Server Management Studio

➥ 查询处理与优化。用户用非过程数据库语言查询数据库时，只需提出查询请求，DBMS 自动完成处理过程并优化查询。例如，查找 Orders 表中所有的数据，可以将 SELECT * FROM Orders 命令提交给 SQL Server，它能够优化查询结果并反馈回来。

➥ 并发多处理。现在 DBMS 允许多个用户并发地访问数据库。这就不可避免地会发生冲突，所以 DBMS 必须具备处理并发控制的能力。

➥ 备份恢复。能够及时对数据库的状态进行备份，以便在出现异常状况时能很快恢复数据库系统。

➥ 完整的约束。数据要遵守一定的约束。例如，物资编码不能为汉字，如果用户输入汉字，则应该给出相应的提示信息。

➥ 访问控制。特定的数据库用户要赋予特定的权限，例如，在 SQL Server 2019 中的角色对象就是一种控制用户权限的方式。

综上所述，数据库系统是一个通用化的、综合性的数据集合。它为用户提供共享数据并具有最小冗余和较高数据独立性，保证了多个程序并发地使用数据并提供一致性和安全性监视。

1.2　如何设计数据库应用系统

一个数据库应用系统的开发实施是一个复杂的系统工程，它包括数据库的收集处理、数据库设计、软件开发以及后期的维护等。一个大型数据库应用系统的实施不在正确的理论方法的指导下很难成功，本节将介绍设计数据库应用系统的一般步骤、功能设计原则和项目实施注意事项。

1.2.1　设计数据库应用系统的一般步骤

一个数据库应用系统在设计时要遵循软件工程中设计软件的一般原则。根据编者的经验，一般项目可以采用图 1.8 所示的开发流程。

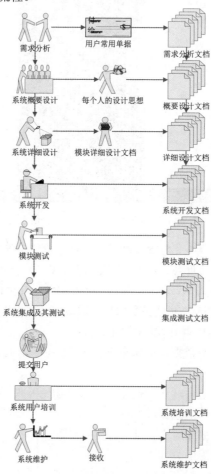

图 1.8　软件项目开发流程

1．需求分析

需求分析阶段就需要和系统用户的主要负责人沟通，确定系统的应用规模，系统数据量的多少，系统最终用户的层次，以及系统部署在什么样的硬件环境中。在这个阶段中，要尽量收集现在用户正在使用的各种报表，让用户提供尽可能多的原始数据。这样，数据库所需的一系列信息都将浮出水面。由此，可以确定需要在数据库中存储哪些信息，并为每个信息进行分类。这些分类信息在系统详细设计阶段将形成数据库中的表和字段。这个阶段是至关重要的，不能够草率进行，一旦需求确定下来，要形成一份用户需求分析文档，而且该文档尽量不要改动，因为后面的系统概要设计和开发都将以此为依据。

2．系统概要设计

系统概要设计阶段是根据用户提供的信息及形成的需求分析文档，结合开发人员掌握的技术，决定采用什么数据库系统，系统采用什么形式开发，如 C/S（客户端/服务器）结构或 B/S（浏览器/服务器）结构，数据库前端程序采用什么开发工具，确定系统研发周期，确定开发小组的成员以及分工，并根据需求分析文档做出概要设计文档（包括系统的业务流程图和数据流程图）。

3．系统详细设计

系统详细设计阶段首先要确定数据库中的字段。例如，存储客户的有关信息，如公司名称、地址、联系方式等。对于这些信息，开发人员需要为每个信息单独创建一个字段。在确定需要哪些字段时，切记以下设计原则：

- 包含所有需要的信息，这些信息通过确定下来的数据库的用途最终确定。
- 将信息分成最小的逻辑部分存储。例如，客户联系方式通常分为"姓名""住址""电话"等多个字段。
- 不要创建容纳多项列表数据的字段。例如，不要在一个"供应商"字段中存放供应商姓名、供应商地址、供应商电话等多个信息。
- 不要包含派生或计算得到的数据。例如，如果有"单价"和"数量"字段，就不要额外创建字段（如"总额"）放置这两个字段值的乘积。
- 不要创建类似的字段。例如，在"供应商"表中，如果创建了字段"产品 1""产品 2""产品 3"，就很难查找所有提供某一特定产品的供应商。此外，如果供应商提供 3 个以上产品，则还必须更改数据库的设计。如果将该字段放入"产品"表而非"供应商"表中，就只需为产品准备一个字段。

其次要确定数据库中的表。每个表应该只包含关于一个主题的信息。例如，一个"雇用日期"字段的主题是一个雇员。

在确定每个字段属于哪个表时，切记以下设计原则：

- 只将字段添加到一个表中。
- 如果字段添加到某个表中会导致该表的多个记录中出现同样的信息，就不要将字段添加到该表中。如果确定某个表中有一个字段含有大量的重复信息，该字段就可能是放错了表。

例如，如果在"订单"表中输入包含客户地址的字段，该信息就可能在多个记录中重复，因为客户可能会放入多个订单；但如果在"客户"表中输入地址字段，它就只会出现一次。

　　➥ 当每条信息都只存储一次时，更新可在一个地方完成。这样会提高效率，而且还可以排除包含不同信息的重复项出现的可能性。

　　➥ 在每个记录中用唯一值标识字段（一个或多个）。

最后要确定数据库中表的关系。既然已将信息分开放入一些表中，并标识了主键字段，接着就需要通过"关系"将相关信息重新结合到一起。

4．系统开发

系统开发阶段要根据系统的详细设计，要求程序设计人员对系统进行开发，包括前端应用程序的开发、数据库表的设计以及其他对象如视图、存储过程以及触发器的开发。这个阶段对于数据库开发而言，首先规划表和关系；其次设计视图；再次实施数据库的参考完整性；最后根据需要开发存储过程和触发器。等数据库设计开发完毕后，对数据库进行简单测试、推敲后，才能实施应用程序的开发。

5．模块测试

对系统每个模块进行小组测试，及时发现问题后再进行修改。模块测试的一般原则是，开发人员不测试自己做的模块，尽量用专门的测试人员根据需求分析制作的测试用例进行测试。如果人手不够，可以采用互测的方式，并形成模块测试文档，将测试文档汇总后交给相关的开发人员进行修改。

6．系统集成及其测试

模块测试完毕后，对各个模块进行修改。修改完毕后，进行系统集成。系统集成前，首先将各个开发小组的开发文档汇总，抽象出一些可能的公共模块，进行单独开发测试后再实施集成，尽量减少数据库以及程序的冗余。集成完毕后，重点做以下4种测试工作：

　　➥ 系统健壮性测试。各个模块都没有问题，一旦集成到一起就容易造成一些未知错误，如全局变量的定义过多造成的调用混乱。

　　➥ 系统验证性测试。重点测试系统是否符合用户的需求，系统的业务流和数据流是否正确，可以采用真实数据设计测试用例进行测试。

　　➥ 环境适应性测试。要考虑到一个软件的开发环境和应用环境是有很大区别的，包括硬件、软件和网络环境。

　　➥ 系统负载测试。系统开发时不会出现几百个用户同时登录数据库的情况，所以最后要通过软件模拟对系统进行负载测试。

尽量在系统提交给用户前将问题全部解决。

7．系统用户培训及系统维护

对系统用户进行培训并形成用户手册，正式部署系统后，对系统出现的问题及时解决，并将用户反馈的意见及时记录在案，为开发下一个版本做好准备。

1.2.2　功能设计原则

　　一般数据库应用系统的设计采用"自上而下"的分解方法将整个系统划分为若干个相互独立的功能模块，分解后的模块称为子模块。如果子模块功能比较复杂，再继续对其进行分解，直到每个模块仅完成一项任务为止。

　　只有每个模块完成一个相对独立的特定内部功能，保持模块与模块之间的接口关系简单，才能使整个系统易于实现、修改和维护。因此，在进行系统功能设计时，应遵循以下原则：

- ➥ 功能模块的内聚性原则。功能模块的内聚性是指一个功能模块内部各项处理动作的组合程度。内聚性的强弱将直接影响系统功能的好坏。一般来说，一个功能模块内部应该具有很强的内聚性，它的各项处理动作都是彼此密切相关的，是为完成统一功能而组合在一起的。
- ➥ 功能模块间的耦合度原则。耦合度是指模块间的相互依赖程度。功能模块间的耦合度主要取决于模块本身的质量、相互连接的类型、模块间接口的复杂程度以及模块间传递信息的复杂程度。一般来说，如果功能模块间的相互依赖程度强，则称它们耦合度高，表明模块间的通信联系较多，关系复杂。如果修改其中的一个模块，就要考虑是否影响到了其他模块，甚至某个模块的小小变动会导致整个系统的修改，这就是所谓的"蝴蝶效应"。这样的系统不易开发和维护，所以在系统功能设计时应尽量降低模块之间的耦合度。

　　　　降低功能模块间的耦合度最直接、最有效的办法，就是减少全局变量的定义。

- ➥ 功能模块调用的扇入/扇出原则。在进行系统功能设计时，模块的扇入系数和扇出系数要合理。所谓的扇出系数，就是一个模块直接调用其他模块的个数；所谓的扇入系数，就是一个模块被其他模块调用时，直接调用它的模块个数。模块的扇入、扇出系数通常是 3 或 4，一般不应超过 7；否则，会引起出错率的增加。

1.2.3　项目实施注意事项

　　项目实施需要注意的一些问题如下：

- ➥ 需求分析至关重要。良好的开始是成功的一半，需求分析做下来，能熟悉系统用户的业务，这样方便做后面的工作。如果做完需求分析后，还对用户的业务一知半解，那么后面的工作就难以开展。
- ➥ 对文档进行有效管理。没有文档的软件项目是注定要失败的。如果没有对文档进行有效管理，会影响到整个项目的开发进度，甚至造成最终系统的错误。一个项目的文档要有人专门负责，并对文档进行版本控制，保证在系统设计和开发人员中流传的只有一份最新版本的文档。
- ➥ 一个项目要采用适合这个项目的成熟技术。在考虑采用何种技术实施这个项目时，要衡量整个项目组成员的技术实力和用户的需求。最终确定下来后，不要随意更改，更不能随便引进新技术。因为一个新版本的开发工具或一个新控件的引入可能会提高开发效率，但同时也会造成系统隐患。

- 系统的编码风格要统一。系统的编码风格以及各种命名规范在项目一开始就要设计好，并形成文档。当项目结束时，如果从任意一个模块的代码风格就能猜测出其具体的编程人员，则说明这个项目不是一个很成功的项目。

- 不能让编程人员兼职做系统设计。如果让编程人员做系统设计，编程人员会习惯性地用自己最容易实现的方式设计系统，而不一定是系统的最佳实现方式。

扫一扫，看视频

1.3 数据库管理系统简介

数据库管理系统是数据库系统的核心，是为建立、使用和维护数据库而配置的软件。它建立在操作系统之上，位于操作系统与应用程序之间，负责对数据库中的数据进行统一管理和控制。数据库管理系统通常由以下 4 部分组成：

- 数据定义语言（Data Definition Language，DDL），用于定义数据库的模式以及具体内容。例如，数据库的创建，各种表的结构、表与表之间关系的创建的语言都属于 DDL。

- 数据操纵语言（Data Manipulation Language，DML），用于定义数据的查询、修改、删除等操作。例如，给一个表中添加一项新的记录，这个操作用到的就是 DML。

- 数据控制语言（Data Control Language，DCL），让用户管理和控制数据库。例如，给数据库重新命名，对数据库进行初始化，以及对数据库进行备份恢复。

- 实用程序。DBMS 提供了一些实用程序，包括数据初始加载程序、数据转储程序、数据库恢复程序、性能监测程序等。例如，SQL Server 2019 中的 SQL Server Management Studio、SQL Server Data Tools（SSDT）等。

现在市面上常见的数据库管理系统有 SQL Server、Oracle、MySQL 和 Access 等。下面对它们进行比较，具体内容见表 1.1。

表 1.1 数据库管理系统的比较

数据库管理系统	功 能 特 点	成本	易用性	适 用 领 域
SQL Server	适用于大、中、小数据库系统，系统稳定，界面友好，扩张性强	适中	适中	大、中、小企业选择，Web 数据应用，常用管理信息系统
Oracle	适用于大型数据库系统，具有字符界面和图形界面，操作很复杂，稳定性高	昂贵	很难	超大型企业的应用
MySQL	适用于开源数据库系统，效率高，界面操作不是很友好，可维护性较差	低廉	较难	小型企业应用以及 Web 应用
Access	适用于桌面数据库系统，界面友好，操作简单，支持数据量较小的数据库	低廉	容易	桌面应用，以及简单的 Web 应用

1.4　SQL Server 2019 特点

结合表 1.2 可以发现，一般的数据库，尤其是企业数据库使用 SQL Server 非常明智。2019 年 11 月 7 日在 Microsoft Ignite 2019 大会上，微软公司正式发布了新一代数据库产品 SQL Server 2019，为所有数据工作负载提供了安全性和合规性功能、业界领先的性能、任务关键型应用的可用性和高级分析，还支持内置的大数据。

SQL Server 2019 的优点如下：

- 智能化。SQL Server 是数据集成的中心。通过 SQL Server 和 Spark 的力量实现跨关系、非关系、结构化和非结构化数据的查询。
- 支持多种语言和平台。利用选择的语言和平台构建具有创新功能的现代化应用程序。现在可以在 Windows、支持 Kubernetes 的 Linux 容器上使用。
- 性能优越。利用可扩展性和性能上的突破性进展提高数据库的稳定性与缩短响应时间，无须对应用程序进行修改。为任务关键型应用、数据仓库和数据湖提供高可用性。
- 安全功能先进。持久地保护静态和使用中的数据。
- 更快速地作出更好的决策。SQL Server Reporting Services 的企业报告有利于决策者更好地分析问题、制定决策。

SQL Server 2019 在早期版本的基础上构建，将 SQL Server 发展成一个平台，以提供开发语言、数据类型、本地或云环境以及操作系统选项。

SQL Server 2019 为 SQL Server 引入了大数据群集。它还为 SQL Server 数据库引擎、SQL Server Analysis Services、SQL Server 机器学习服务、Linux 环境下的 SQL Server 和 SQL Server Master Data Services 提供了附加功能和改进，具体改进见表 1.2。

表 1.2　SQL Server 2019 新增功能

功 能 块	新 增 内 容
数据虚拟化和 SQL Server 2019 大数据群集	可缩放的大数据解决方案 通过 PolyBase 进行数据虚拟化
智能数据库	从智能查询处理到对永久性内存设备的支持，SQL Server 智能数据库功能提高了所有数据库工作负荷的性能和可伸缩性，而无须更改应用程序或数据库设计
智能查询处理	行模式内存授予反馈 行存储上的批处理模式 标量 UDF 内联 表变量延迟编译 使用 APPROX_COUNT_DISTINCT 进行近似查询处理
内存数据库	混合缓冲池 内存优化 TempDB 元数据 内存中 OLTP 对数据库快照的支持

续表

功　能　块	新　增　内　容
智能性能	OPTIMIZE_FOR_SEQUENTIAL_KEY 强制快进和静态游标 资源调控 减少了对工作负荷的重新编译 间接检查点可伸缩性 并发 PFS 更新 计划程序辅助角色迁移
监视	WAIT_ON_SYNC_STATISTICS_REFRESH 查询存储的自定义捕获策略 LIGHTWEIGHT_QUERY_PROFILING sys.dm_exec_requests 列 command sys.dm_exec_query_plan_stats LAST_QUERY_PLAN_STATS query_post_execution_plan_profile sys.dm_db_page_info(database_id, file_id, page_id, mode)
图形	边缘约束级联删除操作 新增图形函数 SHORTEST_PATH 分区表和索引 在图形匹配查询中使用派生表或视图别名
Unicode 支持	支持 UTF-8 字符编码
语言扩展	新的 Java 语言 SDK 新的默认 Java 运行时 SQL Server 语言扩展 注册外部语言
空间	新的空间引用标识符（SRID）
错误消息	详细截断警告
任务关键安全性	具有安全 Enclave 的 Always Encrypted SQL Server 配置管理器中的证书管理 数据发现和分类 SQL Server 审核
可用性组	最多 5 个同步副本 次要副本到主要副本连接重定向 高可用性灾难恢复（HADR）权益
恢复	加速数据库恢复
可恢复操作	联机聚集列存储索引生成和重新生成 可恢复联机行存储索引生成 暂停和恢复透明数据加密（TDE）的初始扫描

1.5 SQL Server 2019 应用体系

下面以 ABC 汽车修理厂使用 SQL Server 2019 组件执行各种任务为例进行讲解，该例最终会形成一个应用体系，如图 1.9 所示。

- ⮩ 由于部门比较分散，物资管理部门、财务部门等都有一台自己的 SQL Server 2019 数据库服务器。这些服务器定期将各自的数据复制到厂部的数据库服务器。
- ⮩ 厂部还有一台数据库服务器为本厂的 Web 站点提供数据库服务，有时一次要处理上千个汽车维修情况查询。
- ⮩ 本厂还有一些业务人员在与网络断开的移动环境下工作，他们出差前通过 SQL Server 2019 复制功能将当天的安排装入笔记本电脑或其他设备中，出差工作结束后，将更新后的数据复制到厂部的数据库服务器上。
- ⮩ 本厂的数据库管理人员采用 SQL Server 2019 数据转换服务包定期从厂部数据库中提取详细的 OLAP 数据，并清理数据和生成汇总数据，然后将汇总数据装入数据仓库中。
- ⮩ 厂部高级管理人员和市场营销人员使用 Analysis Services 分析数据仓库中的业务趋势，了解哪些汽车返修率比较高，汽车易损件与季节变化的规律。

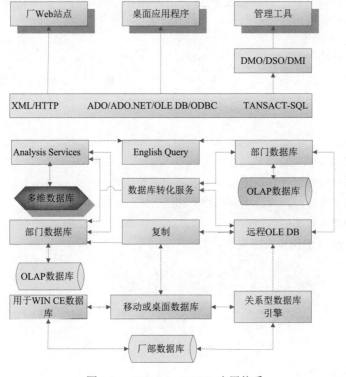

图 1.9 SQL Server 2019 应用体系

1.6　小结

　　随着计算机在各个行业的普及，数据库已经影响到各行各业，并将担负起越来越重要的任务。本章重点介绍了现在最为流行的关系型数据库的特点，设计数据库应用系统的一般步骤、功能设计原则和项目实施注意事项，并对流行的数据库系统进行了比对，得出 SQL Server 的出现将数据库的应用简单化了的结论。随后通过分析 ABC 汽车修理厂使用 SQL Server 的情况，让大家对 SQL Server 能有一个大概的认知。

1.7　习题

一、填空题

　　1．数据库系统与文件系统的根本区别是_____。

　　2．数据管理经历了_____、_____和_____3 个阶段。

　　3．数据库系统的核心是_____。

　　4．数据独立性是指数据库中数据独立于应用程序，即数据的_____、_____和_____不因应用程序的变化而有所改变。

　　5．数据独立性分为_____和_____两级。

　　6．数据库管理系统通常由_____、_____、_____和_____4 部分组成。

　　7．常见的数据库管理系统有_____、_____、_____和_____。

二、简答题

　　1．DBMS 一般具备哪些特点和功能？

　　2．数据库应用系统在设计时要遵循的一般原则是什么？

　　3．进行系统功能设计时，应遵循的原则有哪些？

　　4．项目实施需要注意哪些问题？

　　5．SQL Server 2019 的优点有哪些？

第 **2** 章

安装 SQL Server 2019

　　相对于其他数据库管理系统的安装过程，如 Oracle 和 MySQL，SQL Server 的更方便简单。但是，安装过程中也存在很多需要用户注意的细节。如果在安装 SQL Server 的过程中配置不正确，即使安装成功了使用起来也非常不方便，最后不得不重新配置。本章将一步步指导用户完成 SQL Server 2019 的安装和配置，以及对 SQL Server Management Studio 的安装，并对实例安装以及版本升级进行详细分析。

2.1 安装前的准备工作

扫一扫，看视频

2.1.1 安装 SQL Server 2019 的硬件要求

相对于其他大型数据库而言，SQL Server 2019 对硬件的需求极低。很多其他大型数据库的用户被 SQL Server 2019 所需的极低的硬件配置以及卓越的性能折服，而转用 SQL Server 2019。根据编者经验，安装 SQL Server 2019 的硬件要求见表 2.1。

表 2.1 安装 SQL Server 2019 的硬件要求

硬　件	最　低　要　求	推　荐　配　置
CPU 速度	x64 处理器：1.4GHz	2.0GHz 或更快
CPU 类型	x64 处理器：AMD Opteron、AMD Athlon 64、支持 Intel EM64T 的 Intel Xeon，以及支持 EM64T 的 Intel Pentium Ⅳ	SQL Server 2019 仅支持 x64 处理器的安装，不再支持 x86 处理器的安装
内存	Express Edition：512MB 所有其他版本：1GB	Express Edition：1GB 所有其他版本：至少 4GB，并且应随着数据库大小的增加而增加，以确保最佳性能
硬盘空间	SQL Server 要求最少 6GB 的可用硬盘空间	取决于运行的数据量的多少，以及数据的访问量的大小
监视器	Super-VGA（800×600）	更高分辨率的显示器
网络	如果使用 Internet 功能，需要连接 Internet	

扫一扫，看视频

2.1.2 安装 SQL Server 2019 的软件要求

安装 SQL Server 2019 软件方面的制约因素主要包括操作系统、.NET 框架以及网络软件 3 个方面。最常见的问题是操作系统与 SQL Server 2019 版本之间无法协调的问题。安装 SQL Server 2019 的软件要求见表 2.2。

表 2.2 安装 SQL Server 2019 的软件要求

组　件	要　求
操作系统	Windows 10 TH1 1507 或更高版本 Windows Server 2016 或更高版本
.NET 框架	最低版本操作系统包括最低版本 .NET 框架
网络软件	SQL Server 支持的操作系统具有内置网络软件。独立安装项的命名实例和默认实例支持的网络协议有共享内存、命名管道和 TCP/IP
软件组织	SQL Server Native Client 与 SQL Server 安装程序支持文件

2.1.3　安装 SQL Server 2019 前要注意的事项

根据编者经验，安装 SQL Server 2019 时需要注意的事项如下：

（1）关闭所有可能与 SQL Server 2019 系统有关的服务和相关的程序。

（2）所操作的计算机的用户和密码是管理员级的。

（3）确保网络端口 1433 没有被其他应用程序占用。

（4）关闭所有的杀毒软件以及防火墙软件。有些杀毒软件以及防火墙软件拒绝任何软件修改操作系统的注册表，但是安装 SQL Server 2019 的过程中是要修改操作系统注册表的。

2.2　安装 SQL Server 2019

2.2.1　安装 SQL Server 2019 的基本组件

下面讲解在本机安装 SQL Server 2019 开发版的具体操作步骤。

（1）打开网址 https://www.microsoft.com/zh-cn/sql-server/sql-server-downloads，找到 SQL Server 2019 Developer 版的安装文件，如图 2.1 所示。单击【立即下载】按钮，下载 SQL2019-SSEI-Dev.exe 可执行文件。

图 2.1　官网下载

（2）双击 SQL2019-SSEI-Dev.exe 可执行文件，弹出选择安装类型的界面，如图 2.2 所示。在这里可以选择安装类型。

（3）单击【基本】选项框，弹出许可条款，如图 2.3 所示。

图 2.2　安装界面　　　　　　　　　　　　图 2.3　许可条款

（4）单击【接受】按钮，指定媒体下载目标位置，如图 2.4 所示。默认下载文件的保存路径为 C 盘，如果需要保存到其他位置，可以单击【浏览】按钮，指定保存路径。

（5）单击【安装】按钮，弹出下载安装包程序对话框，如图 2.5 所示，这时正在下载 SQL Server 2019 的安装包。

 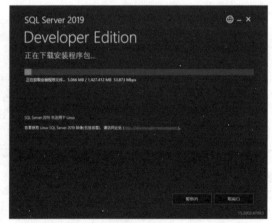

图 2.4　指定媒体下载目标位置　　　　　　图 2.5　下载安装包程序对话框

（6）当安装包程序下载完成后，会自动弹出【SQL Server 安装中心】对话框，如图 2.6 所示。SQL Server 安装中心集成了 SQL Server 中要使用的相关组件、环境以及 SQL Server 的维护等功能。用户只需根据自己的需求选择对应的操作即可。

（7）单击【安装】选项，切换到【安装】选项卡，如图 2.7 所示。

图 2.6 【SQL Server 安装中心】对话框

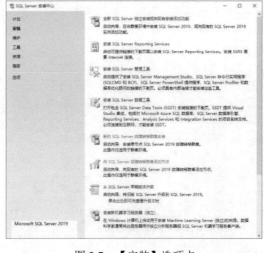

图 2.7 【安装】选项卡

（8）单击【全新 SQL Server 独立安装或向现有安装添加功能】选项，进入【SQL Server 2019 安装】对话框，如图 2.8 所示。从【指定可用版本】下拉列表框中选择 Developer 选项。

（9）单击【下一步】按钮，进入【许可条款】选项卡，如图 2.9 所示。选中【我接受许可条款 和（A）隐私声明】复选框。单击【下一步】按钮，进入产品更新页面，如图 2.10 所示。这里会检 查你的计算机是否安装过老版本的 SQL Server，并检查是否可以安装新版本的 SQL Server。

图 2.8 【SQL Server 2019 安装】对话框

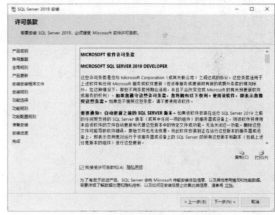

图 2.9 【许可条款】对话框

（10）检查更新后，会进入【安装规则】选项卡，如图 2.11 所示。这里会显示你的计算机是否 支持安装 SQL Server。一般情况下，出现的警告不用处理。但如果出现错误提示，就表示无法正常 安装 SQL Server。

（11）单击【下一步】按钮，进入【功能选择】选项卡。如果需要安装某个功能，只需选中对 应功能前的复选框即可。在这里选中【数据库引擎服务】、【SQL Server 复制】、【全文和语义提取搜 索】、Data Quality Services 及 Analysis Services 复选框，如图 2.12 所示。

图 2.10　【产品更新】选项卡　　　　　　　　　图 2.11　【安装规则】选项卡

 选中对应功能后，在选项卡右侧的【功能说明】框中会解释该功能的具体作用。

（12）单击【下一步】按钮，进入【实例配置】选项卡，如图 2.13 所示。这里选中【默认实例】单选按钮。

图 2.12　【功能选择】选项卡　　　　　　　　　图 2.13　【实例配置】选项卡

（13）单击【下一步】按钮，进入【服务器配置】选项卡，如图 2.14 所示。这里保持默认设置。

（14）单击【下一步】按钮，进入【数据库引擎配置】选项卡，如图 2.15 所示。选中【混合模式（SQL Server 身份验证和 Windows 身份验证）】单选按钮，并输入管理员密码。单击【添加当前用户】按钮，将当前用户添加为 SQL Server 数据库管理员。

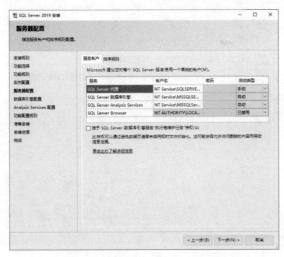

图 2.14 　【服务器配置】选项卡

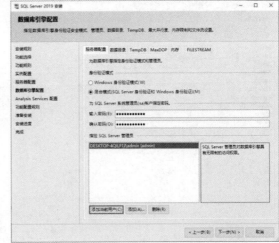

图 2.15 　【数据库引擎配置】选项卡

（15）单击【下一步】按钮，进入【Analysis Services 配置】选项卡，如图 2.16 所示。选中【表格模式】单选按钮，并单击【添加当前用户】按钮，将当前用户添加为 Analysis Services 管理员。

（16）单击【下一步】按钮，进入【准备安装】选项卡，如图 2.17 所示。

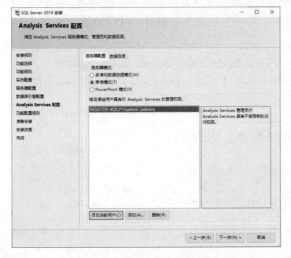

图 2.16 　【Analysis Services 配置】选项卡

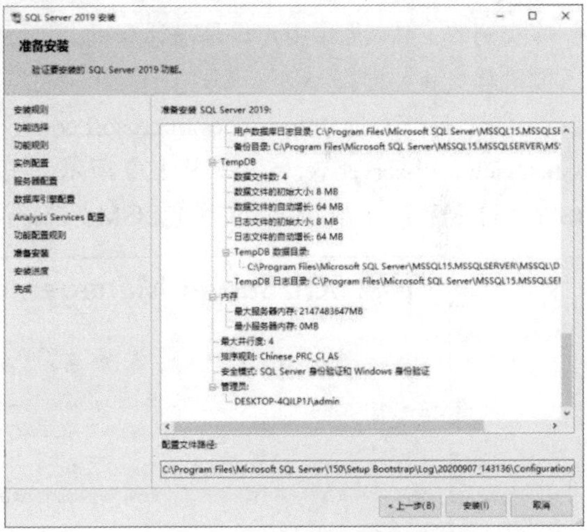

图 2.17 　【准备安装】选项卡

（17）单击【安装】按钮，进入【安装进度】选项卡，如图 2.18 所示。该选项卡会显示 SQL Server 的安装进度。

（18）当安装完成后，单击【下一步】按钮，进入【完成】选项卡，如图 2.19 所示。该选项卡显示安装成功，并给出摘要日志的保存位置。单击【关闭】按钮，完成 SQL Server 相关功能组件的安装。

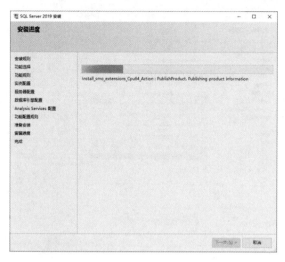 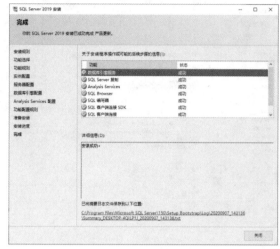

图 2.18 【安装进度】选项卡 　　　　图 2.19 【完成】选项卡

2.2.2 安装 SQL Server Management Studio

SQL Server Management Studio 是一种集成环境，它提供用于配置、监视和管理 SQL Server 与数据库实例的工具。如果用户只是在计算机上进行管理，而不安装服务器服务，可以单独安装该工具。下面讲解安装过程。

（1）打开网址 https://docs.microsoft.com/zh-cn/sql/ssms/download-sql-server-management-studio-ssms?view=sql-server-ver15，如图 2.20 所示。在网页中单击【下载 SQL Server Management Studio (SSMS)】链接，下载 SSMS 安装包 SSMS-Setup-CHS.exe 可执行文件。

图 2.20 SSMS 下载页面

（2）双击 SSMS-Setup-CHS.exe 可执行文件，弹出【安装】对话框，如图 2.21 所示。在该对话框中可以指定 SSMS 的安装路径。

（3）单击【安装】按钮，进入【安装进度】对话框，如图 2.22 所示。

图 2.21　【安装】对话框

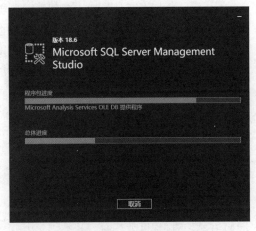

图 2.22　【安装进度】对话框

（4）当安装完成后，弹出安装完成提示对话框，如图 2.23 所示。单击【关闭】按钮即可。

图 2.23　安装完成

2.3　安装多个实例

2.3.1　实例的概念

扫一扫，看视频

实例是指 SQL Server 在同一台计算机上同时运行多个 SQL Server 数据库引擎，每个 SQL Server 数据库引擎实例各有一套不为其他实例共享的系统及用户数据库。

实例的引入不仅可以使同一台计算机上同时运行多个 SQL Server 服务器引擎，还可以使 SQL

Server 的不同版本在同一台计算机上运行而互不干扰。

SQL Server 实例有两种类型，分别为默认实例和命名实例。

➥ 默认实例。默认实例仅由运行该实例的计算机的名称唯一标识，它没有单独的实例名。如果应用程序在请求连接 SQL Server 时只指定了计算机名，则 SQL Server 客户端组件将尝试连接这台计算机上的数据库引擎默认实例。这保留了与现有 SQL Server 应用程序的兼容性。

一台计算机上只能有一个默认实例，而默认实例可以是 SQL Server 的任何版本。

➥ 命名实例。除默认实例外，所有数据库引擎实例都由安装该实例的过程中指定的实例名标识。应用程序必须提供准备连接的计算机名和命名实例的实例名。计算机名和实例名以"计算机名称\实例名"格式指定。

实例主要应用于数据库引擎及其支持组件，而不应用于客户端工具。如果安装了多个实例，则每个实例都将获得各自唯一的一套系统和用户数据库，但是以下组件可由运行于同一台计算机上的所有实例共享，如 Integration Services、Master Data Services、SQL Server Management Studio、SQL Server Data Tools 和 SQL Server 联机帮助丛书。

2.3.2 安装实例

扫一扫，看视频

安装新实例与 2.2.1 小节安装 SQL Server 基本相同，仅仅有以下不同：

➥ 在步骤（10）中，单击【下一步】按钮，进入【安装类型】选项卡，如图 2.24 所示。在这里，选中【执行 SQL Server 2019 的全新安装】单选按钮。

➥ 在步骤（12）中，选中【命名实例】单选按钮，并填写实例名，如图 2.25 所示，其他安装步骤与 2.2.1 小节的安装步骤完全相同。

图 2.24　【安装类型】选项卡

图 2.25　填写实例名

安装完成后，可以在 SQL Server Management Studio 连接到服务器时或安装新的实例时，看到已经存在的实例，如图 2.26 和图 2.27 所示。

图 2.26　【连接到服务器】对话框

图 2.27　安装新的实例

　　SQL Server Management Studio 负责管理功能数据库，并不是 SQL Server 的数据库引擎。在 SQL Server【连接到服务器】对话框的【服务器名称】选项处除了可以使用默认实例 DESKTOP-4QILP1J，还可以在下拉菜单中单击【浏览更多】按钮，切换为其他实例，如图 2.28 所示。

图 2.28　切换实例

2.4　从以前的版本升级

2.4.1　升级前的准备工作

扫一扫，看视频

　　用户可以将 SQL Server 2012（11.x）、SQL Server 2014（12.x）、SQL Server 2016（13.x）或 SQL Server 2017（14.x）的实例直接升级到 SQL Server 2019（15.x）。对于 SQL Server 2008 和 SQL Server 2008 R2，则需要执行迁移才能升级到 SQL Server 2019。升级前要做好以下准备工作：

- ↘ 备份 SQL Server 现在版本的数据库。
- ↘ 停止本机所有调用 SQL Server 的应用程序。
- ↘ 停止数据库服务。
- ↘ 如果要直接在服务器上操作，则应先断开网络。

2.4.2 SQL Server 旧版本的升级方法

在 SQL Server 2019 中允许多个版本的 SQL Server 存在，所以对旧版本的数据库升级只需将对应的实例进行升级即可。这里以将 SQL Server 2017 升级到 SQL Server 2019 为例讲解升级方法。具体操作步骤如下：

（1）双击 SQL Server 2019 安装程序，弹出【SQL Server 安装中心】对话框，切换到【安装】选项卡，如图 2.29 所示。

（2）单击【从 SQL Server 早期版本升级】选项，进入【升级至 SQL Server 2019】对话框的【产品更新】选项卡，如图 2.30 所示。

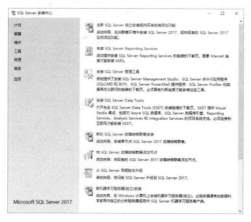
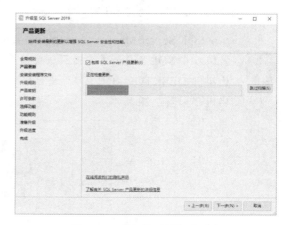

图 2.29　切换到【安装】选项卡　　　　　图 2.30　【产品更新】选项卡

（3）单击【下一步】按钮，进入【升级规则】选项卡，如图 2.31 所示。在这里，等待规则验证完成。

（4）规则验证完成后，单击【下一步】按钮，进入【产品密钥】选项卡，如图 2.32 所示。

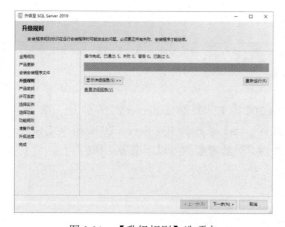

图 2.31　【升级规则】选项卡　　　　　　图 2.32　【产品密钥】选项卡

（5）从【指定可用版本】下拉列表框中选择 Developer 选项。单击【下一步】按钮，进入【许可条款】选项卡，如图 2.33 所示。

（6）选中【我接受许可条款和（A）隐私声明】复选框，然后单击【下一步】按钮，进入【选择实例】选项卡，如图 2.34 所示。

图 2.33 　【许可条款】选项卡　　　　　　　图 2.34 　【选择实例】选项卡

（7）选择 SQL Server 2017 创建的实例 SHILI2017，该实例版本号为 14.01000.169。单击【下一步】按钮，进入【选择功能】选项卡，如图 2.35 所示。

（8）单击【下一步】按钮，进入【实例配置】选项卡，如图 2.36 所示。这里可以重新命名实例名称。

图 2.35 　【选择功能】选项卡　　　　　　　图 2.36 　【实例配置】选项卡

（9）单击【下一步】按钮，进入【服务器配置】选项卡，如图 2.37 所示。

（10）单击【下一步】按钮，进入【全文升级】选项卡，如图 2.38 所示。

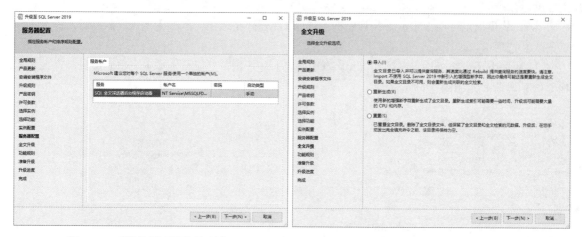

图 2.37　【服务器配置】选项卡　　　　　　图 2.38　【全文升级】选项卡

（11）选中【导入】单选按钮，进行升级。单击【下一步】按钮，进入【准备升级】选项卡，如图 2.39 所示。

（12）单击【升级】按钮，经过几分钟进入【完成】选项卡，如图 2.40 所示。

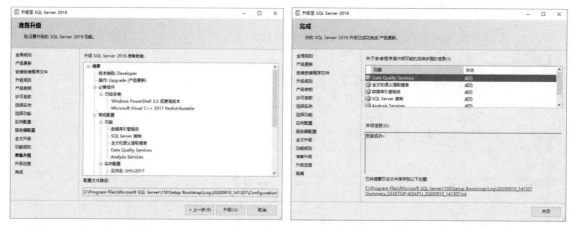

图 2.39　【准备升级】选项卡　　　　　　图 2.40　【完成】选项卡

（13）单击【关闭】按钮，就可以将 SQL Server 2017 创建的实例 SHILI2017 升级为 SQL Server 2019，其版本号从 14.01000.169 升级到了 15.0.2000.5，如图 2.41 所示。

实例名称	实例 ID	功能	版本类别	版本
MSSQLSERVER	MSSQL15.MSSQL...	SQLEngine,SQLE...	Developer	15.0.2070.41
SHILI1	MSSQL15.SHILI1,...	SQLEngine,SQLE...	Developer	15.0.2000.5
SHILI2017	MSSQL15.SHILI2...	SQLEngine,SQLE...	Developer	15.0.2000.5

图 2.41　实例 SHILI2017 的版本号

2.5　SQL Server 2019 常见的启动问题

正常安装完 SQL Server 2019 后不能启动 SQL Server 2019 的服务，或者在修改了操作系统密码后会报以下错误："SQL Server 2019 由于登录失败而无法启动服务（错误 1069）"。解决以上问题可以采用以下步骤：

（1）在【控制面板】|【管理工具】|【服务】对话框中，单击 MSSQLSERVER 选项，如图 2.42 所示。

（2）在弹出的对话框中选择【登录】选项卡，如图 2.43 所示。选中【本地系统账户】单选按钮，然后单击【确定】按钮。

图 2.42　【常规】选项卡

图 2.43　【登录】选项卡

2.6　删除 SQL Server 2019

使用 SQL Server 2019 需要安装数据库实例、管理工具等软件。如果确认不再使用，就可以将其删除。删除 SQL Server 相关软件的方法十分简单，具体操作步骤如下：

（1）在 Windows 的【控制面板】中，单击【程序和功能】快捷方式进入【程序和功能】对话框，如图 2.44 所示。在这里会展示计算机安装的所有应用。

图 2.44　【程序和功能】对话框

（2）在列表中双击要卸载的 SQL Server 相关软件，弹出对应的卸载对话框，然后根据卸载提示即可卸载对应软件。

由于 SQL Server 使用到的软件比较多，所以卸载每个软件或卸载数据库实例时弹出的卸载程序不同，下面以卸载 SQL Server 2019 中的实例 SHILI2017 为例讲解如何卸载不再使用的实例数据库。具体操作步骤如下：

（1）在 Windows 的【控制面板】中，单击【程序和功能】快捷方式进入【程序和功能】对话框。

（2）在列表中双击 Microsoft SQL Server 2019（64-bit），弹出卸载对话框，如图 2.45 所示。

（3）单击【删除】选项，进入【删除 SQL Server 2019】对话框。在该对话框中可以选择要删除的实例，这里在下拉列表框中选择 SHILI2017，如图 2.46 所示。

图 2.45　卸载对话框

图 2.46　【删除 SQL Server 2019】对话框

（4）单击【下一步】按钮，进入【选择功能】选项卡。在该选项卡中可以选择要删除的具体功能，如果要完全删除该实例可以全部选择，如图 2.47 所示。

（5）单击【下一步】按钮，进入【准备删除】选项卡，如图 2.48 所示。

图 2.47　【选择功能】选项卡　　　　　　图 2.48　【准备删除】选项卡

（6）单击【删除】按钮，开始删除对应实例，如图 2.49 所示。

（7）删除后进入【完成】选项卡，如图 2.50 所示。单击【关闭】按钮，删除（卸载）完成。

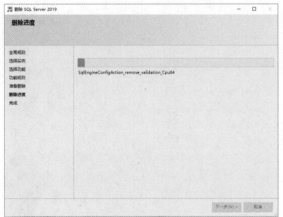 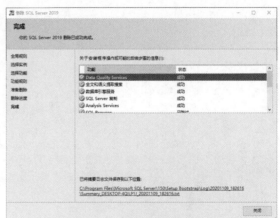

图 2.49　开始删除　　　　　　　　　　图 2.50　【完成】选项卡

　　如与 SQL Server 2019 相关的文件仍然存在，应手动删除相应目录。

2.7　小结

本章主要介绍了安装 SQL Server 2019 的软硬件要求，并详细介绍了各种情况下的安装方式，以及安装、升级的步骤和需要注意的问题。从实际操作可以看出，升级 SQL Server 2019 是比较简单的，希望读者在安装 SQL Server 2019 前仔细查看本章的注意事项。

2.8 习题

一、填空题

1. SQL Server 实例有两种类型，分别为_____和_____。
2. 实例名的格式为_____ 。

二、简答题

1. SQL Server 2019 硬件与软件的最低要求是什么？
2. 安装 SQL Server 2019 前要注意的事项有哪些？
3. SSMS 的全称是什么？它的作用是什么？
4. 什么是实例？它有什么特点？
5. 升级 SQL Server 前要做的准备工作有哪些？

第 3 章

SQL Server 2019 基础

第 2 章介绍了安装 SQL Server 2019 的方法及注意事项，本章将介绍 SQL Server 2019 的基本对象、服务器端常用工具、客户端常用工具、系统数据库以及数据类型和命名规则。通过本章的学习，初级用户可以对 SQL Server 2019 的基础知识有总体认知，为后面的学习夯实基础。

扫一扫，看视频

3.1　SQL Server 2019 的基本对象

在 SQL Server 2019 数据库中，表、视图、存储过程、触发器等具体存储数据或对数据进行操作的实体都称为对象。SQL Server 2019 就像一个容器，容纳着以下数据库对象：

- 表（Table）。相同主题数据的集合，由行和列组成。行和列的顺序都是任意的。在同一个表中，列的名字必须是唯一的。在同一个数据库里，表的名字必须是唯一的。如图 3.1 所示就是一个物资库存表，其表名是"物资_库存"，这个表名在物资管理数据库中是唯一的。

	仓库名称	材料编码	材料名称	规格型号	计量单位	单价
1	aaaaa	C123456	绝缘	LX-12	只	40.5
2	aaaaa	C23456	玻璃	LX-13	件	11
3	aaaa	C22563	金属	LX-14	吨	1

图 3.1　物资库存表

- 字段（Field）。表中的列称为字段，它是一个独立的数据，用来描述数据的某类特征。如图 3.1 所示的"物资_库存"表中的"仓库名称""材料编码""材料名称""规格型号"等就是字段。它们描述了物资库存的不同特征。
- 记录（Record）。表中的行称为记录，它由若干个字段组成。例如，一个物资库存记录由"仓库名称""材料编码""材料名称""规格型号"等字段的具体信息内容组成。记录反映了某种信息的全部内容，是数据库操作的独立单元。
- 主键（Primary Key，PK）。表中一列或多列的组合，其值唯一标识了表中的一行记录。在表中，任意两行的主键不能具有相同的值。如图 3.2 所示的"物资编码"就是一个主键。主键的作用就是为了标识某个记录的唯一性。例如，在"物资_库存"表中，如果没有主键，随着信息量的增大，就有可能出现重复记录，系统就无法确认重复项中的某项记录。

> 主键不允许是空值。不能存在具有相同的主键值的两个记录，因此主键值总是唯一标识单个记录。表中可以有多个键唯一标识行，这几个键都称作候选键。只有一个候选键可以选作表的主键，所有其他候选键称作备用键。尽管表不要求必须具有主键，但定义主键可以起规范数据的作用。

- 外键（Foreign Key，FK）。字段或字段的组合，其值与同表或其他表的主键相匹配，也称为参考键。
- 视图（View）。从一个或几个基本表中导出的逻辑表。在数据库中，只存在视图的定义，而没有存储对应的数据。视图是数据库中的一种逻辑方法，它更便于应用程序的开发。

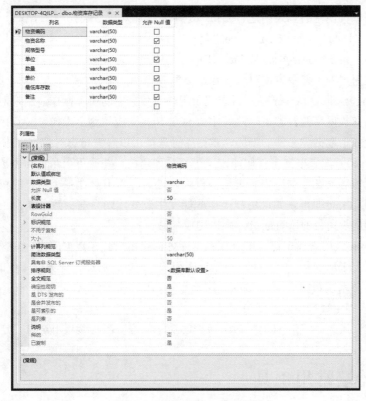

图 3.2 "物资编码"的列属性

- 约束（Constraint）。SQL Server 实施数据一致性和完整性的方法。约束对表中各列的取值范围进行限制，以确保表中的数据都是合理、有效的。前面提到的主键和外键也是约束的一种形式。

- 默认值（Default）。功能是在向表中插入新的记录时，为没有指定数据的列提供一个默认的数据。例如，当前大多数的物资所在的仓库名称为"原材料库"，就可以将仓库名称默认值设置为"原材料库"。

- 规则（Rule）。同约束和默认值一样，规则也是 SQL Server 提供的确保数据一致性和完整性的方法。规则提供了对特定的字段或用户自定义数据类型列进行约束的机制。

- 索引（Index）。主要用途是提供一种无须扫描整张表就能实现对数据快速访问的捷径。使用索引可以优化查询，有效地提高查询的速度，尤其是在大数据量的数据库尤为明显。

- 存储过程（Stored Procedures）。一组经过编译的、可以重复使用的 Transact-SQL 代码组合。存储过程在服务器端执行，用户可以调用存储过程，并接收存储过程返回的结果。

- 触发器（Trigger）。一种特殊的存储过程，它与表相关联。当用户对特定的表进行某些操作后，如删除某些行或删除某些列时，触发器将会自动执行。触发器还可以用来实现数据的完整性。

- 数据库框图（Database Diagrams）。用户用来组织和管理数据库的一种图形化方式，数据库框图允许以可视化的方式创建、编辑、删除数据库对象。

- 数据类型（Data Type）。SQL Server 提供的数据类型分为系统数据类型和用户自定义数据类型。其中，系统数据类型包括 int、char 等；用户自定义数据类型创立在系统数据类型的基础上，是用户为了使用方便对系统数据类型的一种扩充。

- 日志（Log）。SQL Server 使用日志记录用户对数据库的所有操作。用户对数据库的操作首先被记录在数据库的日志里，然后才由 SQL Server 应用这个操作。一旦因为磁盘损坏或其他因素造成了数据库文件的损坏，数据库管理员可以参考日志对数据库进行恢复。

- 角色（Role）。如果根据工作职能定义了一系列角色，并给每个角色指派了适合这项工作的权限，则很容易在数据库中管理这些权限。之后，不用管理各个用户的权限，而只需在角色之间移动用户即可。如果用户工作职能发生改变，则只需更改一次角色的权限，并使更改自动应用于角色的所有成员，操作比较容易。

- 用户（User）。用户标识符（ID）在数据库内标识用户。在数据库内，对象的全部权限和所有权由用户账户控制，用户账户与数据库相关。例如，物资管理数据库中的 david 用户账户不同于财务系统数据库中的 david 用户账户，即使这两个账户有相同的 ID。用户 ID 由 db_owner 固定数据库角色成员定义。

- 用户自定义函数。它是 SQL Server 新增的功能，可以在此编写用户自己定义的函数。

扫一扫，看视频

3.2 服务器端常用工具

在某台计算机上，注册非本地数据库服务器的本质是要实现同一网络上两个 SQL Server 服务器之间的通信，而如图 3.3 所示的 SQL Server 配置管理器就是为了配置服务器的网络状况。

下面通过 SQL Server 配置管理器实现服务器端网络的配置。

（1）在计算机桌面执行【开始】|【程序】| Microsoft SQL Server |【SQL Server 配置管理器（本地）】命令，如图 3.3 所示。

（2）单击目录树中的【SQL Server 网络配置】节点，展示所有安装的实例。

（3）选择要配置的实例，单击其名称后会显示正在使用的协议的状态，如图 3.4 所示。在这里可以看到 3 个协议，它们的含义如下：

图 3.3　服务器端网络常用工具

图 3.4　添加结果

🡒 Shared Memory 协议，又叫共享内存协议，是可供使用的最简单协议，没有可配置的设置。默认情况下，该协议是启用的。

🡒 Named Pipes 协议，又叫命名管道协议，可以在使用命名管道协议时查看或更改 Microsoft SQL Server 侦听的命名管道。若要更改命名管道，可以在"管道名称"框中输入新的管道名称，如图 3.5 所示。然后停止 SQL Server，再将其重新启动。

🡒 TCP/IP 协议，可以配置地址的"TCP 动态端口"和"TCP 端口"。该协议通过设置可以监听指定的 IP 地址以及对应的动态或静态端口。

图 3.5　修改管道名称

（4）右击要操作的协议，在弹出的快捷菜单中选择启动或禁用对应的协议。

（5）重新启动 SQL Server 服务，网络配置才会生效。

3.3　客户端常用工具

为了方便管理和使用数据库，SQL Server 2019 官方提供了多种工具。无论数据库处于云端或某种平台都可以直接使用这些工具。推荐的客户端常用工具包括 Azure Data Studio、SQL Server Management Studio、SQL Server Data Tools、Visual Studio Code（见表 3.1）。

表 3.1　推荐的客户端常用工具

工　　具	说　　明	操作系统
Azure Data Studio	可以按需进行 SQL 查询，查看结果并将其保存为文本、JSON 或 Excel 格式的轻型编辑器。编辑数据，组织用户需要的数据库连接，并以熟悉的对象浏览体验，浏览数据库对象	Windows macOS Linux

续表

工　具	说　明	操作系统
SQL Server Management Studio	管理具有完整 GUI 支持的 SQL Server 实例或数据库。访问、配置、管理和开发 SQL Server、Azure SQL 数据库和 SQL 数据仓库的所有组件。在一个综合实用工具中汇集了大量图形工具和丰富的脚本编辑器，为各种技能水平的开发人员和数据库管理员提供对应的访问权限	Windows
SQL Server Data Tools	一款新式开发工具，用于生成 SQL Server 关系型数据库、Azure SQL 数据库、Analysis Services（AS）数据模型、Integration Services（IS）包和 Reporting Services（RS）报表。使用 SSDT，用户可以设计和部署任何 SQL Server 内容类型，就像在 Visual Studio 中开发应用程序一样轻松	Windows
Visual Studio Code	Visual Studio Code 的 mssql 扩展为官方 Visual Studio Code 扩展，它支持连接到 SQL Server，并在 Visual Studio Code 中为 T-SQL 提供丰富的编辑体验。在轻型编辑器中编写 T-SQL 脚本	Windows macOS Linux

下面将主要讲解 SQL Server Management Studio 工具的相关内容。该工具可以通过 GUI 界面管理数据库或实例，主要包括查询分析、事件探查等功能。

扫一扫，看视频

3.3.1　SQL Server Management Studio

SQL Server Management Studio 是 SQL Server 最为吸引人的工具之一。尤其对于使用过 Oracle 和 MySQL 数据库的开发人员与 DBA，它的界面组织良好、美观，让人感到平易近人。执行【开始】|【程序】|Microsoft SQL Server Tools 18 | SQL Server Management Studio 18 命令，弹出【连接到服务器】对话框，如图 3.6 所示。

图 3.6　【连接到服务器】对话框

从图 3.6 中可以看出，它由服务器类型、服务器名称、身份验证等多个属性组成。服务器类型包括以下 5 种：

> 数据库引擎。SQL Server 的核心服务，它是存储和处理表格关系格式或 XML 文档格式数据的服务，负责完成数据存储、处理和安全防护。

> Analysis Services。主要是通过服务器和客户端，提供联机分析和处理以及数据挖掘功能。借助它，用户可以创建和管理来自其他数据源的数据结构。

❧ Reporting Services。用来做基于服务器的解决方案以及生成各种报表以方便工作。

❧ Integration Services。一个数据集成的平台，负责完成相关数据的提取、转换、加载和集成服务，包括生成并调试包的图形工具与向导。它可以执行工作流功能的各项任务，如数据导入和导出、FTP 操作、SQL 语句执行和电子邮件消息传递等。

❧ Azure SSIS Integration Runtime。Azure 数据工厂用于在不同的网络环境之间提供数据集成功能的计算基础结构。它在 Azure 环境中托管，并支持连接到具有公共可访问端点的公共网络环境中的资源。

服务器名称是指可以连接的服务器，默认连接的服务器为默认实例。通过下拉列表框中的浏览选项，可以选择连接其他服务器。

选择好服务器类型以及服务器名称后，单击【连接】按钮进入 Microsoft SQL Server Management Studio 界面，如图 3.7 所示。

图 3.7　Microsoft SQL Server Management Studio 界面

对于 SQL Server 新手，很容易认为 SSMS 就是 SQL Server 的全部。但实际上 SSMS 只是 SQL Server 的前端工具，它根据用户的操作向 SQL Server 2019 引擎提交 Transact-SQL 语句，然后把 SQL Server 引擎返回的结果显示给用户。

SQL Server 绝大多数的工作都可以在 SSMS 中完成。它以树形结构的形式管理 SQL Server 的数据服务器、数据库以及数据库中的对象，能够在单一界面上对同一域中的多个数据库服务器以及实例进行有效管理。

从图 3.8 可以看出，目录树是 SSMS 界面左边的控制结构，它能够展开已经注册的服务器中的可用对象，它的根节点是默认实例。单击每个节点前面的加号，可以看到目录树会被展开。

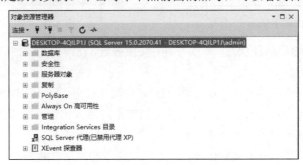

图 3.8　展开的目录树

在目录树中包含以下多个节点：数据库、管理、复制、安全性等，如图 3.8 所示。下面分别对其进行介绍。

- 数据库：这个节点下是运行在该服务器的全部数据库。
- 安全性：包括与安全相关的信息，如数据库登录用户、服务器角色以及连接服务器与远程服务器。
- 服务器对象：包括备份设备、端点、连接服务器以及触发器 4 个节点。可以进行备份设备管理、端点侦听、跨服务器连接等操作。
- 复制：用于发表或订阅的项目。
- PloyBase：PolyBase 查询服务，可以访问 Hadoop、Azure Blob Storage、SQL Server、Oracle、Teradata、MongoDB 等数据来源。
- Always On 高可用性：一个提供替代数据库镜像的企业级方案，具有高可用性和灾难恢复解决方案。
- 管理：提供了 DBA 想要的大部分功能，包括 SQL Server、操作员、作业、备份设备、进程与锁、维护计划与日志。
- Integration Services 目录：支持复制或下载文件，加载数据仓库，清除和挖掘数据以及管理 SQL Server 对象和数据。
- XEvent 探查器：可显示扩展事件的实时查看器窗口。

单击【数据库】节点，会显示系统数据库与数据库快照两个子节点，然后单击【系统数据库】子节点可以看到系统数据库下的 4 种系统数据库，如图 3.9 所示。

在 SSMS 中，不仅可以连接一个数据库服务器，也可以连接多个数据库服务器。单击对象资源管理器中的 ⬇ 按钮，弹出数据库连接窗口。选择其他两个实例数据库后，在控制树中会显示已经连接成功的 3 个服务器，如图 3.10 所示。

图 3.9　系统数据库下的所有对象

图 3.10　连接 3 个服务器

如果想要切换服务器的运行状态，可以右击对应服务器，在弹出的快捷菜单中选择服务器启动、暂停或停止，如图 3.11 所示。

这里，分别切换 3 个服务器为不同运行状态后，如图 3.12 所示。仔细观察可以看到，图中显示 3 个服务器，每个服务器前的小标志代表每个服务器的不同运行状态。具体含义如下：

- 图标 🗄 表明此注册服务器已经建立连接，并且处于运行状态。
- 图标 🗄 表明此注册服务器已经建立连接，但是处于暂停运行状态。
- 图标 🗄 表明此注册服务器已经建立连接，并且停止运行状态。

扫一扫，看视频

图 3.11　切换服务器运行状态　　　　图 3.12　成功连接到的实例服务器

3.3.2　查询分析功能

查询分析功能源自老版本的查询分析器。在 SQL Server 2019 中，该功能被集成于 SQL Server Management Studio 中。同时，它被 SQL Server Management Studio 分解为 SQL 编辑器、查询设计器等多个部分，总体实现数据库的编写与查询。查询分析以自由的文本格式编辑 SQL 代码，并对语法中的保留字提供彩色显示支持，方便了开发人员的使用。

1．了解查询分析功能

查询分析功能集成于 SQL Server Management Studio 中，连接数据库后可以在工具栏中以快捷方式的形式展示。这些快捷方式有一些是显示状态，还有一些是隐藏状态，具体通过在【视图】|【工具栏】弹出的菜单中勾选项决定，如图 3.13 所示。

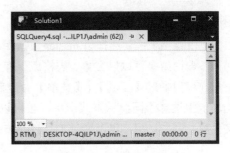

图 3.13　查询分析功能组成　　　　　图 3.14　查询脚本编辑器

除了在工具栏中的按钮，还配备了一个查询脚本编辑器实现查询分析功能。单击【新建查询】按钮即可打开，如图 3.14 所示。在这个窗口中，可以编写 Transact-SQL 语句，调用存储过程，进行查询优化，分析查询过程等操作。

为了方便，查询脚本编辑器可以用不同的颜色显示特殊的关键字。例如，用蓝色显示标准的 SQL 命令字，如 SELECT、INSERT；用紫色显示全局变量名，如@@version 等，以确保语句输入的正确。

2. 用查询分析功能执行 Transact-SQL 语句

查询分析功能的查询脚本编辑器很像一个记事本，用户可以像使用记事本一样在其中编辑 SQL 语句。其实，查询分析功能除了会智能地显示语句中命令字的颜色，还会使用查询优化器对用户的查询语句进行优化。

下面通过一个简单的实例看一下查询分析功能如何执行 Transact-SQL 语句。选中 master 数据库，然后单击【新建查询】按钮，弹出查询脚本编辑器。在查询脚本编辑器中，输入下面的 Transact-SQL 语句，然后单击【分析】按钮✔分析该语句，看结果窗格中有何变化；然后执行该语句，看能否得到结果集。

```
SELECT  *  FROM  dbo.MSreplication_options
```

可以看到，分析该语句后结果窗格显示"命令已成功完成"。执行该语句后，在消息页框中显示了执行语句影响的记录数，编者的计算机中返回的消息如下：

```
(所影响的行数为 3 行)
完成时间: 2020-09-13T00:55:29.1465050+08:00
```

如果忘记选择 master 数据库在执行时可能会得到："

服务器: 消息 208，级别 16，状态 1，行 1

对象名 'dbo.MSreplication_options' 无效。"

的错误信息。

出现上述错误的原因是【分析语句】工具按钮，包括【查询】|【分析】命令都只能检查 Transact-SQL 代码，而不能检查对象名（数据表、字段名等）。为了避免忘记选择 master 数据库，可在语句前添加语句：

```
USE  master
GO
```

它的作用相当于手动选择了 master 数据库。

另外，查询结果可以以文本、表格或保存为文件 3 种形式显示。改变显示方式的方法有两种：其一，用户可以通过【工具】|【选项】命令启动选项对话框，如图 3.15 所示。然后在【查询结果】选项卡中选择不同显示方式即可，也可以选择将结果保存为文件，此时结果集将被输出到指定的文件内。其二，用户可以通过工具栏的按钮选择结果集的显示方式，如图 3.16 所示。

图 3.15　通过【选项】命令切换显示方式　　　图 3.16　通过快捷按钮切换显示方式

3．用查询分析功能打开、保存、执行 Transact-SQL 脚本文件

在查询分析功能中，可以对正在编辑或已经编辑好的 Transact-SQL 语句进行保存。这些由 Transact-SQL 语句组成的文件称为脚本文件或 Transact-SQL 脚本文件，一般存储为 .sql 文件，如图 3.17 所示。这些文件都是简单的文本文件，也可以由记事本打开编辑，如图 3.18 所示。

图 3.17　保存 Transact-SQL 脚本文件　　　图 3.18　用记事本程序打开脚本文件

用户也可以打开已经存在的脚本文件，像执行一般的 Transact-SQL 语句一样执行它们。依次执行【文件】|【打开】|【文件…】命令，在弹出的对话框中选择要打开的文件，如图 3.19 所示。打开的文件装载成功后，就可以调试并执行了，如图 3.20 所示。

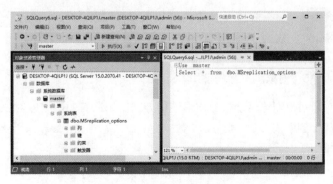

图 3.19　选择打开查询文件　　　　　　图 3.20　打开查询文件

4．查询结果保存

用户可以按照图 3.15 所示改变显示方式的内容，通过设置显示结果方式将查询结果集保存为指定文件，如图 3.21 所示。编者将查询所得的结果保存为 jobs.txt，文本文档打开后如图 3.22 所示。

图 3.21　将结果集保存为指定文件　　　　图 3.22　打开结果集保存所得的 jobs.txt 文件

用户还可以通过另外两种方式保存查询结果。第 1 种方式为在结果显示窗口右击，然后在弹出的快捷菜单中执行【将结果另存为…】命令，如图 3.23 所示。第 2 种方式为选中显示的结果后，依次执行【文件】|【将结果另存为…】命令，然后保存为自己想要的格式即可。

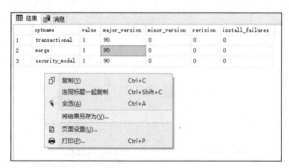

图 3.23　第 1 种保存查询结果方式

> 在使用第 2 种保存查询结果方式时，一定要先使用鼠标在显示结果窗口单击，只有单击后才会在执行【文件】命令弹出的快捷菜单中显示【将结果另存为…】选项。

5．对象浏览器的使用

对象浏览器会按照树形结构方式组织所有的数据库对象，树形结构按照严格的层次关系布局，从上到下依次是：服务器、数据库、数据库对象（如表）、数据库对象的组成部分（如索引、字段等），如图 3.24 所示。

SQL Server 预先设置了一些常用的查询命令，通过使用这些预先设置的查询命令，可以很方便地实现对数据库的查询。例如，查询出 master 数据库中 MSreplication_options 表里所有数据的操作如下：

（1）展开树形结构上的 master 数据库节点。

（2）选中【系统表】中的 dbo. MSreplication_options 表。

（3）右击，依次执行【编写表脚本为】|【SELECT 到】|【新查询编辑器窗口】命令，如图 3.25 所示。

（4）在弹出的编辑器窗口中自动粘贴执行语句，如图 3.26 所示。

（5）单击【执行】按钮，在结果窗口显示查询结果，如图 3.27 所示。

图 3.24　树形结构

图 3.25　选取查询命令

图 3.26　弹出有命令的查询窗口

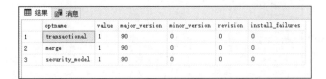

图 3.27　显示查询结果

SQL Server 提供的预设查询命令还包括创建、修改、除去、插入、更新等。读者可以通过练习，熟悉对象浏览器的使用方法。

6．模板的使用

SQL Server 针对常用的 SQL 查询命令定制了很多常用的模板，包括创建存储过程、创建视图、创建函数等模板。通过调用并修改这些模板，可以快捷、方便、准确地完成 SQL 语句的编写，并能养成良好的编码风格。

依次执行【视图】|【模板资源管理器】命令，弹出【模板浏览器】面板，如图 3.28 所示。

图 3.28 　【模板浏览器】面板

下面通过一个简单的例子学习模板的使用方法。这个例子要完成的工作是在 Orders 表中将 Country 是 France 的记录全部删除。

（1）打开【模板浏览器】面板，所有的 SQL Server 模板是按功能进行分类布置在树形结构上的。

（2）展开 Stored Procedure 文件夹。

（3）右击 Create Procedure Basic Template 节点，执行【打开】命令，系统则在查询脚本编辑器中插入模板，如图 3.29 所示。

图 3.29 　Create Procedure

（4）针对要实现的功能，修改自动生成的 SQL 语句。在 SQL Server 提供的模板中，SQL 语句一般非常严谨。所以，经常使用模板有助于编写严密、高质量的 SQL 程序。

本例中，自动生成的语句如下：

```
-- =============================================
-- Create basic stored procedure template
-- =============================================

-- Drop stored procedure if it already exists
IF EXISTS (
  SELECT *
    FROM INFORMATION_SCHEMA.ROUTINES
    WHERE SPECIFIC_SCHEMA = N'<Schema_Name, sysname, Schema_Name>'
     AND SPECIFIC_NAME = N'<Procedure_Name, sysname, Procedure_Name>'
)
   DROP PROCEDURE <Schema_Name, sysname, Schema_Name>.<Procedure_Name, sysname, Procedure_Name>
GO

CREATE   PROCEDURE   <Schema_Name,  sysname,  Schema_Name>.<Procedure_Name,  sysname,
Procedure_Name>
    <@param1, sysname, @p1> <datatype_for_param1, , int> = <default_value_for_param1, , 0>,
    <@param2, sysname, @p2> <datatype_for_param2, , int> = <default_value_for_param2, , 0>
AS
    SELECT @p1, @p2
GO


-- =============================================
-- Example to execute the stored procedure
-- =============================================
EXECUTE <Schema_Name, sysname, Schema_Name>.<Procedure_Name, sysname, Procedure_Name>
<value_for_param1, , 1>, <value_for_param2, , 2>
 GO
```

用 GO 隔开的第 1 个程序段用于判断数据库是否已经存在给定名字的存储过程，如果有，则删除原来已经存在的存储过程。然后，再创建一个新的存储过程，用实际的表名、存储过程名和列名替换用<>括起来的部分就可以生成一个意义完整的存储过程。

修改后的存储过程定义语句如下：

```
-- =============================================
--实例存储过程，无参数
-- =============================================
--创建存储过程
USE master
IF EXISTS (SELECT name
      FROM   sysobjects
      WHERE  name = N'p_FindFrance'
```

```
        AND    type = 'P')
    DROP PROCEDURE sp_delID
GO


CREATE PROCEDURE p_FindFrance AS


GO


-- ============================================
-- 下面执行存储过程
-- ============================================
EXECUTE p_FindFrance
```

USE master 表示执行 SQL 命令的数据库对象是 master 数据库。用户也可以从工具栏的数据库选择下拉列表框中选择命令影响的数据库，如图 3.30 所示，如选择 master 数据库。

（5）修改完毕后，单击工具栏上的 ✔ 按钮，或按 Ctrl+F5 组合键检查语法错误。

（6）如果没有错误，单击工具栏上的 ▷ 执行(X) 按钮，或按 F5 键执行 SQL 命令，服务器会返回执行结果"命令已成功完成"。

打开对象浏览器，打开 master 数据库中的可编程性节点，可以看见已经建立好的存储过程 p_FindFrance，如图 3.31 所示。

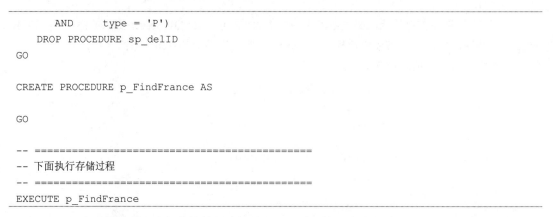

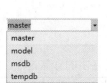

图 3.30　选择 master 数据库　　　　　　图 3.31　　p_FindFrance 存储过程

如果执行了【查询】|【显示估计的执行计划】命令，则系统将显示命令语句执行的步骤和效率，如图 3.32 所示。单击【查询】按钮，在弹出的快捷菜单中可以选择要显示的内容，如【包括实际的执行计划】、【包括实时查询统计信息】与【包括客户端统计信息】。

关于查询分析功能就简单介绍到这里，后面各章节用到该功能时还会作更加详细的介绍。客户端网络实用工具与服务器端网络实用工具相似，这里不再赘述。

	查询试验 1	平均
客户端执行时间	21:06:26	
查询配置文件统计信息		
INSERT、DELETE 和 UPDATE 语句的数目	0	→ 0.0000
INSERT、DELETE 或 UPDATE 语句影响的行数	0	→ 0.0000
SELECT 语句的数目	1	→ 1.0000
SELECT 语句返回的行数	1	→ 1.0000
事务数	0	→ 0.0000
网络统计信息		
服务器往返的次数	3	→ 3.0000
从客户端发送的 TDS 数据包	3	→ 3.0000
从服务器接收的 TDS 数据包	3	→ 3.0000
从客户端发送的字节数	314	→ 314.0000
从服务器接收的字节数	1208	→ 1208.0000
时间统计信息		
客户端处理时间	3	→ 3.0000
总执行时间	3	→ 3.0000
服务器应答等待时间	0	→ 0.0000

图 3.32   统计信息

扫一扫，看视频

3.3.3　SQL Server Profiler

　　SQL Server Profiler（SQL Server 事件探查器）是一个通过图形界面能够从服务器捕获 SQL Server 2019 事件的工具。事件保存在一个跟踪文件中，读者可以在以后对该文件进行分析，也可以在试图诊断某个问题时，用它重播某一系列的步骤。SQL Server 事件探查器用于以下活动：

　　❯ 逐步分析有问题的查询，以找到问题的原因。

　　❯ 查找并诊断运行慢的查询。

　　❯ 捕获导致某个问题的一系列 SQL 语句，然后用所保存的跟踪在某个测试服务器上复制此问题，接着在该测试服务器上诊断问题。

　　❯ 监视 SQL Server 的性能以精细地调整工作负荷。

　　使用事件探查器创建跟踪步骤如下：

　　（1）依次执行【开始】|【程序】| Microsoft SQL Server Tools 18 | SQL Server Profiler 18 命令，打开 SQL Server Profiler 软件，如图 3.33 所示。

　　（2）在事件探查器中依次执行【文件】|【新建跟踪】命令，弹出【连接到服务器】对话框，如图 3.34 所示。在此对话框中，选择要跟踪的 SQL Server 服务器或实例。

图 3.33　打开 SQL Server Profiler 软件

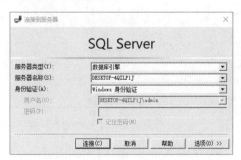

图 3.34　连接到 SQL Server 服务器

　　（3）设置好连接属性后，单击【连接】按钮，弹出【跟踪属性】对话框，如图 3.35 所示。

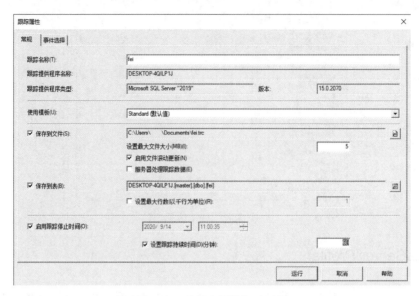

图 3.35　【跟踪属性】对话框

（4）在【跟踪名称】文本框中输入跟踪的名称，然后在【跟踪提供程序名称】文本框中，选择将要运行跟踪的服务器，默认名称即可。在【使用模板】下拉列表框中，选择此跟踪将基于的跟踪模板，选择默认模板即可。

（5）选中【保存到文件】复选框，将跟踪捕获到其他位置中的文件，如图 3.36 所示。选中【保存到表】复选框，弹出如图 3.37 所示的对话框，在【数据库】下拉列表框中选择要存储到的数据库，在【表】下拉列表框中选择要存储的表，然后单击【确定】按钮。

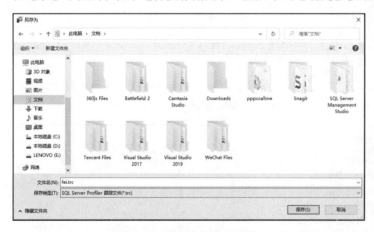

图 3.36　【另存为】对话框

图 3.37　存储为表

（6）在图 3.35 中选中【启用跟踪停止时间】复选框，指定停止的日期和时间。若要使用其他跟踪属性，可以单击【事件选择】选项卡，然后设置选项卡上的选项。

（7）在图 3.35 中单击【运行】按钮，开始跟踪，弹出如图 3.38 所示的对话框。

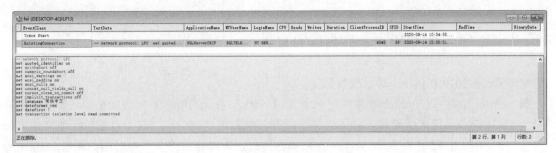

图 3.38　开始跟踪

跟踪内容的含义见表 3.2。

表 3.2　跟踪内容的含义

数　据　列	描　述
EventClass	捕获的事件类类型
TextData	与跟踪内捕获的事件类相关的文本值。但是，如果正在跟踪参数化查询，则不以 TextData 列中的数据值显示变量
Application Name	创建与 SQL Server 实例连接的客户端应用程序名。该列由应用程序传递的值填充，而不是由显示的程序名填充
NT User Name	Windows 用户名
LoginName	用户的登录名（SQL Server 安全登录或 Windows 登录凭据，格式为 DOMAIN\Username）
CPU	事件使用的 CPU 时间总计（以毫秒为单位）
Reads	服务器代表事件执行的逻辑磁盘读取数
Writes	服务器代表事件执行的物理磁盘写入数
Duration	事件花费的时间总计（以毫秒为单位）
ClientProcessID	由主机计算机分配给进程的 ID，在该进程中客户应用程序正在运行。如果客户端提供客户端进程 ID，则填充此数据列
SPID	SQL Server 指派的与客户端相关的服务器进程 ID
StartTime1	启动事件的时间（可用时）

3.4　SQL Server 2019 的系统数据库

完成 SQL Server 2019 安装后，SQL Server 2019 自动在服务器上安装了 4 个系统数据库和 2 个实例数据库，并定义了多个系统表和系统存储过程。其中，系统表记录了 SQL Server 2019 的系统信息以及用户自定义的数据库信息；系统存储过程主要用来对系统进行更改，如系统数据修改名称等。

扫一扫，看视频

3.4.1 SQL Server 2019 系统数据库简介

SQL Server 2019 有以下 4 种系统数据库：

➥ master 数据库。master 数据库记录了 SQL Server 系统的所有系统级别信息，如所有的登录账户和系统配置设置。它还记录了所有其他数据库的信息，其中包括数据库文件的位置。由于它记录了 SQL Server 的初始化信息，所以它始终有一个可用的最新 master 数据库备份。

由于 master 数据库的重要性，任何对 master 数据库的修改都可能造成数据库服务器的瘫痪，所以要严格控制系统用户对 master 数据库的操作权限，除特殊应用需要修改 master 数据库外，其他时候不要对 master 数据库进行任何修改。

➥ model 数据库。model 数据库用作在系统上创建的所有数据库的模板。创建新数据库时，新数据库的第一部分通过复制 model 数据库中的内容创建，剩余部分由空页填充。由于 SQL Server 每次启动时都要创建 tempdb 数据库，所以 model 数据库必须一直存在于 SQL Server 系统中。

由于 model 的模板作用，可以将应用数据库的用户自定义数据类型、规则等放在 model 数据库中。当用户创建新的数据库时，可以自动拥有这些数据库对象。

➥ msdb 数据库。msdb 数据库供 SQL Server 代理程序调度警报和作业以及记录操作员时使用。

➥ tempdb 数据库。tempdb 数据库保存所有的临时表和临时存储过程。它还满足任何其他的临时存储要求，如存储 SQL Server 生成的工作表。tempdb 数据库是全局资源，所有连接到系统的用户的临时表和临时存储过程都存储在该数据库中。tempdb 数据库在 SQL Server 每次启动时都重新创建，因此该数据库在系统启动时总是干净的。临时表和临时存储过程在连接断开时自动删除，而且当系统关闭后将没有任何连接处于活动状态。因此，tempdb 数据库中没有任何内容会从 SQL Server 的一个会话保存到另一个会话。默认情况下，在 SQL Server 运行时，tempdb 数据库会根据需要自动增长。不过，与其他数据库不同，每次启动数据库引擎时，它会重置为其初始大小。如果为 tempdb 数据库定义的大小较小，则每次重新启动 SQL Server 时，会自动将 tempdb 数据库的大小增加到支持工作负荷所需的大小。这一工作可能会成为系统处理负荷的一部分。为避免这种开销，可以适当增加 tempdb 数据库的大小。

3.4.2 系统表

各个系统数据库以及创建的数据库都包含一些系统表，它们有的用于存放 SQL Server 的系统信息，有的用于记录用户数据库的信息。所以，用户一般不应直接更改系统表的数据，但可以从系统表中获取有用的信息。主要系统表说明见表 3.3。

表 3.3 系统表

表 名	位 置	功 能
sysconfigures	master	记录最近一次启动 SQL Server 前定义的配置选项,还包含最近一次启动后设置的所有动态配置选项
syscurconfigs	master	记录 SQL Server 当前的配置选项
sysdatabases	master	记录 SQL Server 中的数据库信息
syslogins	master	记录 SQL Server 中所有登录用户的信息
sysremotelogins	master	记录 SQL Server 中远程登录用户的信息
sysservers	master	记录 SQL Server 作为 OLE DB 数据源能够访问的服务器
sysoledbusers	master	记录连接服务器的用户和密码
syscolumns	每个数据库	记录表和视图中的字段与存储过程中的每个参数
syscomments	每个数据库	包含每个视图、规则、默认值、触发器、CHECK 约束、DEFAULT 约束和存储过程的信息
sysconstraints	每个数据库	记录数据库中的约束
sysdepends	每个数据库	记录对象（视图、过程和触发器）之间的相关性信息
sysfiles	每个数据库	记录数据库中所有文件的信息。该系统表是虚拟表,不能直接更新或修改
sysforeignkeys	每个数据库	记录数据库中各个数据表的外键约束信息
sysindexes	每个数据库	记录数据库中表和索引的信息
sysobjects	每个数据库	记录数据库中创建的所有对象,如约束、默认值、日志、规则、存储过程等。在 tempdb 数据库中记录临时对象
sysmembers	每个数据库	记录数据库中的角色成员
sysusers	每个数据库	记录数据库中每个 Windows 用户、Windows 组、SQL Server 用户或 SQL Server 角色的信息
systypes	每个数据库	记录数据库中的数据类型,包括系统提供的和用户自定义的数据类型

其他系统表的含义请自行参阅 SQL Server 联机帮助丛书。

3.4.3 系统存储过程

SQL Server 2019 中提供了大量的系统存储过程,目标是检索和修改系统表,为数据库用户提供很多实用的应用接口。

3.5 SQL Server 的数据类型

数据库存储的所有数据都有一个数据类型。正确选择数据类型将提高数据库的性能。现实世界中的事物千差万别,即使同一事物的不同属性也有不同的描述。例如,对比生日、姓名和年龄,生

扫一扫,看视频

日是一个日期，而姓名是几个字符，年龄是一个数值。日期有先后，数值有大小，字符串可以连接。可以看出，数据库中不仅需要不同的数据类型，还需要为不同的数据类型制定不同的运算规则。正如大家期望的一样，SQL Server 提供了丰富的数据类型，也为各种数据类型制定了特定的运算规则。

扫一扫，看视频

3.5.1 数值数据类型

数值数据类型包括整型数据类型、数字数据类型和浮点数据类型。其中，整型数据类型主要用来表示年龄、物体个数等；数字数据类型主要用来表示精度要求较高的数据；浮点数据类型是一种近似数据类型，用于如统计、计算等不要求绝对精确的运算场合。详细说明见表 3.4。

表 3.4　数值数据类型

数据类型	说　明
integer(int)	可以存储-2^{31}～$2^{31}-1$的所有整数，占用4个字节，共32位，其中有1位用来表示正负
smallint	可以存储-2^{15}～$2^{15}-1$的所有整数，占用2个字节，共16位，其中有1位用来表示正负
bigint	可以存储-2^{63}～$2^{63}-1$的所有整数，占用8个字节，共64位，其中有1位用来表示正负
tinyint	用于存储0～255范围内的整数，占用1个字节
bit	取0或1。常用作表示真假的逻辑关系
decimal/numeric	取值范围随精度的不同而不同，取值范围最大为$-10^{38}-1$～$10^{38}-1$。例如，在numeric(9,4)中，9为精度，4为刻度，表示小数位数。其中，精度<38，刻度<精度。numeric(9,4)的取值范围是-99999.9999～99999.9999
float	取值范围是-1.79E+308～1.79E+308
real	取值范围是-3.40E+38～3.40E+38

下面对数值数据类型结合实际开发进行说明：

- ➥ integer（int）一般用于存在负数的整数中，如科学计算的整数存储。
- ➥ smallint 一般用于设置存储空间时。数据中不会存在超过 smallint 类型范围时，才采用这个数据类型。这里需要注意的是，很多数据库用户喜欢用 smallint 或使用 integer（int）存储类似"年龄"的字段。这造成了极大的存储空间的浪费，因为现实中不可能存在如 345345 这么大的年龄或负数年龄。
- ➥ bigint 是 SQL Server 2019 的新增数据类型，是整型数据类型中存储容量最大的一种，可以用在所有适用于 smallint 或 integer（int）的数据类型的地方。
- ➥ bit 数据类型因为只能存储 0、1 或 NULL，可以用于存储逻辑关系，如 true/false。考虑到性能，SQL Server 2019 是不允许在 bit 数据类型创建索引的。关于索引的知识可以参考第 7 章的内容。
- ➥ tinyint 在整型数据类型中占用的空间最小，一般表示"年龄"这样的字段。这样可以极大地减少存储空间。
- ➥ decimal/numeric 数据类型在 SQL Server 具有极大的灵活性，用户可以指定到数值的刻度，让其保留到一定的小数位。decimal、numeric 这两个数据类型几乎相同，唯一的不同是 numeric 数据类型的字段可以拥有 identity 约束，但是 decimal 数据类型的字段不能。

➤ float 和 real 可以存储极大的数字，但是容易产生四舍五入的误差。例如，一个金融系统的某一个表存在一个"金额"字段。假设采用 float 或 real 存储时，其字段的精度是 5，如果想存储 64989.38，SQL Server 会自动四舍五入存储为 64989.4。

➤ 在使用 integer、smallint、tinyint、bit、float、real 和 bigint 数据类型时，用户不能指定其长度，因为它们的长度都已经被系统设定好了，但是可以设定 decimal/numeric 数据类型的精度与刻度，进而修改其长度。

具体应用如实例 3.1 所示。

实例 3.1　在个人数据库中创建一个有数值数据类型字段的数据表。

```
USE 个人数据
GO

CREATE TABLE e_数值数据表
(column_int int,
column_bigint bigint,
column_real real,
column_float float,
column_Decimal decimal(8,4),
column_Numeric numeric (9,3) )
GO
```

在查询分析功能中执行上述代码，生成的数据表结构如图 3.39 所示。

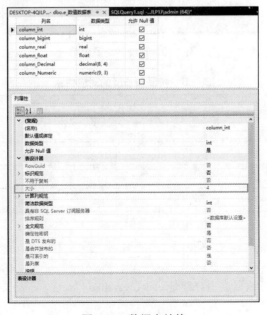

图 3.39　数据表结构

在数据表设计器中，当前指定的字段是 column_int 字段，数据类型为 int 类型，可以在图下方的"列属性"页框中看出，int 类型数据的精度是不可更改的，而且也不会显示在设计器中。int 类型数据的长度（图 3.39 所示的"大小"字段）为 4，是固定的、不可更改的（灰色）。

现在把当前指定的字段设置为 column_Numeric，如图 3.40 所示，可以发现能够更改字段的精度和小数位数（黑色），但是不能手动更改它的长度，它的长度随精度的不同而不同，精度和长度的对应关系见表 3.5。

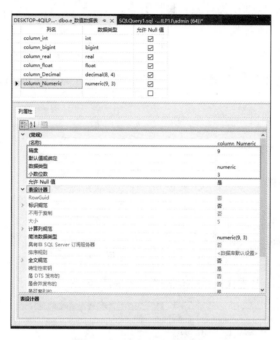

图 3.40　精度和小数位数

表 3.5　精度和长度的对应关系

精　　度	长　　度
1～9	5
10～19	9
20～28	13
29～38	17

3.5.2　字符数据类型

SQL Server 提供的字符数据类型分别是 char、varchar 和 text（见表 3.6）。它们常用来表示姓名、地址以及证件号等数据。

表 3.6　字符数据类型

数 据 类 型	说　　明
char	最长可以容纳 8000 个字符
varchar	最长可以达到 8000 个字符的变长字符
text	存储大于 8000 个字符。SQL Server 根据数据的实际长度为其分配空间

使用字符数据类型需要注意以下问题：

➥ 当输入 char 或 varchar 的值时，都需要用单引号或双引号将数值括起来。

➥ char 数据类型存储数据时，如果定义的长度是 4 个字节的字段，当输入 "asd" 这 3 个字符时，实际占用的存储空间是 4 个字节，多余出来的一个空间用空格填补。但如果想让其存储 "asdfg"，则实际只存储 "asdf" 这 4 个字符。

➥ varchar 类型的数据占用的存储空间随着在表中字段的每个值的不同而变化。例如，当定义的长度是 4 个字节的字段时，如果输入 "asd" 这 3 个字符，实际占用的存储空间是 3 个字节；如果输入了 "asdf"，就占用了 4 个字节的存储空间。所以，采用 varchar 类型可以极大地节省存储空间。

➥ 每个汉字占用 2 个字节。例如，"汉字" 这 2 个字就需要 4 个字节。

➥ text 类型专门用于存储数据量庞大的变长字符数据。

具体应用如实例 3.2 所示。

实例 3.2　在个人数据库中创建一个有字符数据类型字段的数据表。

```
USE 个人数据
GO

CREATE TABLE e_字符数据表
(column_char char(10),
column_varchar varchar(20),
column_char2 char,
column_varchar2 varchar,
column_text text)
GO
```

在查询分析功能里执行上述代码，生成的数据表结构如图 3.41 所示。

从实例 3.2 的语句中可以看出，char 和 varchar 类型的长度可以设定，只要范围为 1～8000 就可以；text 类型的字段存放的只是数据的一个 16 位指针，所以长度不是用户能更改的。

图 3.41　字符数据表结构

扫一扫，看视频

3.5.3　日期/时间数据类型

SQL Server 提供的日期/时间数据类型有 datetime 和 smalldatetime 等几类，见表 3.7。在 SQL Server 中，日期时间常量虽然也用单引号括起，但是日期时间一般不用字符数据类型表示。这是因为 SQL Server 提供了一些专门用来处理日期、时间的函数，如果用字符数据类型表示日期，则无法被 SQL Server 识别。

表 3.7　日期/时间数据类型

数 据 类 型	说　　明
date	范围从 0001-01-01 到 9999-12-31（对于 Informatica，为 1582-10-15 到 9999-12-31）
datetime	范围从 1753 年 1 月 1 日到 9999 年 12 月 31 日，可以精确到千分之一秒
datetime2[]	时间范围从 00:00:00 到 23:59:59.9999999；日期范围从公元 1 年 1 月 1 日到公元 9999 年 12 月 31 日
smalldatetime	范围从 1900 年 1 月 1 日到 2079 年 6 月 6 日，可以精确到分
datetimeoffset	时间范围从 00:00:00 到 23:59:59.9999999；日期范围从公元 1 年 1 月 1 日到公元 9999 年 12 月 31 日
time	范围从 00:00:00.0000000 到 23:59:59.9999999（对于 Informatica，为 00:00:00.000 到 23:59:59.999）

有些应用（如关于历史事件的数据库）会用到 1753 年 1 月 1 日之前的日期，这时就不能使用 datetime 或 smalldatetime 表示日期，可以将其定义为 date 类型。

3.5.4　货币数据类型

SQL Server 提供的货币数据类型有 money 和 smallmoney 两种，它们专门用于货币数据的处理，见表 3.8。

表 3.8　货币数据类型

数据类型	说　　明
money	由两个 4 字节整数组成，前面 4 字节表示货币的整数部分，后面 4 字节表示小数部分，取值范围是 $-2^{63} \sim 2^{63}-1$
smallmoney	由两个 2 字节整数组成，前面 2 字节表示货币的整数部分，后面 2 字节表示小数部分，取值范围是 $-214743.3648 \sim 214743.3647$

实例 3.3 是在个人数据库中创建一个有日期和货币数据类型字段的数据表。

实例 3.3　**在数据表中创建日期、货币数据类型的字段。**

```
USE 个人数据
GO

CREATE TABLE e_日期货币数据表
(column_datetime datetime,
column_Smalldatetime smalldatetime,
column_Money money,
column_Smallmoney smallmoney)
GO
```

在查询分析功能里执行上述代码，生成的数据表结构如图 3.42 所示。

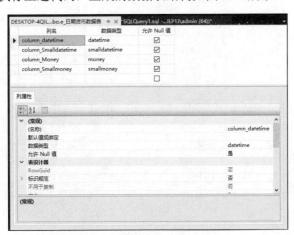

图 3.42　生成的数据表结构

从图 3.42 可以看出，datetime、smalldatetime、money 和 smallmoney 类型的长度不需要指定，用户也无法修改，SQL Server 已经为它们指定了长度、精度和刻度。

money 和 smallmoney 两种数据类型的设计更多考虑的是美元以及美国现实中货币的应用习惯，而国内应用货币一般是保留小数点后 2 位，所以在国内实际开发中一般不采用 money 和 smallmoney 约束货币字段，而是采用 decimal 或 numeric。

扫一扫，看视频

3.5.5　二进制数据类型

SQL Server 提供的二进制数据类型包括 binary、varbinary 和 image，见表 3.9。二进制数据类型同字符数据类型非常相似。使用 binary 数据类型定义的字段或变量，具有固定长度，最大长度可以达到 8KB。使用 varbinary 数据类型定义的字段或变量不具有固定长度，最大长度可以达到 8KB。image 数据类型可以存储字节数大于 8KB 的数据，如比较大的图片或视频以及各类文档等。

表 3.9　二进制数据类型

数据类型	说　　明
binary	最大长度为 8KB，固定长度
varbinary	最大长度为 8KB，不固定长度
image	可以存储超过 8KB 长度的数据，如图片和文档等

在 SQL Server 中对二进制进行存储时，无须在数据上加引号，但必须在数据常量前加上一个前缀 0x。实例 3.4 是一个包含二进制定义表的例子，创建完成后，在表中插入一行数据，然后将此数据搜索出来。

实例 3.4　使用二进制数据类型。

```
USE 个人数据
GO

CREATE TABLE e_二进制
(column_binary binary(10),
column_varbinary varbinary(10),
column_image image,
)
GO

INSERT INTO e_二进制
VALUES(0x0101001,0x1101010,0x1010)
GO

SELECT * FROM e_二进制
GO
```

执行结果如下：

(所影响的行数为 1 行)

```
column_binary          column_varbinary       column_image
---------------------  ---------------------  ----------------------
0x001010010000000000   0x01101010             0x1010
```

(所影响的行数为 1 行)

要在 SQL Server 2019 中存储或查看视频或图片数据等内容时，需要用前端程序实现。实例 3.5 是一个通过 C#代码获取 SQL Server 2019 中图片的代码片段。

实例 3.5 获取图片。

```
try{
    //数据库连接字符串
    string connString = "Data Source = . ;Initial Catalog =hotel;User ID=sa;Pwd=123456";
    SqlConnection connection = new SqlConnection(connString);//创建 connection 对象
    string sql = "insert into Images (BLOBData) values (@blobdata)";
    SqlCommand command = new SqlCommand(sql, connection);
    //图片路径
    //注意，这里需要指定保存图片的绝对路径和图片文件的名称，每次必须更换图片名称，这里很不方便
    string picturePath = @"D:\1.jpg";
    //创建 FileStream 对象
    FileStream fs = new FileStream(picturePath, FileMode.Open, FileAccess.Read);
    //声明 Byte 数组
    Byte[] mybyte = new byte[fs.Length];
    //读取数据
    fs.Read(mybyte, 0, mybyte.Length);
    fs.Close();
    //转换成二进制数据，并保存到数据库
    SqlParameter prm = new SqlParameter
      ("@blobdata", SqlDbType.VarBinary, mybyte.Length, ParameterDirection.Input, false,
0, 0, null, DataRowVersion.Current, mybyte);
    command.Parameters.Add(prm);
    //打开数据库连接
    connection.Open();
    command.ExecuteNonQuery();
    connection.Close();
    }
    catch (Exception ex)
    {
    MessageBox.Show(ex.Message);
    }
```

代码说明如下：

➥ "Data Source = ."表示连接的数据库类型，包括本地数据库或非本地数据库。"."表示本地数据库，本地数据库还可以使用 local、"127.0.0.1"以及服务器名称表示。非本地数据库需要使用服务器 IP 表示连接。

➡ Initial Catalog =hotel 中 hotel 表示连接的数据库的名称。

↘ User ID=sa 表示数据库的登录名为 sa。

➡ Pwd=123456 表示登录密码为 123456。

扫一扫，看视频

3.5.6 Unicode 数据类型

Unicode 字符用于存储双字节字符，如汉字。SQL Server 提供的 Unicode 数据类型有 nchar、nvarchar 和 ntext 3 种，分别与 char、varchar 和 text 字符数据类型相对应，见表 3.10。

表 3.10 Unicode 数据类型

数据类型	说　明
nchar	最长可以容纳 4000 个 Unicode 字符
nvarchar	最长可以达到 4000 个 Unicode 字符的变长字符
ntext	存储大于 4000 个 Unicode 字符。SQL Server 根据数据的实际长度为其分配空间

nchar、nvarchar 和 ntext 3 种数据类型一般在存储多语言时采用。

扫一扫，看视频

3.5.7 sql_variant 数据类型

sql_variant 数据类型可以存储一些混合数据。例如，当一个字段有可能是时间，也有可能是数字或字符时就可以采用 sql_variant 数据类型。sql_variant 数据类型可以存储除 text、ntext、image 数据类型以外类型的数据，如实例 3.6 所示。

实例 3.6 sql_variant 数据类型的应用。

```
USE 个人数据
GO

CREATE TABLE sql_variant 表
(column_sql_variant sql_variant,

)
GO

INSERT INTO sql_variant 表
VALUES(124566.23)
GO

INSERT INTO sql_variant 表
VALUES('I love xueer')
```

```
GO

INSERT INTO sql_variant 表
VALUES('9/23/06 12:32:34')
GO

SELECT * FROM sql_variant 表
GO
```

执行结果如下：

```
（所影响的行数为 1 行）


（所影响的行数为 1 行）


（所影响的行数为 1 行）
column_sql_variant
----------------------------------------------------------------
124566.23
I love xueer
9/23/06 12:32:34

（所影响的行数为 3 行）
```

3.5.8　table 数据类型

扫一扫，看视频

　　table 数据类型一般只用于编程环境中。它就像一个临时表，用来存储从数据库提取的结果集，以备后续处理。table 数据类型不能用于定义表中的字段，只能用在局部变量或用户自定义函数的返回值中，如实例 3.7 所示。

　　实例 3.7　table 数据类型的应用。

```
USE 个人数据
GO

DECLARE @二进制 TABLE
(column_binary binary(10),
 column_varbinary varbinary(10),
 column_image image
)

INSERT INTO @二进制
SELECT * FROM e_二进制

SELECT * FROM @二进制
GO
```

代码说明如下：

➥ DECLARE @二进制 TABLE，声明 "@二进制" 为表变量。

➥ INSERT INTO @二进制 SELECT * FROM e_二进制，将表 "e_二进制" 中所有的记录全部赋值给 "@二进制"。

执行结果如下：

```
（所影响的行数为 1 行）
column_binary          column_varbinary        column_image
---------------------- ----------------------  -------------------------------
0x00101001000000000000 0x01101010              0x1010

（所影响的行数为 1 行）
```

扫一扫，看视频

3.5.9　其他数据类型

除了以上的常用数据类型，还有一些其他数据类型，包括 cursor、rowversion、hierarchyid、uniqueidentifier 等类型，具体介绍见表 3.11。

表 3.11　其他数据类型

数据类型	说　　明
cursor	变量或存储过程 OUTPUT 参数的一种数据类型，这些参数包含对游标的引用
rowversion	公开数据库中自动生成的唯一二进制数字的数据类型。rowversion 通常用作给表行加版本戳。存储大小为 8 字节。rowversion 数据类型只是递增的数字，不保留日期或时间。若要记录日期或时间，请使用 datetime2 数据类型
hierarchyid	可以存储超过 8KB 长度的数据，如图片和文档等
uniqueidentifier	可存储 16 字节的二进制值，其作用与全局唯一标识符（GUID）一样。GUID 是唯一的二进制数
xml	存储 XML 数据的数据类型，可在列中或 XML 类型的变量中存储 XML 实例
geometry	是在 SQL Server 中作为公共语言运行时（CLR）数据类型实现的。此类型表示欧几里得（平面）坐标系中的数据
geography	是作为 SQL Server 中的.NET 公共语言运行时（CLR）数据类型实现的。此类型表示圆形地球坐标系中的数据。 geography 数据类型存储椭球体（圆形地球）数据，如 GPS 纬度和经度坐标

扫一扫，看视频

3.5.10　用户自定义数据类型

虽然 SQL Server 提供了丰富的数据类型，但是用户也可根据自己的需要自定义数据类型。用户自定义数据类型名称必须符合 SQL Server 的标识符命名规则，并且在其所属的数据库中保持唯一。用户自定义数据类型的基类型不能是 money、smallmoney 等。

在 SQL Server 中使用 sp_addtype 存储过程建立用户自定义数据类型，语法格式如下：

```
sp_addtype [ @typename = ] type ,
    [ @phystype = ] system_data_type
    [ , [ @nulltype = ] 'null_type' ]
    [ , [ @owner = ] 'owner_name' ]
```

代码说明如下：

❧ [@typename =] type，表示用户自定义的数据类型的名称。数据类型名称必须遵照标识符的规则，而且在其所属的数据库中必须是唯一的。但是不同的用户自定义的数据类型可以有相同的定义。

❧ [@phystype =] system_data_type，表示用户自定义的数据类型基于的物理数据类型或 SQL Server 提供的数据类型（如 decimal、integer 等）。

❧ [@nulltype =] 'null_type'，表示用户自定义的数据类型处理空值的方式。取值范围是 NULL、NOT NULL 或 NONULL，默认值为 NULL。

❧ [@owner =] 'owner_name'，表示新数据类型的创建者或所有者，默认为当前用户。

其应用如实例 3.8 所示。

实例 3.8 以 char 为基类型建立一个长度为 1 的 grade 数据类型。

```
USE 个人数据
GO

EXEC sp_addtype grade,'char(1)',null
GO
```

执行后，在用户自定义的数据类型下就出现了 grade 数据类型，如图 3.43 所示。此时，就可以像使用 SQL Server 本身提供的数据类型一样使用 grade 数据类型了。例如，创建数据表时，就可以使用 grade 数据类型，如图 3.44 所示。

图 3.43　用户自定义的数据类型

图 3.44　使用用户自定义数据类型

创建用户自定义数据类型后，可以使用 sp_droptype 存储过程将它们从数据库中删除。其语法格式如下：

```
sp_droptype [ @typename = ] 'type'
```

代码说明如下：

[@typename =] 'type'，要删除的用户自定义数据类型的名称，没有默认值。

例如，下面要删除 grade 数据类型。

```
USE 个人数据
GO

EXEC sp_droptype grade
GO
```

执行结果如下：

命令已成功完成。

如果 grade 数据类型已经使用，如在数据表中使用，则会返回如下信息：

```
服务器：消息 15180，级别 16，状态 1，过程 sp_droptype，行 32
无法除去。该数据类型正在使用。
```

正在使用的用户自定义数据类型不能删除。如果要删除，则必须先取消使用。

3.6　SQL Server 2019 的命名规则

为了提供完善的数据库管理机制，SQL Server 2019 设计了严格的命名规则，在创建或使用数据库对象如表、索引、约束等时，必须遵守 SQL Server 2019 的命名规则。同时，在项目开发中，用户自定义一些命名规则将极大地方便开发，增强系统的可维护性。

3.6.1　标识符简介

数据库对象的名称可看作该对象的标识符。SQL Server 中的内容都有标识符，服务器、数据库和数据库对象（如表、视图、列、索引、触发器、过程、约束、规则等）都有标识符。大多数对象要求带有标识符，但对有些对象（如约束）的标识符是可选项。

对象标识符是在定义对象时创建的，标识符随后用于引用该对象。例如，下面的语句创建了一个标识符为 TableX 的表，该表中有两列有标识符，分别为 KeyCol 和 Description。

```
CREATE TABLE TableX
(KeyCol INT PRIMARY KEY, Description NVARCHAR(80))
```

该表还有一个未命名的约束，PRIMARY KEY 约束没有标识符。

SQL Server 2019 中定义了两类标识符：规则标识符和分隔标识符。

- 规则标识符。其符合标识符的格式规则。在 Transact-SQL 语句中使用规则标识符时不用将其分隔，即不必使用双引号（"）或方括号（[]）。

```
SELECT *
FROM TableX
WHERE KeyCol = 124
```

- 分隔标识符。包含在双引号（"）或方括号（[]）内。符合标识符格式规则的标识符可以分隔，也可以不分隔。

```
SELECT *
FROM [TableX]          .
WHERE [KeyCol] = 124
```

在 Transact-SQL 语句中，对不符合所有标识符格式规则的标识符必须进行分隔，示例如下：

```
SELECT *
FROM [My Table]
WHERE [order] = 10
```

在上面的代码中，必须使用分隔标识符，因为标识符 My Table 中含有空格，而 WHERE 子句中 order 是系统保留字。这两个标识符都没有遵守标识符的命名规则，必须使用分隔符，否则无法通过代码编译。规则标识符和分隔标识符包含的字符数必须为 1～128。对于本地临时表，标识符最多可以有 116 个字符。

3.6.2　标识符规则

在 3.6.1 小节中反复提到了标识符规则，具体内容如下：

（1）第 1 个字符必须是下列字符之一。

- Unicode 2.0 标准定义的字母。Unicode 中定义的字母包括拉丁字母 a～z 和 A～Z，以及来自其他语言的字符，如简体中文的字母字符。
- 下划线（_）、at 符号（@）或井号（#）。
- 在 SQL Server 中，某些处于标识符开始位置的符号具有特殊意义。例如，以 at 符号（@）

开始的标识符表示局部变量或参数；以一个井号（#）开始的标识符表示临时表或过程；以两个井号（##）开始的标识符表示全局临时对象。

❧ 某些 Transact-SQL 函数的名称也以两个 at 符号（@@）开始。为避免混淆这些函数，建议不要使用以@@开始的名称。

（2）后续字符可以是 Unicode 2.0 标准定义的字母，来自基本拉丁字母或其他国家/地区脚本的十进制数字、at 符号（@）、美元符号（$）、井号（#）或下划线（_）。

（3）标识符不能是 Transact-SQL 的保留字。SQL Server 保留了保留字的大写和小写形式。

（4）不允许嵌入空格或其他特殊字符。

（5）当标识符用于 Transact-SQL 语句时，必须用双引号或方括号引起不符合规则的标识符。

关于保留关键字，可以参考 SQL Server 联机帮助丛书。

3.6.3 分隔标识符规则

符合所有标识符格式规则的标识符可以使用分隔符，也可以不使用分隔符。但不符合标识符格式规则的标识符必须使用分隔符。

1. 分隔标识符的使用规则

❧ 当在对象名称或对象名称的组成部分中使用保留字时，推荐不要使用保留关键字作为对象名称。从 SQL Server 早期版本升级的数据库可能含有标识符，这些标识符包括早期版本中未保留而在 SQL Server 2019 中保留的字，可用分隔标识符引用对象直到可改变其名称。

❧ 当使用未被列为合法标识符的字符时，SQL Server 允许在分隔标识符中使用当前代码页中的任何字符，但是，不加选择地在对象名称中使用特殊字符将使 SQL 语句和脚本难以阅读与维护。

（1）引号分隔符。

❧ 双引号分隔符。被引用的标识符用双引号（"）分隔开，且双引号只能用于分隔标识符，不能用于分隔字符串。

```
SELECT * FROM "Blanks in Table Name"
```

❧ 单引号分隔符。单引号必须用于标识字符串，不能用作分隔标识符。如果字符串包含单引号，则需要在单引号前再增加一个单引号。

```
SELECT * FROM "My Table"
WHERE "Last Name" = 'O''Brien'
```

❧ 如果使用双引号，嵌入的单引号不需要用两个单引号表示。

```
SELECT * FROM [My Table]
WHERE [Last Name] = "O'Brien"
```

> 引号不能用作分隔标识符。一般使用括号作为分隔符。

> 单引号或双引号可用于标识字符串。

（2）方括号分隔符。

括在括号中的标识符用方括号（[]）分隔。

```
SELECT * FROM [Blanks In Table Name]
```

2. 分隔标识符的格式规则

> 分隔标识符可以包含与常规标识符相同的字符数（1~128，不包括分隔符字符）。本地临时表标识符最多可以包含 116 个字符。

> 标识符的主体可以包含当前代码页内字母（分隔符本身除外）的任意组合。例如，分隔标识符可以包含空格、对常规标识符有效的任何字符以及下列任意字符：代字号（~）、连字符（-）、惊叹号（!）、左括号（{）、百分号（%）、右括号（}）、插入号（^）、撇号（'）、and号（&）、句号（.）、左圆括号（(）、反斜杠（\）、右圆括号（)）、重音符号（`）。

3.6.4 对象命名规则

一个对象的完整名称包括 4 个标识符，分别为服务器名称、数据库名称、所有者名称和对象名称。其语法格式如下：

```
[ [ [ server. ] [ database ] .] [ owner_name ] .] object_name
```

服务器、数据库和所有者的名称即对象名称限定符。当引用一个对象时，不需要指定服务器、数据库和所有者，可以利用点号（.）标出它们的位置，从而省略限定符。对象名称的有效格式如下：

```
server.database.owner_name.object_name
server.database..object_name
server..owner_name.object_name
server...object_name
database.owner_name.object_name
database..object_name
owner_name.object_name
object_name
```

> 指定了 4 个部分的对象名称为完全合法名称。SQL Server 中创建的每个对象必须具有唯一的完全合法名称。所以，如果所有者不同，则在同一个数据库中可以有两个名为 xyz 的表。

> 同一个表或视图中的字段名必须唯一。假设 customer 数据库中的一个表和一个视图具有相同的名为 telephone 的列。若要在 employees 表中引用 telephone 列，请指定 customer..employees.telephone；若要在 mktg_view 视图中引用 telephone 列，请指定 customer..mktg_view.telephone。

> 大多数对象引用只使用 3 个部分的名称，并默认使用本地服务器。4 个部分的名称通常用于

分布式查询或远程存储过程调用，其语法格式如下：

```
linkedserver.catalog.schema.object_name
```

代码说明如下：

- linkedserver 表示分布式查询所引用对象的链接服务器名称。
- catalog 表示分布式查询所引用对象的目录名称。
- schema 表示分布式查询所引用对象的架构名称。
- object_name 表示对象名称或表名称。

对于分布式查询，4 个部分的名称的服务器部分是指链接服务器。链接服务器是指由 sp_addlinkedserver 定义的服务器名称。链接服务器指定一个 OLE DB 提供程序和一个 OLE DB 作为数据源，数据源返回一个记录集，SQL Server 把它作为 Transact-SQL 语句的一部分使用。

请查阅有关为链接服务器指定 OLE DB 提供程序的文档，确定 OLE DB 数据源的哪些组件可以用于目录和架构部分的名称。如果链接服务器正在运行 SQL Server 实例，则目录名称是包含对象的数据库，架构是对象的所有者。有关名称和分布式查询的更多信息，请参考分布式查询相关内容。

对于远程过程调用，4 个部分的名称中的服务器部分是指一个远程服务器。使用 sp_addserver 指定的远程服务器是通过本地服务器访问的 SQL Server 实例。利用以下格式的过程名执行远程服务器上的存储过程：

```
server.database.owner_name.procedure
```

当使用远程存储过程时，要求对象名称包含所有部分。

3.6.5 对象命名的注意事项

根据经验，对象命名除了要符合 SQL Server 2019 的命名规则，还要注意以下事项：

- 命名要有实际意义。例如，一个表名为随机的 WERFSDFWE，就没有任何意义。
- 对象名不要特别长，对象名称过长一方面容易出错；另一方面没有任何意义。例如，将表名命名为"ABC 汽车修理厂物资库存管理系统物资信息表"就容易出错。
- 命名中要有一定的标识对象分类的作用。例如，视图以 V 开头，表以 T 开头。
- 一个项目中的对象命名要有一套自己的规则，项目组所有成员对这个规则都比较熟悉，并遵守这个命名规则。
- 在同一类对象中，恰当地使用命名规则，有利于快速开发。例如，将一个项目所有表分类，以表名开头的字符作为分类符号。

3.7　小结

本章主要介绍了 SQL Server 的基本对象，服务器端、客户端常用工具，系统数据库，SQL Server 的数据类型和命名规则等知识。通过本章的学习，读者可以掌握 SQL Server 2019 的基础知识。

3.8　习题

一、填空题

1．在 SQL Server 2019 数据库中，表、视图、存储过程、触发器等具体存储数据或对数据进行操作的实体都称为＿＿＿＿。

2．实例使用的协议包括＿＿＿＿协议、＿＿＿＿协议和＿＿＿＿协议。

3．SQL Server 2019 官方提供推荐的客户端工具包括＿＿＿＿、＿＿＿＿、＿＿＿＿和＿＿＿＿。

4．SQL Server Management Studio 可以连接的服务器类型包括＿＿＿＿、Analysis Services、Reporting Services、Integration Services 和 Azure SSIS Integration Runtime。

5．目录树是 SSMS 界面左面的控制结构，它能够展开已经注册的服务器中的可用对象，它的根节点是＿＿＿＿。

6．查询结果可以以＿＿＿＿、＿＿＿＿和＿＿＿＿3 种形式显示。

7．SQL Server Profiler（SQL Server 分析器）是一个通过＿＿＿＿从服务器捕获 SQL Server 2019 事件的工具。

8．数值数据类型包括＿＿＿＿、＿＿＿＿和＿＿＿＿。

9．一个对象的完整名称包括 4 个标识符，分别为＿＿＿＿、＿＿＿＿、＿＿＿＿和＿＿＿＿。

二、选择题

1．在一台计算机中可以运行（　　）实例。
　　A．1 个　　　　　B．2 个　　　　　C．3 个　　　　　D．多个

2．双引号只能用于分隔（　　）。
　　A．标识符　　　　B．字符串　　　　C．数字数据　　　D．字面量

3．下面（　　）不是 SQL Server 2019 的 4 种系统数据库。
　　A．master　　　　B．model　　　　C．msdb　　　　D．pub

4．字符数据类型分别为 char、varchar 和（　　）。
　　A．date　　　　　B．datetime date　　C．text　　　　D．binary

5．货币数据类型有 money 和（　　）两种，它们专门用于货币数据的处理。

    A．varbinary   B．smallint   C．char   D．smallmoney

三、简答题

1．SQL Server 2019 就像一个容器，容纳着各种各样的数据库对象，这些数据对象主要有哪些？请说出至少 5 个。

2．SQL Server Management Studio 的工作原理是什么？

四、代码练习题

1．用代码指定要使用的数据库为"成绩表"数据库。

2．以 int 为基类型自定义一个长度为 20 的 Nian 数据类型。

3．删除 Nian 自定义数据类型。

第 *4* 章

SQL Server 服务器管理

　　在大多数情况下，用户不必重新配置服务器。安装过程中，SQL Server 将按照默认设置对服务器组件进行配置，在安装结束后可以立即运行 SQL Server。但是如果要添加新的服务器，设置特定的服务器配置，更改网络连接，或者设置服务器配置选项以提高 SQL Server 的性能，就需要对 SQL Server 服务器进行管理。

4.1　创建服务器组

当本机或网络中存在多个 SQL Server 的服务器时，为了对这些服务器进行有效的管理，可以在 SQL Server Management Studio 内创建多个服务器组，并将服务器放在特定的服务器组中。服务器组提供了一种便捷方法，将大量的服务器组织在几个易于管理的组中。

服务器组与服务器的概念如同文件夹与文件的关系，只是在 SQL Server Management Studio 中用来方便管理数据库服务器的工具。如果在一个 SQL Server Management Studio 中连接了 10 个以上的数据库服务器，就需要根据服务器的地域和功能对其进行分组。尤其是在 SQL Server 集群中，对数据库进行分组是很有必要的。

实例 4.1 演示如何利用 SQL Server Management Studio 创建服务器组。

实例 4.1　创建服务器组。

（1）在 SQL Server Management Studio 中，依次执行【视图】|【已注册的服务器】命令，弹出【已注册的服务器】窗口，如图 4.1 所示。

（2）右击【本地服务器组】节点，执行【新建服务器组】命令，弹出【新建服务器组属性】对话框，为该新组输入唯一名称，如图 4.2 所示。

图 4.1　已注册的服务器　　　　　　　　　图 4.2　【新建服务器组属性】对话框

（3）单击【确定】按钮，服务器组创建完成，如图 4.3 所示。

图 4.3　服务器组创建完成

4.2　注册服务器

创建完服务器组，组内是没有任何数据库服务器的。这时，就需要在组内注册本地或远程服务器后，才能使用 SQL Server Management Studio 管理这些服务器。

> 第一次运行 SQL Server Management Studio 时，它将自动注册本地 SQL Server 所有已安装实例。但是，如果有一个已注册的 SQL Server 实例，然后安装更多的 SQL Server 实例，则只注册最初的那一个。

在注册服务器时需要做好以下准备：

↪ 知道远程服务器的名称。

↪ 登录到服务器时使用的安全类型。

↪ 指定登录名和密码。

注册服务器的操作步骤如下：

（1）展开 SQL Server Management Studio 管理树，右击要注册服务器的组，在弹出的快捷菜单中执行【新建服务器注册】命令，如图 4.4 所示。

（2）此时会出现【新建服务器注册】对话框，如图 4.5 所示。这里，需要设置 SQL Server 数据库服务器、用户身份验证模式、服务器名称等内容。

图 4.4　执行【新建服务器注册】命令

图 4.5　注册 SQL Server 向导

（3）在图 4.5 中选中要注册的服务器名称，如图 4.6 所示。【身份验证】下拉列表框中给出以下 5 种身份验证模式：

- Windows 身份验证。一般用于连接本机的数据库服务器。
- SQL Server 身份验证。用于网络中的其他数据库服务器的连接，这里选择 SQL Server 身份验证。
- Azure Active Diretory-通用且具有 MFA 支持。该方式支持 Azure 多重身份验证（MFA）。Azure MFA 可满足用户简单登录过程的需求，同时可保护数据访问权限。
- Azure Active Diretory-密码。使用 Azure Active Directory（Azure AD）中的标识连接到 Microsoft Azure SQL 数据库。
- Azure Active Diretory-已集成。使用 Azure Active Directory（Azure AD）中的标识连接到 Microsoft Azure SQL 数据库。

（4）单击【保存】按钮，把该服务器添加到【已注册的服务器】列表框中，如图 4.7 所示。

图 4.6　选择 SQL Server 身份验证

图 4.7　添加服务器

至此，服务器的注册就完成了，可以看到注册服务器非常简单。但是如果存在网络故障或操作系统问题，服务器注册就不能顺利完成，服务器会显示 标识。右击服务器，在弹出的快捷菜单中单击【属性】|【测试】按钮，如果服务器异常，会弹出错误信息，如图 4.8 所示。这个问题在注册服务器时经常遇到，下面就这个故障进行分析。

- 右击服务器，在弹出的快捷菜单中执行【属性】命令，查看自己输入的注册信息是否正确。例如，这里的服务器名称填写出现了错误，如图 4.9 所示。
- 在数据库服务器上查看是否存在自己输入的用户名称。
- 数据库服务器端和客户端是否配置了相同的网络库，并处于启用状态。
- 网络连接是否正常，是否能够 ping 通，网络是否拥挤，SQL Server 连接服务器的操作有一个时间限制，如果超过了这个时间限制，系统会自动放弃连接。
- 数据库服务器端是否屏蔽了 1433 端口或与其他应用程序的端口发生了冲突。
- 如果计算机的配置过低，内存过小，也会出现这种情况，可以多尝试几次。

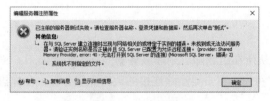

图 4.8　连接失败　　　　　　　　　　　　图 4.9　连接属性

服务器注册信息将存储在中央管理服务器中，而不是存储在文件系统中。只能使用 Windows 身份验证注册中央管理服务器和已注册的从属服务器。中央管理服务器注册完毕后，与其关联的已注册服务器将自动显示出来，它的服务器组的创建和注册与本地服务器组类似，在这里不过多介绍。

4.3　断开和恢复同服务器的连接

扫一扫，看视频

如果对数据库的操作已经完成了，就可以断开与数据库服务器的连接。断开连接的操作步骤如下：

（1）在 SQL Server Management Studio 的操作树中右击要断开连接的数据库服务器，在弹出的快捷菜单中执行【断开连接】命令，如图 4.10 所示。

（2）断开连接后，在对象资源管理器中将不再显示该服务器，如图 4.11 所示。

图 4.10　断开连接　　　　　　　　　　图 4.11　不显示断开的服务器

很多人认为断开已操作完毕的数据库服务器没有意义，其实不是这样的。处于连接状态会消耗数据库服务器的资源和网络资源，一直处于连接状态容易对数据库造成错误操作。例如，MANAE 数据库服务器是一个单位正在运行的数据库服务器，单位所有系统的数据库都运行在该服务器中，而 DAVID 实例是个人开发的数据库服务器，其中很多数据库是相同的。如果对 MANAE 数据库更新完毕后没有断开连接，其后的操作有极大可能会将对 DAVID 实例的操作全部应用到 MANAE 上，会造成单位所有系统的灾难性故障。

4.4 删除服务器

如果近期不再连接某个服务器，可以将其从所在组删除。删除服务器的操作步骤如下：

（1）在【已注册的服务器】窗口中的管理树中，右击要删除连接的数据库服务器，在弹出的快捷菜单中执行【删除】命令。

（2）在弹出的对话框中，单击【是】按钮，如图 4.12 所示。

图 4.12　确认删除服务器

4.5 配置服务器

对于一个新安装的服务器，默认工作于安装后的初始状态。如果想让服务器处于一种最佳的工作状态，配置和管理服务器至关重要。下面用两个实例说明如何配置 SQL Server 2019 服务器。

4.5.1 配置开发服务器

SQL Server 2019 开发服务器的基本信息如下：

➥ 版本是 SQL Server 2019 开发版。

➥ 用途是开发数据库应用系统。

➥ 硬件环境是 CPU 至少 2.30 GHz，内存至少 2GB。

➥ 软件环境是 Windows 10。

➥ 网络环境是 100Mbit/s 稳定网速。

具体配置过程如实例 4.2 所示。

实例 4.2　对开发服务器进行配置。

（1）设置【内存】选项卡。右击服务器，在弹出的快捷菜单中执行【属性】命令，打开【内存】选项卡，如图 4.13 所示。因为此服务器上还存在其他服务（如互联网信息服务 IIS 和版本控制服务 CVS），同时访问 SQL Server 2019 的人数在 5 人以内，所以可以将 SQL Server 2019 内存设置为最小值 16MB。

（2）设置【处理器】选项卡。在图 4.13 中选中【处理器】选项卡，由于默认选择自动设置处理，所以在这里不用进行设置。如果需要手动设置，可以取消对【自动设置所有处理器的处理器关联掩码】与【自动设置所有处理器的 I/O 关联掩码】复选框的选择，手动选择运行的处理器核心，如图 4.14 所示。

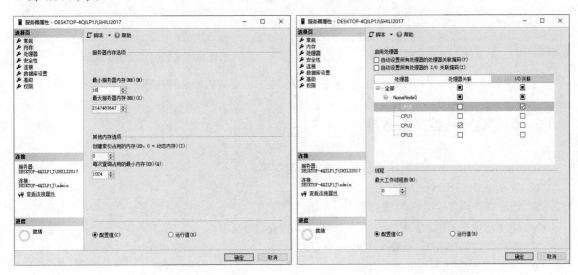

图 4.13　【内存】选项卡　　　　　　　　图 4.14　【处理器】选项卡

（3）设置【连接】选项卡。选中【连接】选项卡，如图 4.15 所示。这个 SQL Server 2019 的使用者不足 5 个。假设同一时刻，最多每个人开 4 个连接（一个 ODBC、一个 ADO、两个 SQL Server Management Studio），所以在【最大并发连接数（0=无限制）】数字选择框中设置为 20 就足够。因为本地网络环境特别好，可以将查询超时设置为 60s，其他选项默认。

（4）数据库设置。单击【数据库设置】选项卡，如图 4.16 所示，这里需要配置 3 个地方，其他选项默认即可。

➥　数据，指定 SQL Server 创建新数据库时用于数据文件存储的默认目录，单击浏览按钮，可以设置新的数据目录。

➥　日志，指定 SQL Server 创建新数据库时用于日志文件存储的默认目录，单击浏览按钮，可以设置新的日志目录。

➥　备份，指定 SQL Server 备份数据库时用于备份文件存储的默认目录，单击浏览按钮，可以设置新的备份目录。

图 4.15　【连接】选项卡　　　　　　　　　图 4.16　【数据库设置】选项卡

（5）其他选项卡全部采用默认值，然后在 SSMS 中将这个实例的数据库服务重新启动，配置完成。

扫一扫，看视频

4.5.2　配置企业数据库服务器

SQL Server 2019 企业数据库服务器的基本信息如下：

- ↪ 版本是 SQL Server 2019 企业版。
- ↪ 用途是作为某企业的数据库服务。
- ↪ 硬件环境是 CPU 是两个酷睿 i5-10400F，内存是 16GB。
- ↪ 软件环境是 Windows Server 2016 企业版。
- ↪ 网络环境是 100Mbit/s 稳定网速。

具体配置过程如实例 4.3 所示。

实例 4.3　对企业数据库服务器进行配置。

（1）设置【内存】选项卡。右击服务器，在弹出的快捷菜单中执行【属性】命令，打开【内存】选项卡，因为此服务器上只运行 SQL Server 2019 数据库服务，同时访问 SQL Server 2019 的人数在 100 人以内，所以可以将 SQL Server 2019 内存设置为【动态配置 SQL Server 内存】，最小值为 16MB，最大值为 16384-512＝15872（MB）。

> 🛈　只运行 SQL Server 2019 的服务器，其最大内存的计算公式为服务器物理内存减去操作系统要求最低内存。

（2）设置【处理器】选项卡。这个服务器的 CPU 足够强，可以将最大工作线程设置在 1024 左右，选中【使用 Windows NT 线程】和【在 Windows 上提升 SQL Server 的优先级】这两个单选按钮。

> 🛈　在 Windows 上提升 SQL Server 的优先级，可以使 SQL Server 的实例比其他程序拥有更高的优先级，建议只在 SQL Server 专用的服务器上选中此选项以提升数据库服务器的性

能。使用 Windows NT 线程，指定 SQL Server 实例使用线程而非进程。在线程中，SQL Server 为每个 CPU 分配一个线程，然后为每个并发用户分配一个线程，此设置在重新启动服务器后生效，建议在高性能的服务器上使用。

（3）设置【连接】选项卡。这个 SQL Server 2019 的使用者在 100 个左右，假设同一时刻，每个人最多开 2 个连接（实际工作中有两个软件连接到这个数据库上，一个采用 ODBC，一个采用 ADO）。所以在【最大并发连接数】数字选择框中设置为 500 已经足够。因为本地网络环境一般，可以将查询超时设置为 600s，其他选项默认。

（4）数据库设置（同实例 4.2）。

（5）打开【安全性】选项卡，如图 4.17 所示（注意：软件中的"帐户"二字为错误写法，正文已统一为"账户"）。将审核级别设置为【全部】选项，可以记录所有的用户访问及其他 SQL Server 登录信息，启用审核用于两种安全模式，并可以记录有关信任和非信任连接的信息。

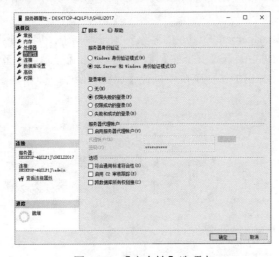

图 4.17　【安全性】选项卡

（6）其他选项卡全部采用默认值，然后使用服务管理器将这个实例的数据库服务重新启动，配置完成。

以上通过两个典型的 SQL Server 2019 的应用环境对数据库服务器进行配置，以提升 SQL Server 2019 的性能，希望能够给读者带来帮助。

4.6　重命名服务器

扫一扫，看视频

如果更改运行 SQL Server 2019 的计算机名称，则 SQL Server 启动时将识别出新名称，不必再次运行安装程序以重置计算机名称。

重新启动服务器后，可以使用新计算机名称连接到 SQL Server，但是，若要更改 sysservers 系统表，则须运行以下代码。

```
sp_dropserver <旧名称>
GO
sp_addserver <新名称>
GO
```

扫一扫，看视频

4.7　为服务器用户指派密码

如果在安装 SQL Server 2019 时，将服务器安全性设置为混合模式，而忘记对用户 sa 指派登录密码，则可以在安装完服务器后给用户 sa 指派密码。

　　　　必须先注册服务器，使用 SSMS，才能更改用户 sa 的密码。

具体操作步骤如下：

（1）在 SQL Server Management Studio 的对象资源管理器中，展开要指定密码的服务器。

（2）在该服务器目录树中展开【安全性】节点，再单击【登录名】节点。

（3）右击 sa 节点，在弹出的快捷菜单中执行【属性】命令，弹出如图 4.18 所示的对话框。

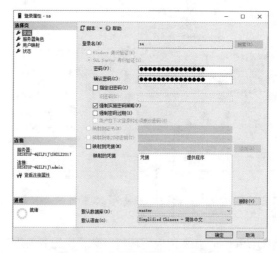

图 4.18　【登录属性-sa】对话框

（4）在图 4.18 中的【密码】文本框中输入密码，在【确认密码】文本框中重新输入一遍密码，然后单击【确定】按钮完成密码设置。

扫一扫，看视频

4.8　通过 Internet 连接 SQL Server

用户可以使用基于 ODBC、ADO 或 ADO.NET 的 SSMS 或客户端应用程序，通过 Internet 连接 SQL Server 实例。

为了在 Internet 上共享数据，必须将客户端和服务器连接到 Internet。另外，必须使用 TCP/IP 或多协议 Net-Library。如果使用多协议 Net-Library，则应确保启用 TCP/IP 支持。如果服务器已注册域名系统（DNS），就可以用其注册名进行连接。

防火墙可用于限制 Internet 应用程序访问本地网络，其方法是只转发目标为本地网络中的特定 TCP/IP 地址的请求，所有其他网络地址的请求都将被防火墙拦截。通过配置防火墙使之转发指定 SQL Server 实例的网络地址的网络请求，即可允许 Internet 应用程序访问本地网络中的 SQL Server 实例。

若要使防火墙有效地工作，必须确保 SQL Server 实例始终在配置防火墙转发的网络地址上监听。SQL Server 的 TCP/IP 网络地址由以下两部分组成：

➥ 与计算机中的一个或多个网卡相关联的 IP 地址。

➥ 专用于 SQL Server 实例的 TCP 端口地址。

默认情况下，SQL Server 默认实例使用 1433 TCP 端口。但是，命名实例在首次启动时动态分配未使用的 TCP 端口。如果另一个应用程序正在使用起始的 TCP 端口，则该命名实例在以后启动时还可动态更改其 TCP 端口。如果当前正在其上监听的某个未使用的 TCP 端口还未动态选定，则 SQL Server 只动态更改到该端口。也就是说，如果该端口是静态（手动）选定，则 SQL Server 将显示错误，并继续在其他端口上监听。另一个应用程序不太可能尝试使用 1433 TCP 端口，因为该端口已注册为 SQL Server 已知的地址。

当对防火墙使用 SQL Server 命名实例时，需要使用 SQL Server 网络实用工具配置该命名实例，使之在特定的 TCP 端口上监听。必须挑出在同一个计算机或群集上运行的另一个应用程序还未使用的 TCP 端口。

网络管理员配置防火墙以转发 SQL Server 实例正在其上监听的 IP 地址和 TCP 端口（使用默认实例的 1433，或使用配置命名实例在其上监听的 TCP 端口）地址，同时，还应配置防火墙使其转发对同一个 IP 地址上的 1434 UDP 端口的请求。SQL Server 使用 1434 UDP 端口从应用程序建立通信连接。

例如，考虑有一个运行 SQL Server 的一个默认实例和两个命名实例的计算机，可以采用以下步骤进行配置：

（1）配置该计算机以便这 3 个实例监听的网络地址都具有相同的 IP 地址。

（2）默认实例将在 1433 TCP 端口上监听，一个命名实例可以分配到 1434 TCP 端口，而另一个命名实例分配到 1954 TCP 端口。

（3）配置防火墙，以转发对该 IP 地址上的 1434 UDP 端口以及 1433、1434 和 1954 TCP 端口的网络请求。

如果希望用户与 SQL Server 实例建立加密连接，还需要进行以下设置：

（1）依次执行【开始】|【程序】| Microsoft SQL Server 2019 | Microsoft SQL Tools 18 | SQL Server Management Studio 18 命令，弹出【连接到服务器】对话框，如图 4.19 所示。

（2）在图 4.19 中单击【选项】按钮，进入【连接属性】选项卡。选中【加密连接】复选框，如图 4.20 所示。

（3）在图 4.20 中单击【连接】按钮，则以加密方式连接指定实例服务器。

图 4.19　【连接到服务器】对话框

图 4.20　启用加密连接

4.9　SQL Server 的警报管理

SQL Server 在遇到问题时，会根据严重级别将 sysmessages 系统表中的消息写入 SQL Server 错误日志和 Windows 应用程序日志，或者将消息发送到客户端。用户可以在遇到问题时，由 SQL Server 返回错误信息，也可以使用 RAISERROR 语句手动生成错误信息。其中，RAISERROR 语句提供集中错误信息管理。它可以从 sysmessages 系统表检索现有条目，也可以使用用户自定义消息。当 RAISERROR 语句返回用户自定义的错误信息时，还设置系统变量记录发生的错误。消息可以包括 C PRINTF 样式的格式字符串，该格式字符串可在运行时由 RAISERROR 语句指定的参数填充。这条消息在定义后就作为服务器错误信息发送回客户端。

无论是从 SQL Server 返回，还是通过 RAISERROR 语句返回，每条消息都包含以下信息：

❧ 唯一标识该错误信息的消息号。

❧ 表明问题类型的严重级别。

❧ 标识发出错误的来源的错误状态号（如果错误可以从多个位置发出）。

❧ 声明问题（有时还有可能的解决方法）的消息正文。

SQL Server 提供管理服务器消息的工具，使管理员通过消息获得以下功能：

❧ 通过筛选搜索特定的错误信息，筛选条件包括消息正文、错误号、严重级别、消息是否是用户自定义的以及是否将消息记入日志等。

❧ 创建新警报。

❧ 编辑用户自定义的警报。

❧ 删除用户自定义的警报。

4.9.1　添加 SQL Server 警报

通过 SQL Server Management Studio 添加新 SQL Server 消息的步骤如实例 4.4 所示。

实例 4.4　添加库存警报。

（1）展开目录树，展开【SQL Server 代理】节点，右击【警报】节点，在弹出的快捷菜单中执行【新建警报】命令，弹出【新建警报】对话框，如图 4.21 所示。

（2）设置【名称】为 WZG1，【错误号】为 5001，在【严重性】中选择【016-杂项用户错误】，选中【当消息包含以下内容时触发警报】复选框，设置【消息正文】为 stord err，如图 4.22 所示。

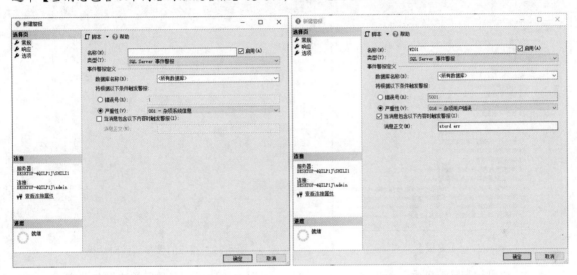

图 4.21　【新建警报】对话框　　　　　　　　　　　图 4.22　添加新警报

（3）单击【确定】按钮，新建一个警报。在【警报】节点下会出现一个名为 WZG1 的新警报，如图 4.23 所示。

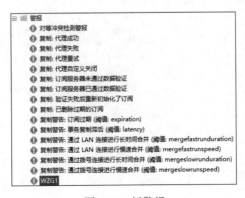

图 4.23　新警报

4.9.2　管理 SQL Server 警报

在 SQL Server Management Studio 中管理或查看 SQL Server 警报的操作步骤如下：

（1）展开目录树，展开【SQL Server 代理】节点，再展开【警报】节点，如图 4.24 所示。

（2）右击要管理的警报，在弹出的快捷菜单中执行【属性】命令，弹出相应的警报属性对话框，如图 4.25 所示。在该对话框中可以对警报的信息进行设置。

图 4.24　【警报】节点

图 4.25　相应的警报属性对话框

（3）如果想删除该警报，可以在图 4.24 中右击要删除的警报，在弹出的快捷菜单中执行【删除】命令，会弹出【删除对象】对话框，如图 4.26 所示。单击【确定】按钮，即可完成删除操作。

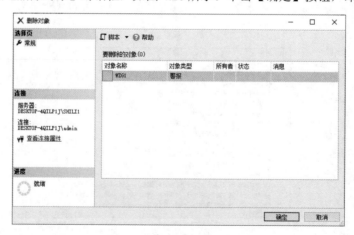

图 4.26　【删除对象】对话框

4.10 小结

本章介绍了数据库服务器组的创建、数据库服务器的注册的方法，并以 SQL Server 2019 的两个典型应用环境介绍如何配置管理服务器。在配置管理服务器时，要对 SQL Server 2019 已经提供的服务比较熟悉。一般部署数据库系统时，需要根据系统的软硬件环境及提供的服务配置服务器。

4.11 习题

一、填空题

1．服务器组与服务器的概念如同文件夹与文件的关系，只是在_____中用来方便管理数据库服务器的工具。

2．注册的服务器的名称的【身份验证】下拉列表框中给出 5 种身份验证模式，包括 Windows 身份验证、_____、Azure Active Diretory-通用且具有 MFA 支持、Azure Active Diretory-密码和 Azure Active Diretory-已集成。

3．SQL Server 在遇到问题时，根据严重级别，将把_____系统表中的消息写入 SQL Server 错误日志和 Windows 应用程序日志，或者将消息发送到客户端。

二、简答题

1．在注册服务器时需要做好哪些准备？

2．服务器已注册完成，单击【测试】按钮，如果服务器异常会弹出错误信息，应该如何对故障进行分析呢？

3．当不再使用服务器后，选择断开数据库服务器的意义是什么？

第 **5** 章

SQL Server 数据库分析

本书的后面几章都以 ABC 汽车修理厂物资库存数据库为例进行介绍。从本章的需求分析开始，到完成数据库的设计结束，引导读者设计并实现这个数据库。

5.1 需求分析

5.1.1 仓库管理现状

多年来，ABC 汽车修理厂一直采用手动管理方式处理库存业务。随着信息时代的到来，企业必须提高竞争力，即时应对市场变化。因此，企业的生产任务更加繁重，对库存管理要求更高。传统的库存管理中，一批物资从入库到出库要经历多个环节，而且具有以下几个弊端：

- 手动填写单据，造成出库、入库效率低下。
- 纸张单据造成统计库存混乱。
- 仓库与其他部门的信息交流迟钝。
- 人为管理仓库，造成物资的大量流失浪费。
- 部门领导难以掌握现在实时库存情况。

5.1.2 用户需求

由于 ABC 汽车修理厂现行库存管理存在诸多弊端，该厂管理人员希望通过实现库存管理的信息化建设解决此类问题。因此，对新建系统有以下要求：

- 能对产品入库、出库、盘库（统计库存）、库存更账（实际库存与账目库存不符时更改账目）。
- 提供方便友好的操作界面。
- 能够实现库存报表。
- 能与财务进行沟通，如统计到货单挂账（物资到货，但办理入库后没有付给供货方货款）的物资。
- 能够实现库存报警。
- 能够随时统计入库、出库等流水账，并提供给领导查阅。

5.1.3 业务流程

库存物资管理的总体业务流程如图 5.1 所示。从中可以看出该厂的主要业务是入库管理、库存管理和出库管理，其核心是库存管理。

1. 入库工作流程

采购物资到货时，仓库保管员对物资进行核对、质检，核对、质检无误后办理入库手续（入库单），并记入入库账，将物资放到仓库；同时填写入库账和修改库存物资库存台账。物资入库流程如图 5.2 所示。

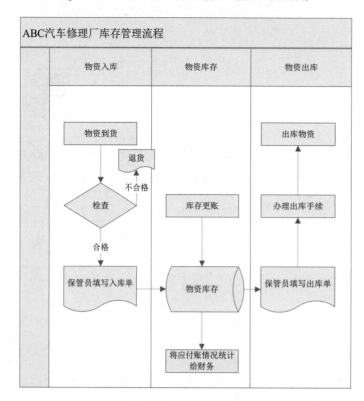

图 5.1　总体业务流程

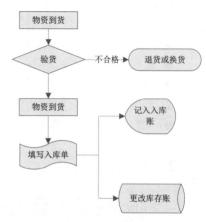

图 5.2　物资入库流程

涉及的入库单见清单 5.1。

清单 5.1　入库单

ABC汽车修理厂物资入库单							
入库单号							
物资名称	规格型号	单位	数量	单价	总额	供货单位	备注
入库日期			保管员				

2. 出库工作流程

使用单位需使用物资时，由领用人携带本单位主管领导签字的领料单到器材供销部门领取。经器材供销部门负责人批准认可后，保管员开出库单，领用物资器材，并负责检查领用物资器材的数量，填写物资出库单。保管员填写物资出库账和修改物资台账。产品出库流程如图 5.3 所示。

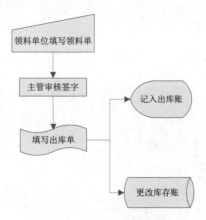

图 5.3　产品出库流程

涉及的出库单见清单 5.2。

清单 5.2　出库单

ABC 汽车修理厂物资出库单						
出库单号				领用单位		
物资名称	规格型号	单位	数量	单价	总额	备注
出库日期		保管员			领用人	

3. 库存管理

库存管理工作主要有以下几个方面：一是盘点管理；二是库存统计报表；三是年底结转，是指以年度为单位对器材物资的库存情况进行结算报表，主要是方便会计进行账目查询，并计入下一年度账目；四是库存报警，能够对某一种物资设置最低库存数，库存数一旦低于这个数，将进行库存报警。

涉及的库存台账见清单 5.3。

清单 5.3　库存台账

ABC 汽车修理厂物资库存台账						
物资名称	规格型号	单位	数量	单价	总额	备注

以上对该厂的物资库存管理进行了简要的需求分析。

4. 将物资挂账信息报给财务

每到月底，仓库保管员要将本月的物资挂账信息报给财务，流程如图 5.4 所示。

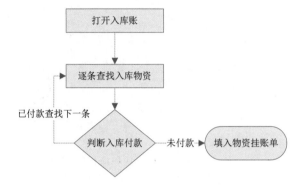

图 5.4 统计物资挂账信息

涉及的单据见清单 5.4。

清单 5.4 物资挂账单

ABC 汽车修理厂物资挂账单						
物资名称	规格型号	单位	数量	单价	总额	备注

5. 物资库存更账

如果经过盘查的库存物资与实际账目不符，需要开更账申请单。经领导批准后，才可以更改库存账并填写物资库存更账记录，流程如图 5.5 所示。

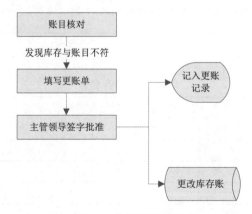

图 5.5 物资库存更账

涉及的单据见清单 5.5。

清单 5.5　物资更账单

ABC 汽车修理厂物资更账单							
更账单号				批准人			
物资名称	规格型号	单位	库存数量	账目数量	误差原因	更改数量	备注
更账日期				更账人			

5.2　概要设计

在完成了需求分析，确定了目标系统的业务流程和功能后，就可以进行系统的概要设计了。概要设计主要是从技术角度分析系统的可行性，确定采用哪种数据库管理系统，以及抽象数据流程图。

5.2.1　可行性分析

从上面介绍的情况可以看出，开发库存管理系统、实现库存管理的信息化是非常必要的，也是可行的。因为使用信息化的库存管理系统处理库存中大量的数据并完成烦琐复杂的统计计算，可以减轻库存管理员的工作强度，提高工作效率；利用信息化的库存管理系统提供的准确、适用、易理解的数据，可以使管理者和决策者及时了解库存情况，合理安排库存，加速资金周转，从根本上解决手动管理中信息滞后、资源浪费等问题。库存管理系统的建立将对企业向更高层次发展产生重要影响，且具有深远的意义。

扫一扫，看视频

5.2.2　采用技术分析

由于 ABC 汽车修理厂物资库存数据量不是特别大，如果采用超大型数据库管理系统（如 Oracle），则会有两方面不足：首先，软件成本比较高，对硬件配置要求也比较高，数据库本身也发挥不出大型数据库软件的性能；其次，采用大型数据库软件对使用人员的技术要求比较高，所以在数据库管理系统的技术上采用 SQL Server 2019 比较明智。SQL Server 2019 具有较高的可扩展性，能为将来系统的升级做好准备。

扫一扫，看视频

5.2.3　数据流程图的设计

由于库存管理系统的业务流程相对比较简单，所以在进行数据流程分析后可以将数据流归纳为

扫一扫，看视频

一个数据流程图，如图 5.6 所示。

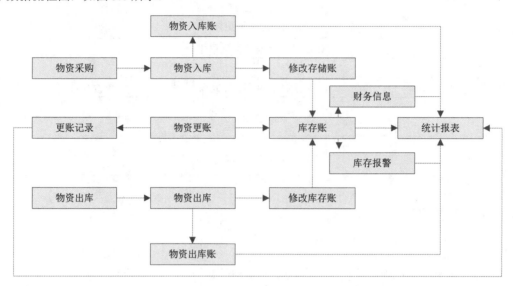

图 5.6　数据流程图

5.3　详细设计

从前面介绍的库存管理系统的现状可以看出，库存管理系统手动处理方式下涉及的表格有入库单、出库单、库存台账、更账单、挂账单。首先，分析这 5 张清单，结合这个系统的应用目的，可以将这些表的字段归纳出来；其次，将这些字段分类并形成表，为各个表创建关系。

扫一扫，看视频

5.3.1　归纳字段

归纳字段不是简简单单地将用户提供的表格中的字段全部提炼出来。为了实现用户的目的，可能要增加一些字段，有些字段可能没有必要用到。首先根据 5.1 节中提供的表格归纳字段。

- 办理物资入库时涉及的字段：入库单号、入库日期、物资名称、规格型号、单位、数量、单价、总额、供货单位、备注、保管员。
- 办理物资出库时涉及的字段：出库单号、领用单位、出库日期、物资名称、规格型号、单位、数量、单价、总额、供货单位、备注、保管员、领用人。
- 库存涉及的字段：物资名称、规格型号、单位、数量、单价、总额、备注。
- 挂账物资报给财务涉及的字段：物资名称、规格型号、单位、数量、单价、总额、备注。
- 物资库存更账涉及的字段：物资名称、规格型号、单位、库存数量、账目数量、误差原因、更改数量、更账单号、批准人、更账日期、更账人。

但是，数据的完整性以及系统的正常运行还需要以下字段：

- 为了给财务提供物资是否挂账的信息，需要为各入库物资提供一个"是否挂账"的字段，为系统统计是否挂账提供依据。
- 为了能够实现库存报警需要为每种库存物资提供一个"最低库存数"的字段。
- 在数据库中，为了标识物资的唯一性并方便管理，需要为每种物资设置物资编码，这样就需要增加"物资编码"字段。
- 在没有明显主键的表中需要设置一个 ID 字段，来标识记录的唯一性。

5.3.2 归纳表

经过比对流程以及 5.3.1 小节归纳出来的字段，可以得到以下工作归纳表：

- 需要创建一个物资信息表来规范数据库，此表包括物资编码、物资名称等信息。
- 涉及物资入库、物资出库、物资更账等，需要用到主、从关系降低数据冗余。
- 因为每到年底时都要将本年的数据归档，需要给每个信息创建历史表以便归档（物资库存信息除外）。
- 涉及物资入库、物资出库、物资更账等时，需要创建一个临时表存放记录，确保输入正确后转入正式表，也就是相关账目。
- 物资挂账信息可以采用视图统计，不必形成数据表。

物资信息表用来存储物资信息，并可以添加和修改相关物资编码，如图 5.7 所示。

涉及物资入库信息的表如图 5.8 所示。

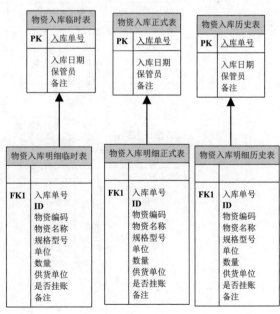

图 5.7　物资信息表　　　　　　　　图 5.8　物资入库表

涉及物资出库信息的表如图 5.9 所示。

物资库存表如图 5.10 所示。

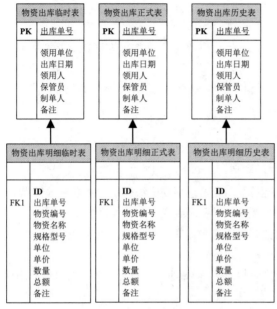

图 5.9 物资出库表

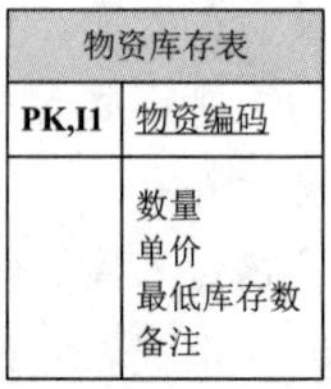

图 5.10 物资库存表

涉及物资更账信息的表如图 5.11 所示。

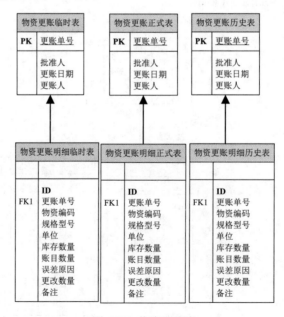

图 5.11 物资更账表

5.4 小结

本章对 ABC 汽车修理厂物资管理的现状进行了需求分析，并根据需求分析文档进行了概要设计，然后根据概要设计文档结合概要设计，对 ABC 汽车修理厂物资管理系统的数据库进行了详细设计。本章的目的是通过分析设计 ABC 汽车修理厂物资管理的数据库，为读者提供一个正确的设计数据库的方法，同时为后面各章的学习打下基础。

5.5 习题

填空题

1．需求分析分为＿＿＿＿、＿＿＿＿和＿＿＿＿。

2．系统的概要设计，主要是从技术角度确定系统的＿＿＿＿，确定采用哪种＿＿＿＿＿＿，以及＿＿＿＿＿＿。

3．使用信息化的库存管理系统处理库存中＿＿＿＿并完成＿＿＿＿计算，可以减轻库存管理员的工作强度，提高工作效率。

4．利用信息化的库存管理系统提供的＿＿＿＿、＿＿＿＿、易理解的系统，可以使管理者和决策者及时了解库存情况，合理安排库存，加速资金周转。

5．SQL Server 2019 数据库具有较高的＿＿＿＿，能为将来系统的升级做好准备。

第 6 章

SQL Server 数据库管理

　　在 SQL Server 中，存储数据和数据库对象的容器是数据库，而对数据库的操作全部记录在日志中。SQL Server 简化了用户操作，创建数据库时，用户只需做少量的操作，其他操作都可以由 SQL Server 自动完成。但有时也需要由用户自己做一些配置进行定制。

6.1 数据库文件概述

数据库的对象、数据和日志存在于具体数据库文件和日志文件中，合理地规划文件和文件组会提高数据库的性能，增强数据库的安全性。

6.1.1 数据库文件

SQL Server 2019 中使用的文件为主数据库文件、二级数据库文件和日志文件。

➥ 主数据库文件：用于存放所有的系统及用户表、索引、视图、存储过程、用户自定义函数、触发器和安全性权限。预写事务日志是 SQL Server 设计的核心。它是数据库文件的起点，每个数据库只有一个主数据库文件，它的扩展名是.mdf。

➥ 二级数据库文件：也称为次要数据库文件。它的存储内容和主数据库文件相同。有些数据库可能没有次要数据库文件，而有些数据库则有多个次要数据库文件。次要数据库文件的推荐文件扩展名是.ndf。

➥ 日志文件：包含恢复数据库所需的所有日志信息。每个数据库必须至少有一个日志文件，日志文件的推荐文件扩展名是.ldf。

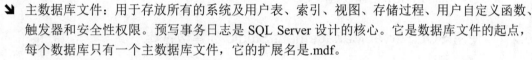 SQL Server 2019 不强制使用.mdf、.ndf 和.ldf 文件扩展名，但笔者建议使用这些文件扩展名以帮助用户标识文件的用途。

在 SQL Server 2019 中，一个数据库所有文件的位置都记录在 master 数据库和该数据库的主文件中。大多数情况下，数据库引擎使用 master 数据库中的文件位置信息。

SQL Server 数据库文件和日志文件可以放置在 FAT 或 NTFS 文件系统中，但不能放置在压缩文件系统中。SQL Server 的文件可以基于它们最初指定的大小进行自动增长。所以，定义文件时需要指定增量，每次填充文件时，均按这个增量值增加它的大小。如果在文件组中有多个文件，这些文件在全部填满之前不自动增长。填满后，这些文件按照循环算法进行增长。

用户还可以指定每个文件的最大大小。如果没有指定最大大小，文件可以一直增长到用完磁盘上的所有可用空间。如果 SQL Server 作为数据库嵌入应用程序，而该应用程序的用户无法迅速与系统管理员联系，此功能就特别有用。通常，用户让文件按需要自动增长，以减轻监视数据库中的可用空间量和手动分配额外空间的管理负担。

 如果有多个 SQL Server 实例在单个计算机上运行，则每个实例需要指定不同的默认目录存储该实例的数据库文件。

6.1.2 文件组的概念

文件组用于对文件进行分组，以便管理和分配数据。例如，可以分别在 3 个硬盘驱动器上创建

扫一扫，看视频

3 个文件（Data1.ndf、Data2.ndf 和 Data3.ndf），并将这 3 个文件指派到文件组 fgroup1 中。然后，可以明确地在文件组 fgroup1 上创建一个表。这样，对该表的数据查询将分散到 3 个磁盘上，从而提升性能。类似于模拟 RAID（独立磁盘冗余阵列）。

6.2 创建数据库

一般可以采用以下两种方法创建数据库：

↘ 使用 SQL Server Management Studio 提供的向导创建数据库文件。

↘ 使用 Transact-SQL 创建数据库文件。

6.2.1 使用 SQL Server Management Studio 创建数据库

扫一扫，看视频

使用 SQL Server Management Studio 创建 WZGL 数据库的操作步骤如下：

（1）右击【数据库】节点，在弹出的快捷菜单中执行【新建数据库】命令，如图 6.1 所示。

（2）在弹出的【新建数据库】对话框的【数据库名称】文本框中输入数据库名称，这里输入 WZGL，如图 6.2 所示。

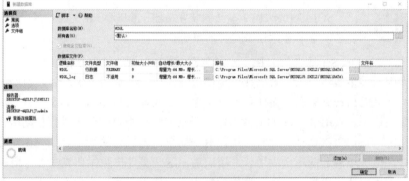

图 6.1 【新建数据库】命令   图 6.2 输入数据库名称

（3）在图 6.2 中可以看到，SQL Server 2019 自动添加了两个文件，分别为行数据类型的 WZGL 文件与日志类型的 WZGL_log 文件。单击 WZGL 文件【路径】中的【…】按钮，弹出如图 6.3 所示的对话框，在其中选择存放文件的目录。

        路径默认为 C 盘。但出于安全和性能考虑，建议不要将数据库文件放置在系统盘，也不要将数据库文件放置在 SQL Server 安装文件所在的盘。这样可以避免因为系统崩溃等问题导致数据文件丢失。

（4）在图 6.2 中，单击 WZGL 文件【自动增长/最大大小】中的【…】按钮，弹出如图 6.4 所示的对话框，选中【启用自动增长】复选框。这样，当数据库文件的容量不够用时，SQL Server 2019

可以自动增长容量。SQL Server 提供了两种方法进行自动增长：

- 按兆字节（MB）。以兆字节为单位进行增长，默认每次增长 64MB。
- 按百分比。以百分比为单位进行增长，默认每次增长 10%。

如果磁盘空间不大，建议采用按兆字节增长。

（5）在图 6.4 中，在【最大文件大小】属性中选中【无限制】单选按钮，这样可以让 SQL Server 文件的大小自动增长而不受限制。如果选中【限制为（MB）】单选按钮，随着数据库文件的增加，需要 DBA（数据库管理员）手动调整最大限制。

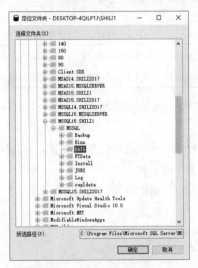

图 6.3　选择数据库文件目录

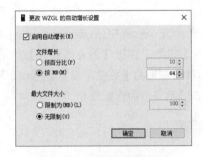

图 6.4　设置行数据文件

（6）设置日志文件 WZGL_log 的方法与设置行数据文件的方法相同，这里不再赘述。需要注意的是，日志文件尽量不要和数据库文件放在同一个磁盘或同一个分区中。

6.2.2　使用 Transact-SQL 创建数据库

扫一扫，看视频

本小节列举几个方法创建 WZGL 数据库。在创建数据库前，先讲解一下关于实例的数据、日志以及备份的路径设置问题。

在 SQL Server 安装过程中，要为每个服务器组件生成一个实例 ID。默认实例 ID 使用以下格式构造：

- 对于数据库引擎采用的是 MSSQL，后面依次跟主版本号、下划线和次版本号（如果适用）、一个句点以及实例名。
- 对于 Analysis Services 采用的是 MSAS，后面依次跟主版本号、下划线和次版本号（如果适用）、一个句点以及实例名。
- 对于 Reporting Services 采用的是 MSRS，后面依次跟主版本号、下划线和次版本号（如果适用）、一个句点以及实例名。

SQL Server 2019（15.x）和数据库引擎的 Analysis Services 命名实例（名为 MyInstance 并且按照默认目录安装）的目录结构如下：

```
C:\Program Files\Microsoft SQL Server\MSSQL{nn}.MyInstance\
C:\Program Files\Microsoft SQL Server\MSAS{nn}.MyInstance\
```

本小节所用的是数据库引擎的命名实例。它的数据、日志以及备份的默认路径见表 6.1。

表 6.1　默认路径

名　　称	默　认　路　径
数据	C:\Program Files\Microsoft SQL Server\MSSQL15.SHILI1\MSSQL\DATA\
日志	C:\Program Files\Microsoft SQL Server\MSSQL15.SHILI1\MSSQL\DATA\
备份	C:\Program Files\Microsoft SQL Server\MSSQL15.SHILI1\MSSQL\Backup\

如果想要修改指定实例的默认路径，可以通过 SQL Server Management Studio 实现。具体操作步骤如下：

（1）在 SQL Server Management Studio 的对象资源管理器中，选择连接的实例，右击实例名称，选择【属性】选项，弹出【服务器属性】对话框，如图 6.5 所示。

（2）单击左侧的【数据库设置】选项，进入该选项卡，如图 6.6 所示。在该选项卡中可以看到数据、日志以及备份的指定路径。

图 6.5　打开属性

图 6.6　数据库设置

（3）单击要修改项目对应的【.】按钮，弹出【定位文件夹】对话框。在该对话框中可以指定路径，如图 6.7 所示。

更改默认位置后，必须停止并重新启动 SQL Server 服务以完成更改。

接下来说明如何使用 Transact-SQL 创建数据库，具体应用如实例 6.1～实例 6.4 所示。

图 6.7　指定路径

实例 6.1　创建简单的 WZGL 数据库。

```
USE master
GO
CREATE DATABASE WZGL
ON
( NAME = WZGL_dat,
  FILENAME = 'C:\Program Files\Microsoft SQL Server\MSSQL15.SHILI1\MSSQL\DATA\WZGL.mdf',
  SIZE = 4,
  MAXSIZE = 10,
  FILEGROWTH = 1 )
GO
```

代码说明如下：

➥ CREATE DATABASE WZGL 表示创建数据库，名称为 WZGL。

➥ NAME = WZGL_dat 表示数据库文件的名称为 WZGL_dat。

➥ FILENAME = 'C:\Program Files\Microsoft SQL Server\MSSQL15.SHILI1\MSSQL\DATA\WZGL.mdf'
表示数据库文件的存储路径。

➥ SIZE = 4 表示数据库文件的初始大小为 4MB。

➥ MAXSIZE = 10 表示数据库文件的最大值为 10MB。

➥ FILEGROWTH = 1 表示数据库文件的递增值为 1MB。

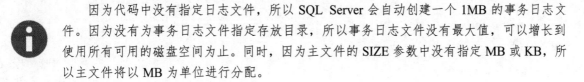

　　　因为代码中没有指定日志文件，所以 SQL Server 会自动创建一个 1MB 的事务日志文件。因为没有为事务日志文件指定存放目录，所以事务日志文件没有最大值，可以增长到使用所有可用的磁盘空间为止。同时，因为主文件的 SIZE 参数中没有指定 MB 或 KB，所以主文件将以 MB 为单位进行分配。

实例 6.2　创建名为 WZGL 并指定日志文件的数据库。

创建一个新数据库，名称为 WZGL，数据库文件为 C:\Program Files\Microsoft SQL Server\MSSQL15.SHILI1\MSSQL\DATA\WZGL.mdf，日志文件为 D: \datalog\WZGLlog.ldf，代码如下：

```
USE master
GO
CREATE DATABASE WZGL
ON
( NAME = WZGL_dat,
   FILENAME = 'C:\Program Files\Microsoft SQL Server\MSSQL15.SHILI1\MSSQL\DATA\WZGL.mdf',
   SIZE = 10,
   MAXSIZE = 50,
   FILEGROWTH = 5 )
LOG ON
( NAME = 'WZGL_log',
   FILENAME = 'D:\datalog\WZGLlog.ldf',
   SIZE = 5MB,
   MAXSIZE = 25MB,
   FILEGROWTH = 5MB )
GO
```

代码说明如下：

➴ CREATE DATABASE WZGL 表示创建数据库，名称为 WZGL。

➴ NAME = 'WZGL_log'表示日志文件的名称为 WZGL_log。

➴ FILENAME = ' D:\datalog\WZGLlog.ldf '表示日志文件的存储路径。

➴ SIZE =5MB 表示日志文件的初始大小为 5MB。

➴ MAXSIZE = 25MB 表示日志文件的最大值为 25MB。

➴ FILEGROWTH = 5MB 表示日志文件的递增值为 5MB。

　　创建数据库时尽量不要将数据库文件和日志文件放在同一个盘符上。

实例 6.3　指定多个数据库文件和日志文件创建数据库 WZGL。

```
USE master
GO
CREATE DATABASE WZGL
ON
PRIMARY ( NAME = WZGL1,
     FILENAME = 'C:\Program Files\Microsoft SQL Server\MSSQL15.SHILI1\MSSQL\DATA\WZGL.mdf',
     SIZE = 100MB,
     MAXSIZE = 200,
     FILEGROWTH = 20),
( NAME = WZGL2,
   FILENAME = 'C:\Program Files\Microsoft SQL Server\MSSQL15.SHILI1\MSSQL\DATA\WZGL2.ndf',
   SIZE = 100MB,
```

```
    MAXSIZE = 200,
    FILEGROWTH = 20),
  ( NAME = WZGL3,
    FILENAME = 'C:\Program Files\Microsoft SQL Server\MSSQL15.SHILI1\MSSQL\DATA\WZGL3.ndf',
    SIZE = 100MB,
    MAXSIZE = 200,
    FILEGROWTH = 20)
LOG ON
  ( NAME = WZGLlog1,
    FILENAME = 'D:\datalog\WZGLlog1.ldf',
    SIZE = 100MB,
    MAXSIZE = 200,
    FILEGROWTH = 20),
  ( NAME = WZGLlog2,
    FILENAME = 'D:\datalog\WZGLlog2.ldf',
    SIZE = 100MB,
    MAXSIZE = 200,
    FILEGROWTH = 20)
GO
```

代码说明如下：

❧ 使用 3 个 100MB 的数据库文件和 2 个 100MB 的日志文件，创建了名为 WZGL 的数据库。

❧ 主文件是列表中的第 1 个文件，并使用 PRIMARY 关键字显式指定。

❧ 日志文件在 LOG ON 关键字后指定。

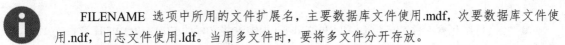

　　FILENAME 选项中所用的文件扩展名，主要数据库文件使用.mdf，次要数据库文件使用.ndf，日志文件使用.ldf。当用多文件时，要将多文件分开存放。

实例 6.4 使用文件组创建数据库 WZGL。

下面的代码使用 3 个文件组创建名为 WZGL 的数据库。

```
CREATE DATABASE WZGL
ON PRIMARY
  ( NAME = SPri1_dat,
    FILENAME = 'C:\Program Files\Microsoft SQL Server\MSSQL15.SHILI1\MSSQL\DATA\SPri1dat.mdf',
    SIZE = 10,
    MAXSIZE = 50,
    FILEGROWTH = 15% ),
  ( NAME = SPri2_dat,
    FILENAME = 'C:\Program Files\Microsoft SQL Server\MSSQL15.SHILI1\MSSQL\DATA\SPri2dt.ndf',
    SIZE = 10,
    MAXSIZE = 50,
    FILEGROWTH = 15% ),
FILEGROUP WZGLGroup1
  ( NAME = SGrp1Fi1_dat,
    FILENAME = 'C:\Program Files\Microsoft SQL Server\MSSQL15.SHILI1\MSSQL\DATA\SG1Fi1dt.ndf',
    SIZE = 10,
```

```
        MAXSIZE = 50,
        FILEGROWTH = 5 ),
    ( NAME = SGrp1Fi2_dat,
        FILENAME = 'C:\Program Files\Microsoft SQL Server\MSSQL15.SHILI1\MSSQL\DATA\SG1Fi2dt.ndf',
        SIZE = 10,
        MAXSIZE = 50,
        FILEGROWTH = 5 ),
    FILEGROUP WZGLGroup2
    ( NAME = SGrp2Fi1_dat,
        FILENAME = 'C:\Program Files\Microsoft SQL Server\MSSQL15.SHILI1\MSSQL\DATA\SG2Fi1dt.ndf',
        SIZE = 10,
        MAXSIZE = 50,
        FILEGROWTH = 5 ),
    ( NAME = SGrp2Fi2_dat,
        FILENAME = 'C:\Program Files\Microsoft SQL Server\MSSQL15.SHILI1\MSSQL\DATA\SG2Fi2dt.ndf',
        SIZE = 10,
        MAXSIZE = 50,
        FILEGROWTH = 5 )
    LOG ON
    ( NAME = 'WZGL_log',
        FILENAME = 'D:\datalog\salelog.ldf',
        SIZE = 5MB,
        MAXSIZE = 25MB,
        FILEGROWTH = 5MB )
    GO
```

代码说明如下：

➥ 主文件组包含文件 SPri1_dat 和 SPri2_dat，指定这些文件的 FILEGROWTH 增量为 15%。

➥ 名为 WZGLGroup1 的文件组包含文件 SGrp1Fi1_dat 和 SGrp1Fi2_dat。

➥ 名为 WZGLGroup2 的文件组包含文件 SGrp2Fi1_dat 和 SGrp2Fi2_dat。

6.3　管理数据库

用户可以根据自己的需求对数据库进行相应的管理。管理操作包括给数据库重新命名、扩充数据库、收缩数据库以及删除数据库等。

扫一扫，看视频

6.3.1　给数据库重新命名

SQL Server 允许用户修改数据库的名称。在重新命名数据库前，应该确保没有人使用该数据库，而且数据库应设置为单用户模式。其语法格式如下：

```
ALTER DATABASE [旧数据库名称]
Modify Name = [新数据库名称]
```

例如，将 WZGL 数据库重新命名为 WZGLDATA，可以采用以下代码：

```
USE master
GO
ALTER DATABASE WZGL
Modify Name = WZGLDATA
GO
```

运行结果如下：

数据库 名称 'WZGLDATA' 已设置。

6.3.2 扩充数据库

SQL Server 可以根据在创建数据库时定义的增长参数自动扩充数据库。通过在现有的数据库文件上分配其他的文件空间，或者在另一个新文件上分配空间，还可以手动扩充数据库。如果现有的文件已经充满，则可能需要扩充数据或事务日志空间。如果数据库已经用完分配给它的空间而又不能自动增长，则会出现 1105 错误。

扩充数据库时，必须按至少 1MB 的幅度增加该数据库的大小，扩充数据库的权限默认授予数据库所有者，并自动与数据库所有者身份一起传输，数据库扩充后，数据库文件或事务日志文件可以立即使用新空间，这取决于哪个文件进行了扩充。

如果事务日志没有设置为自动扩充，则当数据库内发生某些类型的活动时，该事务日志可能会用完所有空间。备份事务日志时，或者在数据库使用简单恢复模型的每个检查点时，只清除事务日志中非活动（已提交）的部分。然后 SQL Server 可以重新使用该事务日志中被截取的、尚未使用的部分。

在扩充数据库时，建议指定文件的最大允许增长的大小。这样做可以防止文件无限制地增大，直到用尽整个磁盘空间。若要指定文件的最大大小，如果是通过 SQL Server Management Studio 创建数据库，需要在【新建数据库】对话框中通过设置数据库文件表格的【自动增长/最大大小】选项中的值限制文件最大值。如果是使用 CREATE DATABASE 语句创建数据库，可以使用 MAXSIZE 参数限制文件最大值。

在 SQL Server Management Studio 中增加数据库的大小，具体操作步骤如下：

（1）在管理树里展开【数据库】节点，右击要增加大小的数据库，在弹出的快捷菜单中选择【属性】选项，弹出如图 6.8 所示的【数据库属性】对话框。

（2）若要增加数据空间，单击【文件】选项卡，如图 6.9 所示。选择要增加空间的文件，在对应的【大小】列中输入文件的大小。

（3）若要添加新文件，单击【添加】按钮，在添加的行中填写逻辑名称、文件类型等信息。其中，文件位置是自动生成的，数据库文件的扩展名为.ndf，日志文件的扩展名为.ldf。

（4）若要更改【文件名】、【位置】、【分配的空间】和【文件组】等列的默认值，单击要更改的单元格，再输入新值。

图 6.8　【数据库属性】对话框　　　　　　　　图 6.9　【文件】选项卡

（5）对于现有的文件，能更改【逻辑名称】、【大小】、【自动增长/最大大小】列的值。

　　　　数据库大小的最大值由可用磁盘空间量决定，许可限制由正在使用的 SQL Server 版本决定。

使用 Transact-SQL 扩充数据库的方法如实例 6.5 所示。

实例 6.5　扩充 WZGL 数据库。

```
USE master
GO
ALTER DATABASE WZGL
MODIFY FILE
    (NAME = WZGL_Data,
    SIZE = 20MB)
GO
```

代码说明如下：

❥ ALTER DATABASE WZGL 表示修改数据库。

❥ MODIFY FILE 表示修改数据库文件。

❥ NAME = WZGL_Data 表示指定修改数据库文件的逻辑名称为 WZGL_Data。

❥ SIZE = 20MB 表示指定修改数据的大小为 20MB。

6.3.3　收缩数据库

扫一扫，看视频

SQL Server 2019 允许收缩数据库中的每个文件，删除未使用的页，从而节省磁盘空间。数据库文件和事务日志文件都可以收缩。数据库文件可以作为组或单独进行手动收缩。数据库也可设置为按给定的时间间隔自动收缩。该活动在后台进行，并且不影响数据库内的用户活动。

当使用 ALTER DATABASE AUTO_SHRINK 选项（或 sp_dboption 系统存储过程）将数据库设置为自动收缩，且数据库中有足够的可用空间时，就会发生收缩。但是，如果未配置要删除的可用空间的百分比，则会删除较多的可用空间。配置要删除的可用空间量，例如，只删除数据库中当前可用空间的 50%，在 SQL Server Management Studio 内的【收缩数据库】对话框中实现。

收缩数据库时要注意，收缩后的数据库不能小于数据库的最小尺寸。因此，如果数据库创建时的大小为 10MB，后来增长到 100MB，则该数据库最小能够收缩到 10MB（假定已经删除该数据库中所有数据）。

但是，使用 DBCC SHRINKFILE 语句，可以将单个数据库文件收缩到比其初始创建的大小还要小。必须分别收缩每个文件，而不要试图收缩整个数据库。

事务日志文件可以在固定的边界内收缩。虚拟日志文件的大小决定可能减小的大小，因此，不能将事务日志文件收缩到比虚拟日志文件还小。另外，事务日志文件可以按与虚拟日志文件的大小相等的增量收缩。例如，一个初始大小为 1GB 的较大事务日志文件可以包括 5 个虚拟日志文件（每个文件大小为 200MB）。收缩事务日志文件将删除未使用的虚拟日志文件，但会留下至少一个虚拟日志文件。因为此示例中的每个虚拟日志文件都是 200MB，所以事务日志文件最小只能收缩到 200MB，且每次只能以 200MB 的大小收缩。若要让事务日志文件收缩得更小，可以创建一个更小的事务日志文件，并允许它自动增长，而不要创建一个较大的事务日志文件。具体操作步骤如下：

（1）在 SQL Server Management Studio 的管理树中展开【数据库】节点，右击要增加大小的数据库，在弹出的快捷菜单中执行【所有任务】|【收缩】|【数据库】命令，弹出【收缩数据库】对话框，如图 6.10 所示。

图 6.10 【收缩数据库】对话框

（2）选中【在释放未使用的空间前重新组织文件。选中此选项可能会影响性能(R)。】复选框后，在【收缩后文件中的最大可用空间】数字选择框中设置收缩后数据库中剩余的可用空间量。以当前分配的空间与可用空间值作为依据。

不能将数据库的大小收缩到小于 model 数据库的大小，不能在备份数据库或事务日志时收缩数据库或事务日志。反之，也不能在收缩数据库或事务日志时创建数据库或事务日志备份。

使用 Transact-SQL 收缩数据库的语法如下：

```
DBCC SHRINKDATABASE
    ( database_name [ , target_percent ]
      [ , { NOTRUNCATE | TRUNCATEONLY } ]
)
```

代码说明如下：

- database_name 表示要收缩的数据库名称。
- target_percent 表示数据库收缩后的数据库文件中所要剩余的可用空间百分比。
- NOTRUNCATE 表示在数据库文件中保留释放的文件空间。如果未指定，将释放的文件空间释放给操作系统。
- TRUNCATEONLY 表示将数据库文件中的任何未使用的空间释放给操作系统，并将文件收缩到上一次分配的大小，从而减小文件大小而不移动任何数据，不试图重新定位未分配页的行。使用 TRUNCATEONLY 时，忽略 target_percent 选项。

使用 Transact-SQL 收缩数据库的方法如实例 6.6 所示。

实例 6.6 收缩 WZGL 数据库。

```
DBCC SHRINKDATABASE (WZGL, 10)
GO
```

代码说明如下：

将 WZGL 用户数据库中的文件缩小，以使 WZGL 数据库中的文件包含 10%的可用空间。

扫一扫，看视频

6.3.4 删除数据库

当数据库及其数据失去利用价值后，可以删除数据库以释放被占用的磁盘空间和内存资源。删除数据库可以使用 SQL Server Management Studio 和 Transact-SQL 命令实现。使用 SQL Server Management Studio 删除数据库的操作步骤如下：

（1）在 SQL Server Management Studio 的对象资源管理器窗口中，右击要删除的数据库，在弹出的快捷菜单中执行【删除】命令，弹出如图 6.11 所示的对话框。

（2）在图 6.11 中单击【确定】按钮，完成删除。

图 6.11　【删除对象】对话框

使用 Transact-SQL 删除数据库的语法如下：

```
DROP  DATABASE database_name [ ,...n ]
```

下面的例子就是删除了 pubs 和 newpubs 这两个数据库。

```
DROP  DATABASE pubs, newpubs
```

6.4　附加与分离数据库

SQL Server 2019 可以分离数据库的数据和事务日志文件，然后将其重新附加到另一个服务器上，甚至是同一个服务器上。分离数据库将从 SQL Server 删除数据库，但是保持组成该数据库的数据和事务日志文件完好无损。然后这些数据和事务日志文件可以用来将数据库附加到任何 SQL Server实例上，包括从中分离该数据库的服务器。这使数据库的使用状态与它分离时的状态完全相同。

如果想按以下方式移动数据库，则附加与分离数据库会很有用。

➥ 从一个计算机移到另一个计算机，而不想重新创建数据库。之后手动还原数据库备份即可。

➥ 移到另一张物理磁盘上。例如，当包含该数据库文件的磁盘空间已用完时，希望扩充现有的文件，而又不愿将新文件添加到其他磁盘上的数据库。

6.4.1　附加数据库

使用 SQL Server Management Studio 附加数据库的操作步骤如下：

（1）在 SQL Server Managemet Studio 的对象资源管理器窗口中，右击【数据库】节点，在弹出的快捷菜单中执行【附加】命令，弹出如图 6.12 所示的对话框。

扫一扫，看视频

图 6.12　【附加数据库】对话框

（2）在图 6.12 中单击【添加】按钮，弹出【定位数据库文件】对话框。在【数据库数据文件和位置】中选择要附加的.mdf 文件。如果不确定文件位于何处，在右侧的搜索框中输入.mdf 文件名称后单击 按钮进行搜索，如图 6.13 所示。

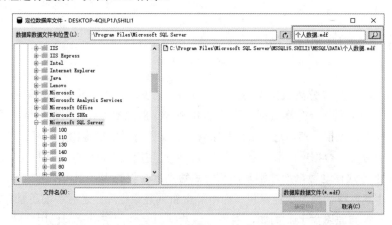

图 6.13　搜索.mdf 文件

（3）选中要添加的.mdf 文件后单击【确定】按钮，将文件添加到表格中，如图 6.14 所示。在表格中会展示添加文件的详细信息。

（4）单击【确定】按钮，附加数据库完成。在对象资源管理器中会显示附加的数据库，如图 6.15 所示。

用户也可以在 Transact-SQL 语句中使用存储过程 sp_attach_db 附加数据库，但是只有如 sysadmin 和 dbcreator 固定服务器角色的成员才有权限执行此存储过程。其语法格式如下：

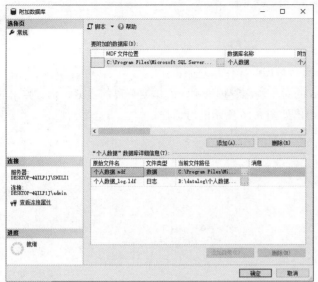

图 6.14　添加选项

图 6.15　附加数据库完成

```
sp_attach_db [ @dbname = ] 'dbname'
    , [ @filename1 = ] 'filename_n' [ ,...16 ]
```

代码说明如下：

❧ [@dbname =] 'dbname'表示要附加到服务器的数据库的名称。

❧ [@filename1 =] 'filename_n'表示数据库文件的物理名称，包括路径。

实例 6.7 展示了如何附加 WZGL 数据库。

实例 6.7　附加 WZGL 数据库。

```
sp_attach_db  WZGL,
'C:\Program Files\Microsoft SQL Server\MSSQL\Data\WZGLdat.mdf'
```

代码说明如下：

附加数据库时并不需要列出所有的数据库物理文件名，但是必须列出数据库主文件名。本实例中就是只列出了 WZGL 的数据库主文件 **WZGLdat.mdf**。如果没有列出数据库主文件，只列出文件 WZGL1dat3.ndf，则会返回如下错误信息：

服务器：消息 1829，级别 16，状态 3，行 1
FOR ATTACH 选项要求至少要指定主文件。

如果写错了要附加的数据库文件名，则会返回如下错误信息：

==

服务器：消息 5105，级别 16，状态 4，行 1
设备激活错误。物理文件名 'C:\Program Files\Microsoft SQL Server\MSSQL\Data\示例数据库1dat3.mdf' 可能有误。

==

扫一扫，看视频

6.4.2　分离数据库

使用 SQL Server Management Studio 分离数据库的操作步骤如下：

（1）在 SQL Server Management Studio 的对象资源管理器中，右击要分离的数据库，在弹出的快捷菜单中执行【任务】|【分离】命令，弹出如图 6.16 所示的对话框。

图 6.16　【分离数据库】对话框

（2）在图 6.16 所示的对话框中，检查数据库的状态。要想成功地分离数据库，其状态应为【就绪】，或者可以选择在分离操作前更新统计信息。单击【确定】按钮，分离成功后，在对象资源管理器中不再显示该数据库。

用户也可以在 Transact-SQL 语句中使用系统存储过程 sp_detach_db 分离数据库，分离数据库操作也会发生在想从 SQL Server 服务器上去掉数据库，但是并不删除数据库物理文件时。只有如 sysadmin 固定服务器角色的成员才有权限执行 sp_detach_db。其语法格式如下：

```
sp_detach_db [ @dbname = ] 'dbname'
   [ , [ @skipchecks = ] 'skipchecks' ]
```

代码说明如下：

➷ [@dbname =] 'dbname'表示要分离的数据库名称。

➷ [@skipchecks =] 'skipchecks'表示如果为 true，则跳过 UPDATE STATISTICS；如果为 false，则运行 UPDATE STATISTICS。UPDATE STATISTICS 是指在指定的表或索引视图中，对一个或多个统计组（集合）有关键值分发的信息进行更新。

具体应用如实例 6.8 所示。

实例 6.8　分离"示例数据库"。

```
sp_detach_db 示例数据库2 , 'true'
```

数据库分离后将不再在 SQL Server 服务器中显示，如图 6.17 所示。

分离数据库时并不删除数据库物理文件，如图 6.18 所示。数据库逻辑文件也依然保存在数据库中，当附加数据库后可以看到这一点。

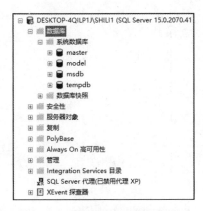

图 6.17　分离数据库后数据库不再
在服务器中显示

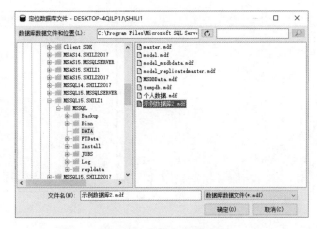

图 6.18　数据库物理文件

使用 SQL Server 提供的存储过程时，并不需要必须执行以下命令：

```
USE master
GO
```

只要此时当前数据库不是 WZGL，就能执行成功。如果当前数据库为 WZGL，则会返回以下错误信息：

```
服务器：消息 3701，级别 16，状态 3，行 1
无法分离 数据库 'WZGL'，因为它当前正在使用。
```

6.5　数据库的脱机与联机

扫一扫，看视频

在以下情况可以对数据库实施脱机：

- 当一个数据库暂时没有提供服务的必要时，可以对数据库实施脱机，以节省服务器内存资源。
- 当数据库文件要复制到其他地方时，而数据库服务器上还运行着其他数据库，此时不方便对数据库服务器实施停止运行，可以先将要复制的数据库脱机。

实施脱机前应注意以下事项：

- 确保没有其他用户在使用数据库。
- 对数据库实施备份。

实施脱机只需在 SQL Server Management Studio 的对象资源管理器中，右击要实施脱机的数据

库，在弹出的快捷菜单中执行【任务】|【脱机】命令，弹出【使数据库脱机】对话框，单击【确定】按钮，完成脱机操作。脱机后数据库服务器只记录脱机数据库的基本信息，不再运行此数据库的对象，如图 6.19 所示。

图 6.19　脱机成功

如果想再次联机，需要在 SQL Server Management Studio 的管理树中右击要实施联机的数据库，在弹出的快捷菜单中执行【任务】|【联机】命令。

扫一扫，看视频

6.6　小结

本章主要介绍了如何在 SQL Server 2019 下创建并管理数据库。本章以创建 WZGL 数据库为例，分别给出在 SQL Server Management Studio 以及在 Transact-SQL 命令下常用的几种创建数据库的方法。随着数据库的使用，要对数据库进行管理，本章给出了日常管理操作数据库的方法，如重新命名、扩充数据库、收缩数据库、附加与分离数据库等内容。这些内容在数据库开发阶段以及日常管理中会经常用到。

6.7　习题

一、填空题

1. SQL Server 2019 中使用的文件为_____、_____和_____三大类。
2. 数据库所有文件的位置都记录在_____数据库和该数据库的主文件中。
3. 用于对文件进行分组以便于管理和数据的分配的是_____。
4. SQL Server 提供了_____和_____两种方法自动增加。
5. 扩充数据库时，必须按至少_____增加该数据库的大小。

二、简答题

1. 在什么情况下可以对数据库实施脱机？
2. 实施脱机前要注意什么？

三、代码练习题

1. 创建一个数据库 a。
2. 创建一个新数据库 b，数据库文件为 D:DATA\b.mdf，日志文件为 D: \datalog\blog.ldf。
3. 将数据库 b 重新命名为 abc。
4. 删除数据库 a、abc。

第7章

表和索引

在第 6 章中创建完数据库后，需要在数据库中创建各种对象，添加各种数据内容，这样这个数据库才具有实际意义。最基本的数据库对象就是数据表。表是用来存储数据和操作数据的逻辑结构。表的结构包括字段和行，其中，字段主要描述数据的属性，而行是组织数据的单位。在使用数据库时，绝大多数时间都是在与表打交道。因此，表的最大容量以及对表中数据的存取速度在一定程度上表明了数据库性能的好坏。本章主要介绍 SQL Server 2019 数据表的管理方法和使用方法，以及索引的相关知识。

7.1 创建表

表的创建是使用表的前提。SQL Server 使用两种方式创建表，分别为使用 SQL Server Management Studio 创建表和使用 Transact-SQL 创建表。

扫一扫，看视频

7.1.1 使用 SQL Server Management Studio 创建表

使用 SQL Server Management Studio 可以很方便地创建数据表，具体方法如实例 7.1 所示。

实例 7.1 创建物资信息表。

（1）在 SQL Server Management Studio 的对象资源管理器中，展开第 6 章创建的 WZGL 数据库。右击【表】对象，在弹出的快捷菜单中执行【新建】|【表】命令，如图 7.1 所示。

（2）弹出【表设计器】页面，如图 7.2 所示。单击【列名】字段的第 1 行，输入"物资编号"；单击【数据类型】字段的第 1 行，再单击出现的下拉按钮，从下拉列表框中选择 int 选项；因为物资编码不允许为空，所以不选中【允许 Null 值】复选框。

ⓘ 输入字段名时，字段名在表中必须唯一。

图 7.1 新建表

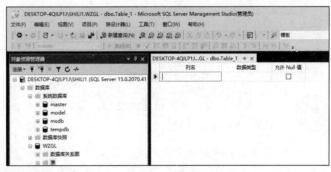

图 7.2 表设计器

（3）设置字段属性。以下是一些常用的字段属性：

➥ 描述，显示对选定字段的文本描述。为了将来数据库的可读性和可维护性，建议填写描述，尤其是字段名为英文字符时，在此应填写"对每种物资的编码"。

➥ 默认值，每当在表中为该字段插入带空值的行时，将使用该字段的默认值。下拉字段表包含在数据库中定义的所有全局默认值。若要将字段绑定到全局默认值上，请从下拉字段表中选择。若要创建字段的默认约束，请直接以文本形式输入默认值，有默认值时方便填写，还能提示用户应该输入的信息。

- 精度，显示该字段值的最大数字个数。
- 小数位数，显示该字段值小数点右边能出现的最大数字个数。
- 标识，显示 SQL Server 是否将该字段用作标识字段。
- 标识种子，显示标识字段的种子值。该选项只适用于其【标识】选项设置为【是】的字段。
- 递增量，显示标识字段的递增量值。该选项只适用于其【标识】选项设置为【是】的字段。

（4）按照步骤（2）和步骤（3）依次添加字段，如"物资名称""规格型号""单位""备注"等字段，如图 7.3 所示。

（5）通常，一个数据表都有一个主键。在这个"物资信息"表中，主键是"物资编号"，右击"物资编号"字段，在弹出的快捷菜单中执行【设置主键】命令，如图 7.4 所示。

图 7.3　添加字段　　　　　　　　　　　　　　　图 7.4　设置主键

> 如果将多个字段设置为主键，应先按住 Ctrl 键，再选中要设置主键的字段，然后按照步骤（5）设置主键。

（6）为了提高数据的查询效率，还应该在表中创建索引。在以上创建的字段中，右击要创建索引的字段，在弹出的快捷菜单中执行【索引/键】命令，弹出【索引/键】对话框。单击【添加】按钮，添加索引，如图 7.5 所示。

（7）保存表，单击工具栏上的【保存】按钮，弹出如图 7.6 所示的对话框。这里，要求用户自己输入名称。在【输入表名称】文本框中输入"物资信息表"，单击【确定】按钮，至此"物资信息表"创建完成。

> 表名必须遵守 SQL Server 2019 的命名规则，最好能够准确地表达这张表的内容。例如，要为统计各地区的销售额建立一张表，就可以输入 SALE 作为表的名字。SQL Server 2019 中文版允许中文对象名存在，所以也可以输入中文词汇作为表的名字。表名不要用 sys 开头，以免与系统表混淆。

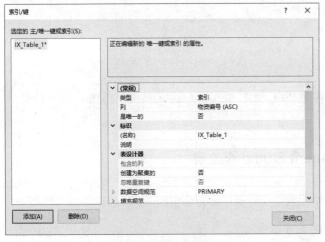

图 7.5　添加索引

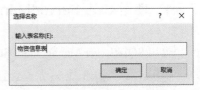

图 7.6　输入表名称

扫一扫，看视频

7.1.2　使用 Transact-SQL 创建表

使用 Transact-SQL 创建表比较灵活，可以使用模板创建表，如实例 7.2 所示。

实例 7.2　创建物资库存记录表。

```
IF EXISTS (SELECT * FROM dbo.sysobjects WHERE id = object_id(N'[dbo].[物资库存记录]') AND
OBJECTPROPERTY(id, N'IsUserTable') = 1)
DROP TABLE [dbo].[物资库存记录]
GO

CREATE TABLE [dbo].[物资库存记录] (
    [物资编号] [int] NOT NULL ,
    [数量] [numeric](18, 0) NOT NULL ,
    [单价] [numeric](18, 0) NULL ,
    [最低库存数] [numeric](18, 0) NOT NULL ,
    [备注] [varchar] (50) COLLATE Chinese_PRC_CI_AS NULL
) ON [PRIMARY]
GO
```

代码说明如下：

❯ IF EXISTS…GO 表示如果存在这个表，则将这个表删除。

❯ CREATE TABLE [dbo].[物资库存记录]表示创建表名为"物资库存记录"的表。

❯ [物资编号] [int] NOT NULL 表示字段名称为"物资编号"，数据类型为 int，NOT NULL 表示非空字段。

ℹ️　　依次执行【视图】|【模板资源管理器】命令，弹出【模板浏览器】面板，可以选择对应模板创建数据。

7.2　修改表

修改数据表的方式同样有两种，一种是使用 SQL Server Management Studio；另一种是使用 Transact-SQL。下面分别对其进行介绍。

7.2.1　使用 SQL Server Management Studio 修改表

使用 SQL Server Management Studio 修改表定义的操作步骤如实例 7.3 所示。

实例 7.3　修改物资信息表——使规格型号不能为空。

（1）在 SQL Server Management Studio 的对象资源管理器中，展开"物资信息表"所在的数据库 WZGL。

（2）选中该 WZGL 数据库节点下的表节点，SQL Server Management Studio 显示出该数据库下全部的表。

（3）右击要修改的物资信息表，单击【设计】按钮，弹出如图 7.7 所示的对话框。

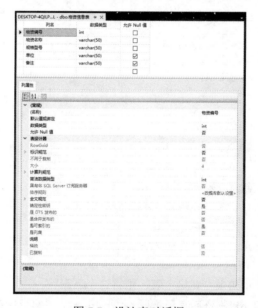

图 7.7　设计表对话框

（4）在图 7.7 中取消对"规格型号"字段的【允许 Null 值】复选框的选择，然后在 SQL Server Management Studio 上单击【保存】按钮即可。

　在表设计器中可以添加、修改、删除字段以及表的其他属性（如索引等）。

　　如果在保存更改时，弹出如图 7.8 所示的对话框，提示无法保存，则需要在工具栏菜单中进行相关设置。其具体操作步骤如下：

　　（1）在 SQL Server Management Studio 中，执行【工具】|【选项】命令，弹出【选项】对话框，如图 7.9 所示。

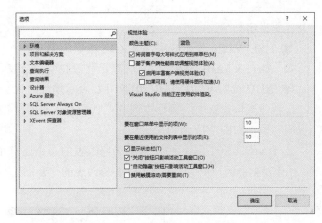

图 7.8　无法保存　　　　　　　　　　　　　　图 7.9　【选项】对话框

　　（2）单击【设计器】节点展开目录。单击【表设计器和数据库设计器】选项卡，取消对【阻止保存要求重新创建表的更改】复选框的选择，如图 7.10 所示。

图 7.10　取消选择

　　（3）单击【确定】按钮完成设置。这样，再次修改"物资信息表"后就能正常保存了。

7.2.2　使用 Transact-SQL 修改表

扫一扫，看视频

　　使用 Transact-SQL 可以在更大范围内修改表的定义，可以进行的操作包括修改、增加、删除字段或约束，使约束和触发器有效或无效等。它比 SQL Server Management Studio 更灵活。其具体操作如实例 7.4 所示。

实例 7.4 在物资信息表中增加一个说明字段。

```
USE WZGL
ALTER TABLE 物资信息表
  ADD 说明 VARCHAR(20) NULL
GO
```

代码说明如下：

❥ USE WZGL 表示应用到 WZGL 数据库中。

❥ ALTER TABLE 物资信息表表示修改物资信息表。

❥ ADD 说明 VARCHAR(20) NULL 表示增加"说明"字段。

在新建查询窗口中，执行实例 7.4 代码后，查看"物资信息表"结构，可以看到已经增加了一个说明字段，如图 7.11 所示。

在 Transact-SQL 语句中，常用于修改表的命令还有 DEFAULT（是指定字段默认值的关键字）等。由于篇幅原因，使用 Transact-SQL 修改表的完整语法不再赘述，请参考 SQL Server 2019 联机帮助从书。

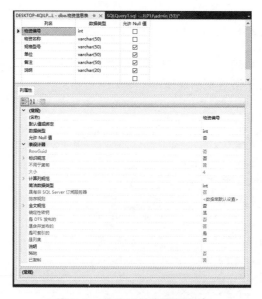

图 7.11 修改后的物资信息表

 在修改数据表时，要考虑到其他表对需要修改表的依赖关系，确认修改表是否对其他表造成影响。

7.3 删除表

删除表相对于创建表来说要简单得多。使用 SQL Server Management Studio 和 Transact-SQL 都可以删除表，下面分别对其进行介绍。

7.3.1　使用 SQL Server Management Studio 删除表

在 SQL Server Management Studio 中删除表的操作步骤如实例 7.5 所示。

实例 7.5　删除物资信息表。

（1）在 SQL Server Management Studio 的对象资源管理器中，展开"物资信息表"所在的数据库 WZGL。

（2）选中该 WZGL 数据库节点下的表节点，SQL Server Management Studio 显示出该数据库下全部的表。

（3）右击【物资信息表】节点，可以同时按 Ctrl 键或 Shift 键选择多个要执行操作的表。

（4）在步骤（3）弹出的快捷菜单中，执行【删除】命令，弹出如图 7.12 所示的【删除对象】对话框。该对话框中显示了要删除的表。可以选择其中的表，然后单击【显示依赖关系】按钮，查看与该表相关的数据库对象的信息，如图 7.13 所示。

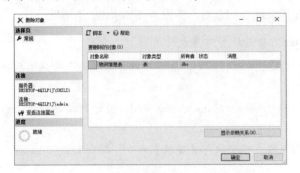

图 7.12　【删除对象】对话框

图 7.13　依赖关系

　　删除表时必须小心，因为表一旦被删除便无法恢复，且表中包含的数据也将随着表的删除而丢失。要想挽回被无意中删除的数据的方法是从原来的数据库备份中恢复。如果原来没有保存这些数据的备份，那么这些数据将永远丢失。

7.3.2　使用 Transact-SQL 删除表

删除表还可以通过编写 Transact-SQL 命令实现。其语法格式如下：

```
DROP TABLE 表名
```

实例 7.5 还可以用实例 7.6 的 Transact-SQL 语句实现。

实例 7.6　使用 Transact-SQL 删除物资信息表。

```
USE WZGL
DROP TABLE 物资信息表
GO
```

删除表的权限只属于表拥有者。同时，不能用 DROP TABLE 语句删除系统表。

7.4 查看表的属性

创建表以后，服务器就在系统表 sysobjects 中记录了表的名称、对象 ID、表类型、表创建时间和拥有者 ID 等信息。同时，在表 syscolumns 中记录了字段名、字段 ID、字段的数据类型以及字段长度等与字段相关的信息。用户可以使用 SQL Server Management Studio 和系统存储过程 sp_help 查看表的属性。

7.4.1 使用 SQL Server Management Studio 查看表的属性

扫一扫，看视频

使用 SQL Server Management Studio 可以实现表属性的查看，操作步骤如实例 7.7 所示。

实例 7.7 使用 SQL Server Management Studio 查看物资信息表的属性。

（1）在 SQL Server Management Studio 的对象资源管理器中，展开"物资信息表"所在的数据库 WZGL。

（2）选中 WZGL 数据库节点下的表节点，SQL Server Management Studio 显示出该数据库下全部的表。

（3）右击【物资信息表】节点，在弹出的快捷菜单中执行【属性】命令，弹出如图 7.14 所示的【表属性-物资信息表】对话框。

如果查看表的依赖关系，可以在弹出的快捷菜单中执行【显示依赖关系】命令，弹出如图 7.15 所示的对话框。

图 7.14 【表属性-物资信息表】对话框

图 7.15 【对象依赖关系-物资信息表】对话框

7.4.2 使用系统存储过程 sp_help 查看表的属性

用户可以通过使用系统存储过程 sp_help，查看系统表中与表和表中数据字段有关的属性。这种方式比使用 SQL Server Management Studio 更为直观。其语法格式如下：

```
sp_help 表名
```

具体应用如实例 7.8 所示。

实例 7.8 使用系统存储过程 sp_help 查看物资信息表的属性。

```
USE WZGL
GO
sp_help 物资信息表
GO
```

执行结果如图 7.16 所示。从输出的信息可以看出，使用系统存储过程 sp_help 获取的属性更全面。

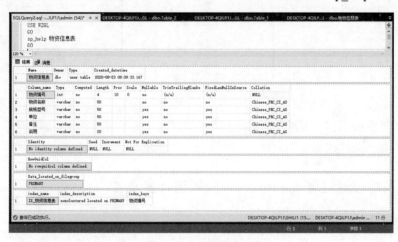

图 7.16 表所有的属性

7.5 重命名表

当发现表名不恰当时，需要重命名表。使用 SQL Server Management Studio 和系统存储过程 sp_rename 都可以重命名表。

7.5.1 使用 SQL Server Management Studio 对表进行重命名

使用 SQL Server Management Studio 对表进行重命名的操作步骤如实例 7.9 所示。

实例 7.9 将"物资信息表"重命名为"物资信息"。

（1）在 SQL Server Management Studio 的对象资源管理器中，展开"物资信息表"所在的数据库 WZGL。

（2）选中 WZGL 数据库节点下的表节点，SQL Server Management Studio 显示出该数据库下全部的表。

（3）右击【物资信息表】节点，在弹出的快捷菜单中执行【重命名】命令，表的名字变为选中状态，如图 7.17 所示。

（4）输入新的表名，按 Enter 键结束。其中，表名必须符合对象命名规则。

图 7.17　重命名

　在表重命名前，需要查看它的相关性，评估重命名对系统带来的影响。另外，一定不要对系统表进行改名操作，否则有可能会导致 SQL Server 2019 的彻底崩溃。

扫一扫，看视频

7.5.2　使用系统存储过程 sp_rename 对表进行重命名

使用系统存储过程 sp_rename 对表进行重命名。其语法格式如下：

```
sp_rename 旧表名，新表名
```

实例 7.9 也可以用实例 7.10 的方式实现。

实例 7.10 使用系统存储过程 sp_rename 将"物资信息表"重命名为"物资信息"。

```
USE WZGL
GO
sp_rename 物资信息表,物资信息
GO
```

　　　　更改对象名的任何一部分都可能破坏脚本和存储过程。从程序执行时系统给出的提示可以看出，当对表重命名以后，原有的相关性关系将会被破坏，引用了原表的视图和存储过程将无法使用。所以，必须先删除这些视图和存储过程再重新创建。重新创建视图和存储过程花费的时间很短，因为这两种数据库对象本身都没有包含任何数据。

7.6 创建表之间的关系

在关系数据库中，关系能防止冗余的数据。例如，在物资管理数据库中，每种物资的信息（如物资编号、物资名称和规格型号）都保存在一个名为物资信息的表中，然后其他信息（如物资入库信息、物资出库信息）都通过关系调用物资信息，从而减少数据冗余。表与表之间存在 3 种类型的关系。

- ➥ 一对多关系：最常见的关系类型。在这种关系类型中，表 A 中的行可以在表 B 中有许多匹配行，但是表 B 中的行只能在表 A 中有一个匹配行。

- ➥ 多对多关系：在多对多关系中，表 A 中的一行可与表 B 中的多行相匹配；反之亦然。通过定义称为连接表的第三方表创建这样的关系，该连接表的主键包括表 A 和表 B 中的外键。例如，在 SQL Server 的案例数据库 PUB 中，authors 表和 titles 表是多对多关系，该关系通过从这些表中的每个表与 titleauthors 表的一对多关系定义。titleauthors 表的主键由 au_id 字段（authors 表的主键）和 title_id 字段（titles 表的主键）组成。

- ➥ 一对一关系：在一对一关系中，表 A 中的一行最多只能与表 B 中的一行相匹配；反之亦然。如果两个相关字段都是主键或具有唯一约束，则创建的是一对一关系，这种关系不常见。

在 SQL Server Management Studio 中，创建表之间的关系常用的有两种方法，一种是在表设计器中创建关系；另一种是在关系图中创建关系。

在表设计器中创建表之间的关系的方法如实例 7.11 所示。

实例 7.11 在表设计器中创建物资信息表和物资库存表之间的关系。

（1）将"物资信息表"作为关系外键方，打开表设计器。

（2）在表设计器中，右击表设计器的网格，在弹出的快捷菜单中执行【关系】命令，弹出如图 7.18 所示的对话框。

（3）单击【添加】按钮，在【选定的关系】列表中将显示关系以及系统提供的名称，如图 7.19 所示。

图 7.18 创建关系

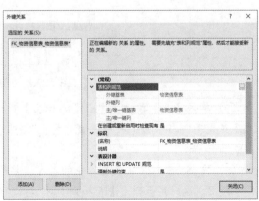

图 7.19 添加关系

（4）单击【表和列规范】表格右侧的【…】按钮，弹出【表和列】对话框，如图 7.20 所示。

（5）在【主键表】下拉列表框中，选择"物资信息表"作为关系主键方的表。在下面的网格中输入分配给该表主键的字段"物资编码"。在【外键表】下拉列表框中，选择"物资库存记录"作为关系外键方的表。在下面的网格中输入分配给该表外键的字段"物资编码"，如图 7.21 所示。

图 7.20　【表和列】对话框

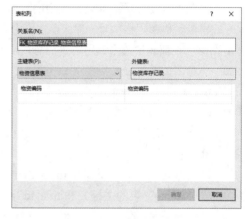

图 7.21　选择主键与外键

（6）在【关系名】文本框中会显示推荐的关系名。若对系统推荐的关系名不满意，可以直接在文本框中对该名称进行修改。

（7）单击【确定】按钮创建关系。

在 SQL Server Management Studio 中还可以使用数据库的关系图创建表之间的关系，如实例 7.12 所示。

实例 7.12　使用关系图创建"物资入库正式表"与"物资入库明细正式表"之间的关系。

（1）在 SQL Server Management Studio 中，展开 WZGL 数据库的节点。右击【数据库关系图】节点，在弹出的快捷菜单中执行【新建数据库关系图】命令，弹出创建数据库关系向导，如图 7.22 所示。

图 7.22　创建数据库关系向导

（2）单击【是】按钮，弹出【添加表】对话框，如图 7.23 所示。在【表】列表框中选中"物资入库正式表"与"物资入库明细正式表"，然后单击【添加】按钮，将这两个表添加到关系图中，如图 7.24 所示。

（3）将"物资入库正式表"中的"入库单号"字段拖到"物资入库明细正式表"中的"入库单号"字段上。这时，会弹出【表和列】对话框，如图 7.25 所示。从图 7.25 中可以看到主键与外键都已经设置好。

图 7.23　【添加表】对话框

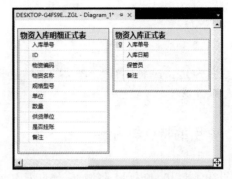

图 7.24　关系图

（4）单击【确定】按钮，并关闭关系图，弹出如图 7.26 所示的对话框。在图 7.26 中，单击【是】按钮，弹出【选择名称】对话框，如图 7.27 所示。输入关系图的名称后，单击【确定】按钮，弹出【保存】对话框，如图 7.28 所示。单击【是】按钮，对关系进行保存。

图 7.25　【表和列】对话框

图 7.26　保存关系图

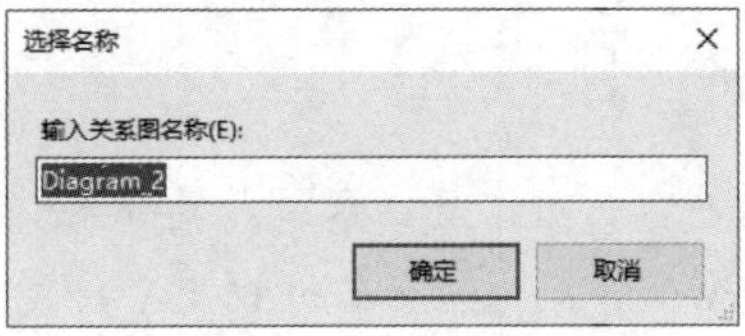

图 7.27　【选择名称】对话框

图 7.28　保存关系

7.7　索引

索引是 SQL Server 在字段上建立的一种数据库对象。它对表中的数据进行逻辑排序，从而提高数据的访问速度。

7.7.1　索引的特点与用途

假设在包含 10000 行记录的物资信息表中，查找所有单位是"公斤"的物资信息。如果没有针对这张表的单位建立索引，则 SQL Server 必须遍历表中的每一行，然后才能显示那些单位是"公斤"的物资信息。这种遍历每行记录并完成查询的过程叫作表扫描。随着物资信息量的增大，表扫描需要的时间逐步增加。当达到数据库百万级数据量时，扫描一遍表需要很长时间。

在单位字段上增加一个索引，该索引会包括一个指向数据的指针。在查询时，SQL Server 就可以使用该索引表进行读取，然后沿着索引指针的指向转移到数据表上查找到相应的数据。由于索引总是按照一定的顺序进行排列，所以对索引进行扫描的速度要大大快于对表的扫描。

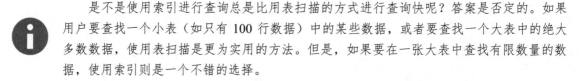

是不是使用索引进行查询总是比用表扫描的方式进行查询快呢？答案是否定的。如果用户要查找一个小表（如只有 100 行数据）中的某些数据，或者要查找一个大表中的绝大多数数据，使用表扫描是更为实用的方法。但是，如果要在一张大表中查找有限数量的数据，使用索引则是一个不错的选择。

建立索引有利也有弊。它可以提高查询速度，但过多地建立索引会占据大量的磁盘空间。所以在建立索引时，数据库管理员必须权衡利弊，让索引带来的利大于弊。

以下字段适合建立索引：

- 经常被查询搜索的字段，如经常在 WHERE 子句中出现的字段。
- 在 ORDER BY 子句中使用的字段。
- 是外键或主键的字段。
- 该字段的值唯一的字段。

以下字段不适合建立索引：

- 很少被查询的字段。
- 包含太多重复值的字段。例如，为"性别"设置的字段就只有"男""女"两个值，为这种字段建立索引是没有什么意义的。
- 数据类型为 bit、text 和 image 等的字段不能建立索引。

用户可以在同一个表的多字段上建立索引，这种索引叫作复合索引。复合索引的创建方法与创建单一索引的方法一样。但复合索引在数据操作期间所需的开销更小，可以代替多个单一索引。当查询中出现的所有的字段都包括在一个复合索引中时，这种现象通常被称为索引覆盖，在这种情况下，SQL Server 不用读取也满足查询；相反，它返回索引的值。当表的行数远远大于索引键数目时，使用这种方式可以明显加快表的查询速度。

SQL Server 的索引有两种类型，分别为簇索引和非簇索引。

➥ 簇索引：基于数据行的键值在表内进行排序和存储。由于数据行按基于簇索引键的排序次序存储，因此簇索引对查找行很有效。因此，每个表只能有一个簇索引，因为数据行本身只能按一个顺序存储，它构成簇索引的最低级别。

> 只有当表包含簇索引时，表内的数据行才按排序次序存储。如果表没有簇索引，则其数据行按堆集方式存储。

➘ 非簇索引：具有完全独立于数据行的结构。非簇索引的最低行包含非簇索引的键值，并且每个键值项都有指针指向包含该键值的数据行，数据行不按基于非簇索引键的排序次序存储。

7.7.2 使用 SQL Server Management Studio 创建、删除索引

扫一扫，看视频

在 SQL Server Management Studio 中创建索引的操作步骤如实例 7.13 所示。

实例 7.13 在物资入库明细临时表中创建物资编码的索引。

（1）用表设计器打开"物资入库明细临时表"。

（2）在表设计器中，右击网格部分，在弹出的快捷菜单中执行【索引/键】命令，如图 7.29 所示。

（3）弹出【索引/键】对话框，如图 7.30 所示。单击【添加】按钮，在【选定的 主/唯一键或索引】列表中将显示关系以及系统提供的名称。

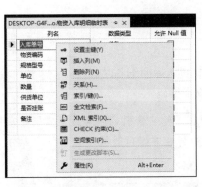

图 7.29　索引命令

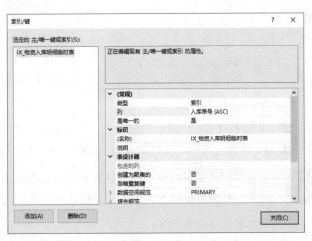

图 7.30　添加关系

（4）在【常规】选项下的【列】表格中单击【...】按钮，弹出【索引列】对话框。在【列名】下拉列表框中选择"物资编码"字段，在【排序顺序】下拉列表框中选择【升序】选项，如图 7.31 所示。单击【确定】按钮，关闭该对话框。

图 7.31　【索引列】对话框

（5）表设计器会默认建立一个索引名。若要更改这个名称，在【标识】选项下的【(名称)】表格中进行编辑。

（6）单击【关闭】按钮以创建索引。

如果想删除索引可以直接在图 7.30 中单击【删除】按钮。

扫一扫，看视频

7.7.3　使用 Transact-SQL 创建、删除索引

创建索引也可以使用 Transact-SQL 语句实现。例如，实例 7.13 也可以采用实例 7.14 所示的方式创建。

实例 7.14　给物资入库明细临时表记录创建索引。

```
USE WZGL
GO
CREATE INDEX  IX_物资入库明细临时表
ON 物资入库明细临时表(物资编码)
GO
```

代码说明如下：

➥ CREATE INDEX 表示创建索引，索引名称为"IX_物资入库明细临时表"。

➥ ON 物资入库明细临时表（物资编码）表示索引为物资编码。

ⓘ　在创建索引过程中，表将被锁定。在非常大的表上创建索引或创建簇集索引要花很长时间。在创建操作完成前，将不能访问该表，所以最好在非峰值时间建立索引。

删除索引的语法格式如下：

```
DROP INDEX 表名.索引名
```

下面的例子删除了刚才建立的索引。

```
USE  WZGL
GO
```

```
DROP INDEX 物资入库明细临时表.IX_物资入库明细临时表
GO
```

7.7.4　使用索引优化查询

下面的代码采用索引优化查询，提高了查询效率。

```
USE WZGL
SELECT  *  FROM 物资入库明细临时表 WITH (INDEX(IX_物资入库明细临时表))
WHERE 入库单号 = 'KJ20060523'
```

扫一扫，看视频

代码说明如下：

WITH (INDEX(IX_物资入库明细临时表))表示使用索引"IX_物资入库明细临时表"以优化查询。

7.7.5　优化调整索引

扫一扫，看视频

索引可以加快数据检索的速度，但它会使数据的插入、删除和更新变慢，尤其是簇索引。因为数据是按照逻辑顺序存放在一定的物理位置的，当变更数据时，根据新的数据顺序需要将大量数据进行物理位置移动。这些操作将增加系统的负担。对非簇索引数据更新时，需要更新索引页，这也需要占用系统资源。因此，在一个表中使用太多的索引，会影响数据库的性能。

对于一个经常会改变的表，应该尽量限制表使用的索引数量。例如，只使用一个簇索引和不超过 3～4 个非簇索引。对事务处理特别繁重的表，其索引应尽量不超过 3 个。

而索引调整向导可以帮助用户选择并创建一个最优化的索引集合，以提高数据库的性能。具体操作步骤如下：

（1）在 SQL Server Management Studio 的对象资源管理器中，展开优化索引所在的数据库服务器。执行【工具】|【数据库引擎优化顾问】命令，弹出【连接到服务器】对话框，如图 7.32 所示。

图 7.32　连接到服务器

（2）选择对应的服务器，然后单击【连接】按钮，弹出【数据库引擎优化顾问】对话框，如图 7.33 所示。

（3）指定工作负荷文件，选中要优化的表，如图 7.34 所示。

图 7.33　【数据库引擎优化顾问】对话框

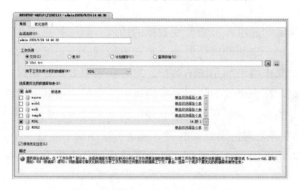

图 7.34　指定工作负荷文件与表

　　可以由事件探查器生成负荷文件，关于事件探查器的内容，请参考本书第 3 章的内容。

　　（4）单击【优化选项】选项卡，在【优化选项】选项卡中可以指定索引优化参数，如图 7.35
所示，一般参数默认即可。

图 7.35　【优化选项】选项卡

（5）在工具栏中，单击【开始分析】按钮，开始优化选中表的索引，如图 7.36 所示。

图 7.36　索引优化

（6）优化完毕，系统会自动添加【建议】标签和【报告】标签，如图 7.37 和图 7.38 所示。

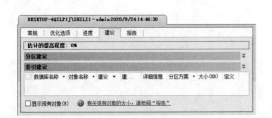

图 7.37　【建议】标签　　　　　　　　图 7.38　【报告】标签

7.8　小结

扫一扫，看视频

　　本章介绍了在 SQL Server 2019 下使用 SQL Server Management Studio 和 Transact-SQL 进行表的创建、修改、删除、信息查看和重命名及创建表之间关系的方法，并对表操作中应该注意的一些问题进行了讲解。本章最后讲解了索引的创建和使用方法，以及如何有效利用索引提高数据库的查询速度。通过本章的学习，读者应该掌握创建表和使用表的方法，了解索引的基本使用方法，并能够胜任管理表的工作。

7.9 习题

一、填空题

1．建立索引有利也有弊。它的利在于可以提高_____；它的弊在于过多地建立索引会占据大量的_____。

2．适合建立索引的字段包括经常被查询搜索的字段、在 ORDER BY 子句中使用的字段、_____的字段和该字段的值唯一的字段。

3．SQL Server 的索引有两种类型，分别为_____和_____。

二、代码练习题

1．创建一个成绩表，列依次为姓名、语文、数学、英语以及备注。

2．在成绩表中增加一个"体育"列选项。

3．使用系统存储过程 sp_help 查看成绩表信息。

4．使用系统存储过程 sp_rename 将成绩表重命名为"学生成绩表"。

5．删除学生成绩表。

第 **8** 章

数据库的完整性

为了让用户输入正确的信息，防止用户输入不符合数据库定义的数据，SQL Server 设计了诸如约束、规则、默认值、主键、外键等对象规范数据库，保障数据库的完整性。

8.1 数据完整性概述

SQL Server 的强制数据完整性可确保数据库中的数据质量。例如，如果在"产品信息表"中，输入了物资编码为 001001002 的物资基本信息，那么该表不应允许其他物资基本信息使用同一物资编码值。如果"物资入库明细表"中"是否挂账"字段的值范围设定为"挂账"或"核销"，则在该表中的"是否挂账"字段就不接收其他值。对表实施数据的完整性一般有以下两个步骤：

➦ 对业务分析，归纳需要的数据完整性。

➦ 根据业务分析对数据库实施数据完整性。

数据完整性有以下 4 种类型。

1. 实体完整性

实体完整性是指将记录定义为特定表的唯一实体。实体完整性强制表的标识符列或主键的完整性，可以通过索引、UNIQUE 约束、PRIMARY KEY 约束或 IDENTITY 属性确定表中某一记录的值是唯一的。

2. 域完整性

域完整性是指给特定字段的输入设置有效性。强制域有效性的方法有：通过数据类型限制输入信息的数据类型，通过 CHECK 约束和规则实施格式约束，通过 CHECK 约束和规则指定输入信息的格式，或通过 FOREIGN KEY 约束、CHECK 约束、DEFAULT 定义、NOT NULL 定义和规则确定可能值的范围。

3. 引用完整性

在输入或删除记录时，引用完整性保持表之间已定义的关系。在删除主表记录时，相关的明细表记录也要自动删除。例如，将"物资入库临时表"中某个物资入库基本信息删除，则它对应的在"物资入库明细临时表"中的明细记录也要删除。

4. 用户自定义完整性

由于 SQL Server 提供的各种数据完整性的方法并不一定能够满足各行各业的数据库开发需求，所以 SQL Server 提供了用户自定义完整性。用户可以通过存储过程、触发器等对象实施具体的数据库完整性。

8.2 使用约束实施数据库的完整性

约束是一种定义 SQL Server 数据库完整性的方式。约束定义了列中允许值的规则，是强制执行数据库完整性的标准机制。使用约束优先于使用触发器、规则和默认值。查询优化器也使用约束定义生成高性能的查询执行计划。SQL Server 支持以下 5 类约束：

- ❧ NOT NULL 约束：非空约束。
- ❧ CHECK 约束：检查约束。
- ❧ UNIQUE 约束：唯一性约束。
- ❧ PRIMARY KEY 约束：主键约束。
- ❧ FOREIGN KEY 约束：外键约束。

8.2.1 非空约束

非空（NOT NULL）约束指特定字段不接受 NULL（空值）。

 NULL 不是零或空白，它表示没有输入任何内容，或提供了一个显式 NULL 值，通常表示该值未知或不适用。

1. 使用 SQL Server Management Studio 设置 NOT NULL 约束

使用 SQL Server Management Studio 设置非空约束很简单，具体操作步骤如下：

（1）选中要实施非空约束的表。

（2）右击该表，在弹出的快捷菜单中执行【设计】命令，打开表设计器，如图 8.1 所示。

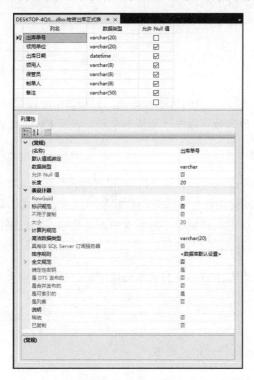

图 8.1　表设计器

（3）将要实施非空约束字段后面的【允许 Null 值】复选框取消选择。

2. 使用 Transact-SQL 设置 NOT NULL 约束

Transact-SQL 实现非空约束的方法如下：

```
IF EXISTS (SELECT * FROM dbo.sysobjects WHERE id = object_id(N'[dbo].[ 物资出库正式表]')
 AND OBJECTPROPERTY(id, N'IsUserTable') = 1)
DROP TABLE [dbo].[物资库存记录]
GO
CREATE TABLE [dbo].[物资出库正式表] (
    [出库单号] [varchar] (20)    NOT NULL ,
    [领用单位] [varchar] (20)    NOT NULL ,
    [出库日期] [datetime] NULL ,
    [领用人] [varchar] (8)     NOT NULL ,
    [保管员] [varchar] (8)     NULL ,
    [制单人] [varchar] (8)     NULL ,
    [备注] [varchar] (50)      NULL
) ON [PRIMARY]
GO
```

代码说明如下：

❯ NOT NULL 表示该字段不能为空。

❯ NULL 表示该字段可以为空。

8.2.2 检查约束

检查（CHECK）约束对输入字段的值进行检查，判断表中字段的值是否符合业务要求。例如，要求物资单价的值不能为负数，就可以在"单价"字段上设置 CHECK 约束。

1. CHECK 约束表达式

将 CHECK 约束附加到表或列时，必须包括 SQL 表达式。用户可以创建简单的约束表达式，满足简单条件下的数据检查；或使用布尔运算符创建复杂的约束表达式，满足多种条件下的数据检查。例如，假设"物资编码表"中的物资编码字段要求为 5 位数字，可以采用以下约束：

```
物资编码 LIKE '[0-9][0-9][0-9][0-9][0-9]'
```

在"物资入库明细临时表"中有一个名为单价的字段，该列要求大于 0 的值。下面的示例约束确保只允许正值。

```
单价 > 0
```

CHECK 约束表达式的具体语法格式如下：

```
{constant | column_name | function | (subquery)}
```

```
[{operator | AND | OR | NOT}
{constant | column_name | function | (subquery)}...]
```

语法说明见表 8.1。

表 8.1　语法说明

参　　数	描　　述
constant	字面值，如数字或字符数据。字符数据必须用单引号（'）括起来
column_name	指定列
function	内置函数
operator	算术运算符、位运算符、比较运算符或字符串运算符
AND	在布尔表达式中连接两个表达式。当两个表达式均为真时才返回结果。当一个语句中同时使用 AND 和 OR 时，先处理 AND，可以使用括号更改执行顺序
OR	在布尔表达式中连接两个及以上条件。只要条件中有一个为真就返回结果
NOT	对布尔表达式求反，该表达式可以包含关键字，如 LIKE、NULL、BETWEEN、IN 和 EXISTS。当在一个语句中使用多个逻辑运算符时，先处理 NOT。可以使用括号更改执行顺序

2．使用 SQL Server Management Studio 设置 CHECK 约束

在 SQL Server Management Studio 中设置 CHECK 约束比较简单。下面在"物资信息表"上对"物资编码"实施 CHECK 约束操作。

（1）选中要实施 CHECK 约束的表"物资信息表"，右击，在弹出的菜单中执行【设计】命令，打开表设计器，如图 8.2 所示。

（2）右击网格部分，在弹出的菜单中单击【CHECK 约束】，弹出【检查约束】对话框，如图 8.3 所示。

图 8.2　表设计器　　　　　　　　　　图 8.3　【检查约束】对话框

（3）单击【添加】按钮，显示默认的约束信息，如图 8.4 所示。

（4）选中【（常规）】下的【表达式】选项，然后单击表格后的【...】按钮，弹出【CHECK 约束表达式】对话框，并输入以下表达式，如图 8.5 所示。单击【确定】按钮，关闭该对话框。

```
[物资编码] >= 0 and [物资编码] <= 99999
```

图 8.4　默认的约束信息　　　　　　　　　图 8.5　添加表达式

（5）在【检查约束】对话框的【标识】选项下的【（名称）】表格处可以编辑约束名。【表设计器】中的 3 个选项的含义如下：

- 强制用于 INSERT 和 UPDATE：在将数据插入表中或更新表中的数据时，强制进行约束检查。
- 强制用于复制：在将表复制到另一个数据库时，强制进行约束检查。
- 在创建或重新启用时检查现有数据：对在创建约束前存在的数据测试约束。

（6）单击【关闭】按钮，完成 CHECK 约束的设置。

这时输入 100000 这个不符合规则的数据，会出现如图 8.6 所示的对话框。

图 8.6　违反 CHECK 约束

　　　如果要删除 CHECK 约束，则可以在选中约束后，单击【删除】按钮。

3. 使用 Transact-SQL 设置 CHECK 约束

也可以使用 Transact-SQL 设置 CHECK 约束。其具体操作步骤如下：

```
ALTER TABLE [dbo].[物资信息表] WITH NOCHECK ADD
    CONSTRAINT [CK_物资信息表] CHECK ([物资编码] >= 0 AND [物资编码] <= 99999)
```

GO

代码说明如下：

- CONSTRAINT [CK_物资信息表]表示 CHECK 约束的名称是 "CK_物资信息表"。
- CHECK ([物资编码] >= 0 AND [物资编码] <= 99999)表示约束规则是 " [物资编码] >= 0 AND [物资编码] <= 99999"。

4．使用约束的注意事项

使用约束要注意以下两点：

- 当向一个已经存在的表中添加 CHECK 约束时，CHECK 约束既可以只应用于新的数据，也可以应用于原本已经存在的数据。在默认情况下，CHECK 约束同时应用于新的数据和已经存在的数据。
- 在某些情况下，可以使已经存在的约束无效，如执行 INSERT 和 UPDATE 语句时与复制的过程中。

这些都可以在创建约束时选择。

8.2.3 唯一约束

唯一（UNIQUE）约束在字段内强制实现值的唯一性。创建唯一约束可以确保不作为主键的特定列的值不重复。尽管唯一约束和主键都强制唯一，但在下列情况下，应该为表附加唯一约束以取代主键约束。

- 对于 UNIQUE 约束中的列，表中不允许有两行包含相同的非空值。主键也强制执行唯一性，但主键不允许有空值。UNIQUE 约束优先于唯一索引。
- PRIMARY KEY 约束标识列或列集，这些列或列集的值唯一标识表中的行。
- 在一个表中，不能有两行包含相同的主键值。不能在主键内的任何列中输入 NULL 值。在数据库中 NULL 是特殊值，代表不同于空白和 0 的未知值。建议使用一个小的整数列作为主键。每个表都应有一个主键。

1．使用 SQL Server Management Studio 创建 UNIQUE 约束

下面使用 SQL Server Management Studio 为 "物资入库明细临时表" 创建一个 UNIQUE 约束。

（1）选中要实施 UNIQUE 约束的 "物资入库明细临时表"，右击，在弹出的快捷菜单中执行【设计】命令，打开表设计器，如图 8.7 所示。

（2）右击网格部分，在弹出的快捷菜单中执行【索引/键】命令，打开【索引/键】对话框，如图 8.8 所示。

（3）单击【添加】按钮，新建一个索引，并在【标识】下的【（名称）】表格中为索引命名。在【（常规）】下的【列】表格中，选择要创建的 UNIQUE 约束的字段。

（4）单击【关闭】按钮，完成操作。

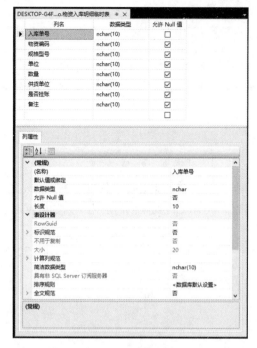

图 8.7　表设计器

图 8.8　【索引/键】对话框

2. 使用 Transact-SQL 创建 UNIQUE 约束

以上使用 SQL Server Management Studio 创建的 UNIQUE 约束，也可以使用以下代码创建：

```
ALTER TABLE [dbo].[物资入库明细临时表] WITH NOCHECK ADD
    CONSTRAINT [IX_物资入库明细临时表] UNIQUE  NONCLUSTERED
    (
        [物资编码]
    ) ON [PRIMARY]
GO
```

代码说明如下：

UNIQUE 表示创建 UNIQUE 约束。

扫一扫，看视频

8.2.4　主键约束

主键（PRIMARY KEY）是指表中一个列或列的组合，其值能唯一地标识表中的每行。这样的一列或多列称为表的主键，通过它可以强制表的实体完整性。当创建或更改表时，可以通过定义主键约束创建主键。一个表只能有一个主键约束，而且主键约束中的字段列不能接收空值。由于主键约束确保数据的唯一性，所以经常用来定义标识列。

当为表指定主键约束时，SQL Server 通过为主键列创建唯一索引强制使数据唯一。当在查询中使用主键时，该索引还可以用来对数据进行快速访问。

 主键可以是一个或多个字段的组合，但是一个表只有一个主键。

当在一个表中设置主键时，SQL Server 会自动对设置的主键字段进行以下检查，判断其是否具备主键资格：

- ➷ 是否存在空值（NULL）。
- ➷ 是否存在重复值。

下面讲解如何创建主键约束。

1. 使用 SQL Server Management Studio 创建 PRIMARY KEY 约束

使用 SQL Server Management Studio 对"物资库存记录"设置以"物资编码"为主键的主键约束。其具体操作步骤如下：

（1）右击"物资库存记录"，在弹出的快捷菜单中执行【设计】命令，打开表设计器。

（2）右击要设置主键的字段，在弹出的快捷菜单中执行【设置主键】命令，如图 8.9 所示。

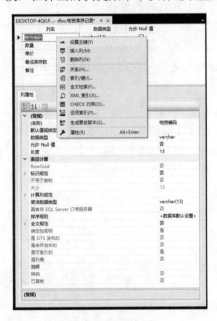

图 8.9　设置主键

2. 使用 Transact-SQL 创建 PRIMARY KEY 约束

使用 Transact-SQL 对"物资库存记录"设置以"物资编码"为主键的主键约束，可以使用以下代码：

```
ALTER TABLE [dbo].[物资库存记录] WITH NOCHECK ADD
    CONSTRAINT [PK_物资库存记录] PRIMARY KEY  CLUSTERED
```

```
        (
            [物资编码]
        ) ON [PRIMARY]
GO
```

代码说明如下：

➥ CONSTRAINT　[PK_物资库存记录] PRIMARY KEY 表示创建一个名为"PK_物资库存记录"
的主键。

➥ [物资编码]表示主键字段为物资编码。

 主键和唯一键约束只能删除不能修改。

扫一扫，看视频

8.2.5　外键约束

外键（FOREIGN KEY）用于建立和加强两个表数据之间的连接。通过将表中主键的一列或多列添加到另一个表中，可以创建两个表之间的连接，这个列就称为第 2 个表的外键。例如，"物资入库临时表"和"物资入库明细临时表"之间的关系，"入库单号"是"物资入库临时表"的主键，它唯一标识了"物资入库临时表"的数据。在"物资入库明细临时表"中也有"入库单号"，这个入库单号就是"物资入库明细临时表"的外键。这样就可以保证从表中的每项记录在主表中都有对应的记录。

外键的使用可以参照 7.6 节。用户也可以采用关系图创建外键，具体操作步骤如下：

（1）展开 WZGL 数据库，右击【数据库关系图】，在弹出的快捷菜单中执行【新建数据库关系图】命令，弹出【添加表】对话框，如图 8.10 所示。

（2）选中"物资入库临时表"和"物资入库历史表"，然后单击【添加】按钮，两个表会被添加到表设计器中，如图 8.11 所示。

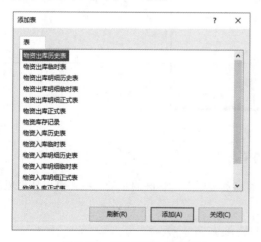

图 8.10　【添加表】对话框

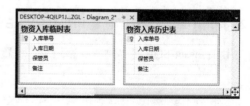

图 8.11　添加的表

（3）将"物资入库临时表"的"入库单号"拖到"物资入库历史表"的"入库单号"上。这时，就会出现【表和列】对话框，如图 8.12 所示。

（4）单击【确定】按钮，关闭【表和列】对话框，关系创建成功。在【外键关系】对话框中，展开【INSERT 和 UPDATE 规范】节点，在【删除规则】选项中选择【级联】，如图 8.13 所示。然后单击【确定】按钮，关闭【外键关系】对话框。

图 8.12　创建关系

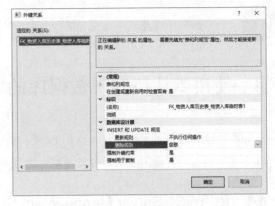

图 8.13　设置删除规则

　　将【删除规则】选项设置为【级联】，目的是当删除"物资入库临时表"的某项记录时，将"物资入库历史表"中与这一项相关的记录删除，以保证数据的完整性。

8.3　使用规则实现数据库的完整性

扫一扫，看视频

　　规则是一个向后兼容的功能，用于执行一些与 CHECK 约束相同的功能。CHECK 约束是用来限制列值的首选标准方法。CHECK 约束比规则更简明。一个列只能应用一个规则，但可以应用多个 CHECK 约束。CHECK 约束作为 CREATE TABLE 语句的一部分进行指定，而规则以单独的对象创建，然后将其绑定到列上。

　　在规则中，用户不能直接引用数据中的字段，而是在条件表达式中包含一个局部变量。该变量必须以@开头。描述规则的条件表达式可以包含算术运算符、关系运算符，以及诸如 IN、LIKE 等关键字，只要是在 WHERE 子句中合法的语句都可以用在规则中。

　　使用 Transact-SQL 创建并应用"物资编码"规则。其代码如下：

```
USE WZGL
GO
CREATE rule [编码规则] AS
@range>= 0 AND @range<= 99999
GO
EXEC sp_bindrule N'[dbo].[编码规则]', N'[物资信息表].[物资编码]'
GO
```

代码说明如下：

- ➥ CREATE rule [编码规则] AS 表示创建名为"编码规则"的规则。
- ➥ @range>= 0 AND @range<= 99999 表示规则的范围为[0,99999]。
- ➥ EXEC sp_bindrule N'[dbo].[编码规则]', N'[物资信息表].[物资编码]'表示执行 sp_bindrule 存储过程，将规则应用到[物资信息表].[物资编码]。

如果不需要这个规则，则可以通过使用 sp_unbindrule 存储过程将这个规则的绑定去除。

扫一扫，看视频

8.4 使用默认值实现数据库的完整性

如果在插入行时没有指定某个字段的值，那么 SQL Server 使用默认值作为该字段的值。默认值可以是任何取值为常量的对象，如常量值、内置函数和数学表达式。

8.4.1 使用 SQL Server Management Studio 指定列的默认值

使用 SQL Server Management Studio 指定"物资入库明细临时表"中"是否挂账"字段的默认值，其具体操作步骤如下：

（1）在 SQL Server Management Studio 中展开数据库，右击对应的表，在弹出的快捷菜单中单击【设计】按钮，打开表设计器，如图 8.14 所示。

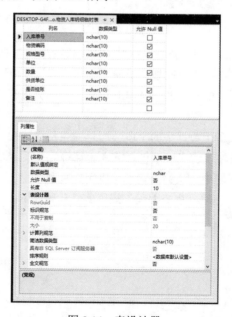

图 8.14 表设计器

（2）在表设计器下面的【列属性】选项卡中，找到【默认值或绑定】表格，在表格中添加内容"'挂账'"，如图 8.15 所示。

（3）关闭表设计器，弹出确认更改的对话框，如图 8.16 所示。单击【是】按钮，保存更改。

图 8.15　添加默认值

图 8.16　确认更改

8.4.2　使用 Transact-SQL 创建并应用默认值

使用 Transact-SQL 创建并应用"挂账"默认值，其代码如下：

```
USE WZGL
GO
ALTER TABLE dbo.[物资入库明细临时表]
  ADD CONSTRAINT [挂账]
  DEFAULT '挂账' FOR [是否挂账];
GO
```

代码说明如下：

- ALTER TABLE dbo.[物资入库明细临时表]表示要添加默认值的表。
- ADD CONSTRAINT [挂账]表示添加的约束名称。
- DEFAULT '挂账' FOR [是否挂账]表示执行将默认值"挂账"设置为列"是否挂账"的默认值。

8.5　使用标识字段实现数据库的完整性

如果表没有一个明显的主键字段，可以设置标识（IDENTITY）字段，来确保表中不会出现重复记录。标识字段列可用 IDENTITY 属性建立。这样，用户可以对表中插入的第 1 行指定标识数字，并确定要添加的增量以决定后面的标识数字。在向具有标识字段列的表中插入值时，SQL Server 通过递增种子值的方法自动生成下一个标识值。

在用 IDENTITY 属性定义标识字段列时应注意以下几点：

- 一个表只能有一列定义为 IDENTITY 属性，而且该列的数据类型必须为 decimal、int、numeric、smallint、bigint 或 tinyint。

➡ 如果使用 tinyint 作为标识字段列的数据类型，当记录数达到 255 时，则不能再向表中插入数据。这时，即使将表清空，也不能从头创建已经使用过的标识字段列的值。

➡ 可指定种子和增量值，二者的默认值均为 1。

➡ 标识字段列不允许有空值，也不能包含默认值定义或对象。

➡ 在设置 IDENTITY 属性后，可以使用 IDENTITYCOL 关键字在选择表中引用该列。

8.5.1 使用 SQL Server Management Studio 创建标识字段列

下面在"物资入库明细临时表"中创建标识字段列，具体操作步骤如下：

（1）在表设计器中打开"物资入库明细临时表"，如图 8.17 所示。

（2）右击网格部分，在弹出的快捷菜单中执行【插入列】命令。设置字段名称为 ID；选择字段的数据类型为 int；在【列属性】选项卡的【标识规范】选项下的【（是标识）】下拉列表框中选择【是】，设置标识种子和标识增量都为 1，如图 8.18 所示。

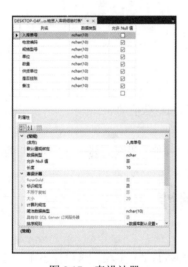

图 8.17 表设计器

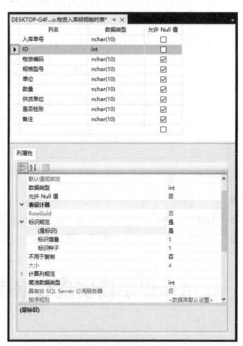

图 8.18 设计完毕

（3）保存表，设计完成。

8.5.2 使用 Transact-SQL 创建标识字段列

8.5.1 小节的操作过程还可以使用 Transact-SQL 实现。其对应的语法格式如下：

```
CREATE TABLE [dbo].[物资入库明细临时表] (
    [入库单号] [varchar] (20)   NOT NULL ,
    [ID] [int] IDENTITY (1, 1) NOT NULL ,
    [物资编码] [int] NOT NULL ,
    [物资名称] [varchar] (20)   NOT NULL ,
    [规格型号] [varchar] (20)   NULL ,
    [单位] [varchar] (4)   NULL ,
    [数量] [numeric](18, 0) NULL ,
    [供货单位] [varchar] (20)   NULL ,
    [是否挂账] [char] (10)   NULL ,
    [备注] [varchar] (50)   NULL
) ON [PRIMARY]
GO
```

代码说明如下：

[ID] [int] IDENTITY (1, 1) NOT NULL 表示设置标识字段为 ID，标识种子和标识增量都为 1。

扫一扫，看视频

8.6 小结

本章主要介绍了与 SQL Server 数据库完整性相关的基本知识，内容包括约束、规则、默认值、标识字段的特点、创建方法以及使用时机。通过本章的学习，读者应该对数据库完整性有一个清楚的认知，能根据实际情况设计并有效地维护数据库完整性，引导数据库用户输入正确的数据，限制用户输入不符合业务逻辑的数据。

8.7 习题

一、填空题

1．数据完整性有 4 种类型，包括_____、_____、_____和_____。

2．实体完整性会强制表的_____或_____的完整性。

3．定义 SQL Server 自动强制数据库完整性的方式是_____。

4．约束定义了列中允许值的规则，是_____的标准机制。

5．填写下列约束的含义。

NOT NULL 约束：_____。

UNIQUE 约束：_____。

PRIMARY KEY 约束：_____。

FOREIGN KEY 约束：_____。

CHECK 约束：_____。

6. 如果表没有一个明显的主键字段，可以设置_____字段，以确保表中不会出现重复记录。

二、简答题

在用 IDENTITY 属性定义标识符列时应注意什么？

三、代码练习题

1. 使用代码实现表"成绩单"的主键为"姓名"列。
2. 使用代码实现表"缴费单"的"是否缴费"列的默认值为"是"。

第 **9** 章

Transact-SQL 入门

　　SQL 是数据库的一种通用语言。从字面上讲，SQL 是结构化查询语言（Structured Query Language）的缩写。除了能实现强大的查询功能，还可以使用 SQL 创建数据库对象/数据结构、修改数据、添加数据库的约束等。从细节上讲，SQL 能实现数据类型、变量常量、用户自定义过程、控制语句的定义模板的设计以及系统与用户之间的信息交互等功能。所以，SQL 也是一种针对数据库系统的编程语言。

　　多数现代数据库管理系统（如 SQL Server、Oracle、MySQL/MariaDB）都使用"某种"SQL 作为其数据库查询语言。此处使用"某种"是因为它们都对 SQL 进行了修改，以使其更好地满足自己的数据库需求。Transact-SQL 正是其中之一，它是一种由 Microsoft 修改使用的 SQL，简称 Transact-SQL。它不仅支持 SQL 标准，也包含 Microsoft 对 SQL 进行的一系列扩展。

　　本章我们会从 Transact-SQL 最基本的语言要素——常量、变量入手，先为读者构造一个最基本的 Transact-SQL 模型，然后带领大家一步步迈进 Transact-SQL 的殿堂，最终彻底掌握 Transact-SQL。

扫一扫，看视频

9.1 Transact-SQL 概述

Transact-SQL 与 VB、VC、Java 等编程语言不同，它主要为大量数据提供必要的结构化处理能力。因此，Transact-SQL 侧重于对数据的操纵以及对数据库的管理。

要想深入掌握 SQL Server，必须首先掌握 Transact-SQL。使用 Transact-SQL 可以完成所有的数据库管理工作。对于 SQL Server，用户的所有操作最终都会转化为 Transact-SQL 命令。也可以说，Transact-SQL 是 SQL Server 认可的唯一一种语言，任何发送给 SQL Server 的指令都必须是合法的 Transact-SQL。

Transact-SQL 主要包括以下几部分：

- 数据定义语言（Data Definiton Language，DDL），用于创建数据表（关系）、删除数据表、修改数据表、建立索引和约束，以及创建其他数据库对象等。
- 数据操纵语言（Data Manipulation Language，DML），用于查询、添加、删除、修改数据等。
- 数据控制语言（Data Control Language，DCL），用于控制安全性等。

Transact-SQL 语句的主要语法元素如下：

- 关键字。
- 标识符。
- 数据类型。
- 运算符。
- 表达式。
- 函数。
- 注释。

综合以上语法元素的代码如下：

```
USE  pubs   --指定 pubs 数据库为 Transact-SQL 语句的执行数据库
GO


SELECT  emp_id , fname + ' ' + lname AS name , hire_date
FROM    employee
WHERE  year(hire_date) > 1992   --查询雇用日期在 1992 年以后的数据
GO
```

代码说明如下：

- 在 SQL Server 中，使用 "--" 表示这是一条注释，在执行 Transact-SQL 语句时会略过注释语句。
- 上述代码中的 "+" 和 ">" 是运算符。
- fname + '' + lname 和 year(hire_date) > 1992 是表达式。

➥ USE、SELECT、GO、WHERE 等是关键字。

➥ pubs、emp_id 等是标识符。

9.2 常量与变量

有关查询分析功能与数据类型等基本知识请参考第 3 章的内容，下面从常量与变量开始学习 Transact-SQL。

9.2.1 常量

常量是表示特定数据值的符号，它的格式取决于它所表示的值的数据类型。常量和变量的主要区别是常量的值不能改变。例如，可以将 integer 型变量 i 的值定义为 1，也可以再定义为 2；但是，对于 integer 型常量 2，不可能再让它等于 1。常见的常量类型有以下几种：

➥ 字符串常量，通常是括在单引号内的一组包含字母、数字、字符（a～z、A～Z 和 0～9）以及特殊字符的字符串，如 han1 和 my name is SQL Server 2019 等。

➥ 二进制常量，具有 0x 前缀并且是十六进制数字的字符串。它不使用引号，如 0x3D。

➥ bit 常量，使用数字 0 或 1 表示，不使用引号。如果使用一个大于 1 的数字，它将被转换为 1。

➥ integer 常量，由没有用引号括起来的整数表示。integer 常量必须是整数，不能包含小数点。例如，12 是一个 integer 常量。

➥ datetime 常量，使用特定格式的字符日期值表示，并被单引号括起来，如'2006-05-08'。

➥ decimal 常量，由没有用引号括起来且包含小数点的一串数字表示，如 3.14159。

➥ float 和 real 常量，使用科学计数法表示，如 3.14E5。

➥ money 常量，表示以可选小数点和可选货币符号作为前缀的一串数字。这些常量不使用引号，如$3.14。

在 Transact-SQL 中，使用常量非常简单。例如：

```
SELECT  job_id , job_desc
FROM jobs
WHERE job_id=12
```

代码说明如下：

12 就是一个 integer 常量。此外，常量可用于给变量赋值、替换数据表的字段值等。

9.2.2 变量

变量用来在内存中临时存储数据，所以变量的存在时间是有限制的，我们将变量的存在时间称为其作用域。

在 SQL Server 中使用变量非常简单。在 Transact-SQL 语句中，任何可以使用表达式的地方都可以使用变量。

1. 声明变量

变量用 DECLARE 语句声明，语法格式如下：

```
DECLARE
{
{ @local_variable  data_type }
 ...
} [ ,...n]
```

代码说明如下：

- @local_variable 表示变量的名称。必须以@开头。变量名必须符合 SQL Server 标识符的命名规则。
- data_type 表示数据类型，既可以是 SQL Server 提供的数据类型，也可以是用户自定义的数据类型，不能是 text、ntext 或 image 数据类型。
- 如果要在一个 DECLARE 语句中声明多个变量，需要使用逗号将它们分隔。

具体应用如实例 9.1 所示。

实例 9.1 使用 DECLARE 语句声明两个变量。

```
USE pubs
GO

DECLARE  @myint  int,
        @mychar  char(8);
GO
```

代码说明如下：

实例中声明了一个 int 型变量@myint 和一个 8 位 char 型变量@mychar。

2. 为变量赋值

为变量赋值可以使用 SET 语句或 SELECT 语句，下面分别说明。

（1）使用 SET 语句为变量赋值，语法格式如下：

```
SET { @local_variable = expression }
```

代码说明如下：

expression 可以是任何有效的 SQL Server 表达式。

　　使用一条 DECLARE 语句可以声明多个变量，但是一条 SET 语句每次只能给一个变量赋值。

具体应用如实例 9.2 所示。

实例 9.2 声明变量并用 SET 语句赋值，并且在结果集中显示变量的值。

```
USE pubs
GO
DECLARE  @myint int,
         @mychar char(8);

SET  @myint=12
SET  @mychar='han'

SELECT @myint AS myint , @mychar AS mychar
GO
```

代码说明如下：

➥ DECLARE @myint int 表示声明变量。

➥ SET @myint=12 表示为变量赋值。

实例 9.2 在查询分析器中的执行结果如图 9.1 所示。

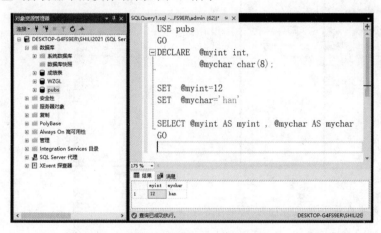

图 9.1 实例 9.2 执行结果

（2）使用 SELECT 语句为变量赋值，语法格式如下：

```
SELECT { @local_variable = expression } [ ,...n ]
```

代码说明如下：

➥ expression 可以是任何有效的 SQL Server 表达式。

➥ 可以使用一条 SELECT 语句给多个变量赋值。

具体应用如实例 9.3 和实例 9.4 所示。

实例 9.3 使用 SELECT 语句给变量赋值。

```
USE pubs
GO
```

```
DECLARE  @myint int,
         @mychar char(8);

SELECT    @myint=12,
          @mychar='han'

SELECT  @myint AS myint , @mychar AS mychar
GO
```

代码说明如下：

实例 9.3 中第 1 个 SELECT 语句用来给变量赋值，第 2 个 SELECT 语句用来查询变量的值，并显示在结果窗格中。

实例 9.3 在查询分析器中的执行结果也可以用表格显示，如图 9.2 所示。

图 9.2　实例 9.3 执行结果

实例 9.4　声明变量并用 SELECT 语句赋值。

要求值从数据表中读取，并且在结果集中显示变量的值，代码如下：

```
USE  pubs
Go

DECLARE  @myID  int,
         @myDESC varchar(50);

SELECT    @myID=job_id,
          @myDESC=job_desc
FROM  jobs
WHERE  job_id=10

SELECT  @myID AS myID , @myDESC AS myDESC

GO
```

实例 9.4 在查询分析器中的执行结果如图 9.3 所示。

图 9.3　实例 9.4 执行结果

SELECT 语句的赋值功能和查询功能可以在一个 Transact-SQL 脚本文件中混合使用，但是不能在一个 SELECT 语句中混合使用，如实例 9.5 所示。

实例 9.5　使用 SELECT 语句赋值的错误用法。

```
USE  pubs
GO

DECLARE  @myID  int,

SELECT    @myID=job_id,
        job_desc
FROM  jobs
WHERE  job_id=10

GO
```

代码说明如下：

在本例中使用 SELECT 语句既为@myID 赋了值，也查询了 job_desc 的结果集。

在执行语句时会返回以下错误信息：

```
消息 156，级别 15，状态 1，第 6 行
关键字 'SELECT' 附近有语法错误。
消息 137，级别 15，状态 1，第 6 行
必须声明标量变量 "@myID"。
```

下面通过实例 9.6 看一下变量的默认值和作用域。

实例 9.6 声明两个变量，查看其作用域。

```
USE pubs
GO

DECLARE  @myint int,
        @mychar char(8);
SELECT  @myint AS myint , @mychar AS mychar  --赋值前查看其默认值

SELECT   @myint=12,
        @mychar='han'

SELECT  @myint AS myint , @mychar AS mychar   --赋值后查看其值
GO

SELECT  @myint AS myint , @mychar AS mychar   --在作用域外查看其值
GO
```

执行结果如下：

```
myint       mychar
----------- --------
NULL        NULL

(所影响的行数为 1 行)


myint       mychar
----------- --------
12          han

(所影响的行数为 1 行)

消息 137，级别 15，状态 2，第 14 行
必须声明标量变量 "@myint"。
```

 实例 9.6 中的 Transact-SQL 语句由两个批处理组成，它们用 GO 隔开。变量的作用域是批处理命令内部，所以第 2 个批处理命令已经超出了变量的作用域。

对于新声明的变量，SQL Server 默认将其赋为空值 NULL，所以在使用变量前应该为它们赋初值。一旦离开了变量的作用域，变量也就不存在了，所以在使用变量时，会出现必须重新声明变量的提示消息。

3. 全局变量

全局变量是由系统提供且预先声明的变量。这些变量都是只读的。它们主要提供当前连接或与系统相关的信息。全局变量通过在名称前加@@符号以区别于局部变量。SQL Server 提供了 33 个全局变量，见表 9.1。

表 9.1 全局变量

全 局 变 量	返回类型	变 量 值	作用域
@@CONNECTIONS	integer	自上次启动 SQL Server 以来连接或试图连接的次数	服务器
@@CPU_BUSY	integer	自上次启动 SQL Server 以来 CPU 的工作时间，单位为毫秒（基于系统计时器的分辨率）	服务器
@@CURSOR_ROWS	integer	最后打开的游标中当前存在的合格行的数量	连接
@@DATEFIRST	tinyint	返回系统将周几设为每周的第 1 天。其中，1 对应星期一，2 对应星期二，以此类推	连接
@@DBTS	varbinary	当前数据库最后使用的时间戳值	数据库
@@ERROR	integer	最后执行的 Transact-SQL 语句的错误代码	连接
@@FETCH_STATUS	integer	最近一次被 FETCH 语句执行的最后游标的状态，而不是任何当前被连接打开的游标的状态	连接
@@IDENTITY	numeric	当前连接最后插入的标识值	连接
@@IDLE	integer	SQL Server 自上次启动后闲置的时间，单位为毫秒	服务器
@@IO_BUSY	integer	SQL Server 自上次启动后用于执行输入和输出操作的时间，单位为毫秒	服务器
@@LANGID	smallint	当前使用语言的本地语言标识符 ID	连接
@@LANGUAGE	nvarchar	当前使用的语言名	连接
@@LOCK_TIMEOUT	integer	为当前连接设置的锁定超时时间，单位为毫秒	连接
@@MAX_CONNECTIONS	integer	SQL Server 上允许的同时用户连接的最大数	服务器
@@MAX_PRECISION	tinyint	decimal 和 numeric 数据类型所用的最大精度值	服务器
@@NESTLEVEL	integer	当前存储过程执行的嵌套层次（初始值为 0）	连接
@@OPTIONS	integer	所有当前连接选项的信息	连接
@@PACK_RECEIVED	integer	SQL Server 自上次启动后从网络上读取的输入数据包数目	服务器
@@PACK_SENT	integer	SQL Server 自上次启动后写到网络上的输出数据包数目	服务器
@@PACKET_ERRORS	integer	SQL Server 自上次启动后，在连接上发生的网络数据包错误数	服务器
@@PROCID	integer	当前过程的存储过程标识符 ID	连接
@@REMSERVER	nvarchar(256)	所使用的远程 SQL Server 数据库服务器的名称	连接
@@ROWCOUNT	integer	最近一次执行 Transact-SQL 语句取得的行数	连接
@@SERVERNAME	nvarchar	本地服务器名称	服务器
@@SERVICENAME	nvarchar	SQL Server 的 Windows 服务名	服务器
@@SPID	smallint	当前用户进程的服务器进程标识符 ID	连接
@@TEXTSIZE	integer	当前 BLOB（text、image）数据的最大值	连接
@@TIMETICKS	integer	一刻度的微秒数	连接
@@TOTAL_ERRORS	integer	SQL Server 自上次启动后遇到的磁盘读/写错误数	服务器
@@TOTAL_READ	integer	SQL Server 自上次启动后读取磁盘的次数	服务器
@@TOTAL_WRITE	integer	SQL Server 自上次启动后写入磁盘的次数	服务器
@@TRANCOUNT	integer	当前连接的活动事务数	连接
@@VERSION	nvarchar	SQL Server 的产品信息	服务器

9.3　基本运算

扫一扫，看视频

9.3.1　算术运算

算术运算一般用于数字计算。SQL Server 包含的算术运算符主要有以下几种：

- +表示加运算。
- −表示减运算。
- *表示乘运算。
- /表示除运算。
- %表示取模运算。

当用作算术运算符时，+、−、*、/、%都是双目运算符，即都有两个操作数；+、−表示数值的正负时，为单目运算符，如实例 9.7 所示。

实例 9.7　运算符的使用。

```
DECLARE  @myint1  int,
         @myint2  int

SELECT    @myint1=12,
          @myint2=@myint1+4

SELECT  @myint1 AS myint1 , @myint2 AS myint2
```

代码说明如下：

脚本执行完毕后@myint2 的值为 16。

执行结果如下：

```
==========================================================================
myint1      myint2
----------- -----------
12          16
（所影响的行数为 1 行）
==========================================================================
```

扫一扫，看视频

9.3.2　逻辑运算

逻辑运算主要用于判断条件的真假。SQL Server 包含的逻辑运算符主要有以下几种：

- AND 表示当且仅当两个布尔表达式的值都为 true 时，返回 true；如果其中一个为 false，则返回 false。
- OR 表示当且仅当两个布尔表达式的值都为 false 时，返回 false；如果至少一个为 true，则返回 true。

❯ NOT 表示对布尔表达式的值取反。

❯ ALL 表示如果一系列的布尔表达式都为 true，则返回 true。

❯ ANY 表示如果一系列的布尔表达式中只要有一个为 true，则返回 true。

❯ LIKE 表示如果操作数与一种模式相匹配，则返回 true。

❯ IN 表示如果操作数等于表达式列表中的一个，则返回 true。

具体应用如实例 9.8 和实例 9.9 所示。

实例 9.8 逻辑运算的应用 1。

在 pubs 数据库的 jobs 表中查询 job_id 为 5 和 6 的记录，执行下列语句。

```
USE  pubs
GO


SELECT * FROM jobs
WHERE job_id=5  OR job_id=6


GO
```

执行结果如下：

```
====================================================================
job_id    job_desc                      min_lvl  max_lvl
--------                ------------------------------------------------------
------------ -------------
5         Publisher                     150      250
6         Managing Editor               140      225
（所影响的行数为 2 行）
====================================================================
```

实例 9.9 逻辑运算的应用 2。

从 pubs 数据库的 employee 表中查询雇用日期为 1991-01-01 到 1992-01-01 的雇员的 id 号、姓名以及雇用日期数据，执行下列语句。

```
USE  pubs
GO


SELECT  emp_id , fname+'  '+ lname AS name , hire_date
FROM  employee
WHERE hire_date BETWEEN'1991-01-01' AND '1992-01-01'


GO
```

实例 9.9 中 "+" 为字符串连接符，用于连接字符串，详细情况参见 9.3.3 小节。

实例 9.9 在查询分析器中的执行结果如图 9.4 所示。

图 9.4　实例 9.9 执行结果

扫一扫，看视频

9.3.3　字符串处理

常见的字符串处理包括使用 "+" 连接字符串，以及使用系统提供的字符串函数操作字符串。

1. 字符串连接符（+）

字符串连接符（+）用于连接两个或两个以上的字符串。具体应用如实例 9.10 所示。

实例 9.10　字符串的连接。

```
USE pubs
GO

SELECT 'abc'+'def'+'ghi'
GO
```

代码说明如下：

SELECT 'abc'+'def'+'ghi'表示将 abc、def 和 ghi 连接起来。

执行结果如下：

```
---------------
abcdefghi

(所影响的行数为 1 行)
```

2. 字符串处理函数

表 9.2 列出了一些常用的字符串处理函数。

表 9.2 常用的字符串处理函数

函 数 描 述	含 义
ASCII(character_expression)	返回字符表达式最左端字符的 ASCII 值
CHAR(integer_expression)	将 ASCII 值转换为对应的字符
LEFT(character_expression , integer_expression)	返回从字符串左边开始指定个数的字符
LEN(string_expression)	返回给定字符串表达式的字符（而不是字节）个数，其中不包含尾随空格
RIGHT(character_expression, integer_expression)	返回字符串中从右边开始指定个数的字符
LOWER(character_expression)	将大写字符转换为小写字符
UPPER(character_expression)	将小写字符转换为大写字符
LTRIM(character_expression)	删除起始空格后返回字符表达式
RTRIM(character_expression)	截断所有尾随空格后返回一个字符串
REPLACE ('string_expression1', 'string_expression2', 'string_expression3')	在第 1 个字符串表达式中，使用第 3 个字符串表达式替换出现的所有的第 2 个字符串表达式
SPACE (integer_expression)	返回由重复的空格组成的字符串
STR (float_expression [, length [, decimal]])	由数字数据转换来的字符数据
STUFF (character_expression , start , length , character_expression)	删除指定长度的字符并在指定的起始点插入另一组字符
SUBSTRING (expression , start , length)	返回字符、binary、text 或 image 表达式的一部分

 由于篇幅限制，字符串处理函数的详细用法请参阅 SQL Server 2019 联机帮助丛书。

9.3.4 比较运算

扫一扫，看视频

比较运算主要用于比较两个表达式的大小。Transact-SQL 支持的比较运算符主要有以下几种：

- ↳ = ：等于。
- ↳ > ：大于。
- ↳ < ：小于。
- ↳ ! = ：不等于。
- ↳ >= ：大于或等于。
- ↳ <= ：小于或等于。
- ↳ <> ：不等于。

比较表达式返回值的类型为布尔数据类型。例如，实例 9.11 从 pubs 数据库的 employee 表中查询雇用日期在 1991-01-01 之后的雇员的 id 号、姓名以及雇用日期数据。

实例 9.11 比较运算的应用。

```
USE  pubs
GO


SELECT  emp_id , fname+ '  '+ lname AS name , hire_date
FROM  employee
WHERE hire_date > '1991-01-01'
GO
```

代码说明如下：

WHERE hire_date > '1991-01-01'表示 1991 年 1 月 1 日以后。

执行结果如下：

```
emp_id           name                        hire_date
-----------      --------------------        ----------------------
PMA42628M        Paolo  Accorti               1992-08-27 00:00:00.000
L-B31947F        Lesley  Brown                1991-02-13 00:00:00.000
A-C71970F        Aria  Cruz                   1991-10-26 00:00:00.000
AMD15433F        Ann  Devon                   1991-07-16 00:00:00.000
ARD36773F        Anabela  Domingues           1993-01-27 00:00:00.000
PHF38899M        Peter  Franken               1992-05-17 00:00:00.000
PXH22250M        Paul  Henriot                1993-08-19 00:00:00.000
PDI47470M        Palle  Ibsen                 1993-05-09 00:00:00.000
KJJ92907F        Karla  Jablonski             1994-03-11 00:00:00.000
KFJ64308F        Karin  Josephs               1992-10-17 00:00:00.000
MGK44605M        Matti  Karttunen             1994-05-01 00:00:00.000
POK93028M        Pirkko  Koskitalo            1993-11-29 00:00:00.000
JYL26161F        Janine  Labrune              1991-05-26 00:00:00.000
M-L67958F        Maria  Larsson               1992-03-27 00:00:00.000
R-M53550M        Roland  Mendel               1991-09-05 00:00:00.000
RBM23061F        Rita  Muller                 1993-10-09 00:00:00.000
HAN90777M        Helvetius  Nagy              1993-03-19 00:00:00.000
SKO22412M        Sven  Ottlieb                1991-04-05 00:00:00.000
MAP77183M        Miguel  Paolino              1992-12-07 00:00:00.000
PSP68661F        Paula  Parente               1994-01-19 00:00:00.000
M-R38834F        Martine  Rance               1992-02-05 00:00:00.000
DWR65030M        Diego  Roel                  1991-12-16 00:00:00.000
MMS49649F        Mary  Saveley                1993-06-29 00:00:00.000
CGS88322F        Carine  Schmitt              1992-07-07 00:00:00.000
```

(所影响的行数为 24 行)

扫一扫，看视频

9.3.5 空值判断

在数据表中经常可以看到字段值<null>，将其称为空值。在关系型数据库模型中，使用空值表示缺失值，当然实际可能是还没有向数据库中输入相应的数据。因此，空值代表未知的值，所以不能用 0 或空字符串表示空值，甚至一个空值也不等于另一个空值。例如，学号为 98001 和 98002 的学生的年龄都为空值，此时只能说明他们的年龄都是未知的，而不能说明他们的年龄相等。所以，比较运算符不能用来检测空值，在 SQL Server 中用 IS 操作符检测空值。

例如，实例 9.12 从 pubs 数据库的 employee 表中查询雇用日期不是空值的雇员的 id 号、姓名以及雇用日期数据。

实例 9.12 判断空值。

```
USE  pubs
GO

SELECT  emp_id , fname+' '+ lname AS name , hire_date
FROM  employee
WHERE hire_date IS NOT NULL
GO
```

代码说明如下：

WHERE hire_date IS NOT NULL 表示判断当前 hire_date 是否不为空。

9.3.6 日期运算

扫一扫，看视频

在对日期的处理中，可能会遇到判断 20 天后（前）的具体日期的问题。这类问题可归结为对日期的加或减，即将一个以天为单位的数值加到日期中或从日期中减去一个以天为单位的数值，如实例 9.13 所示。

实例 9.13 日期时间运算。

```
USE  pubs
GO

DECLARE  @mydate  datetime
SET    @mydate= '2006-5-8'

SELECT  @mydate - 7 AS mydate
GO
```

执行结果如下：

```
mydate
-----------------------
2006-05-01 00:00:00.000
```

(所影响的行数为 1 行)

此外，SQL Server 还提供了一些日期时间函数，见表 9.3。

表 9.3　日期时间函数

函　数　描　述	含　义
Year(date)	返回代表指定日期年份的整数
Month(date)	返回代表指定日期月份的整数
Day(date)	返回代表指定日期的天的整数
Getdate()	返回当前系统日期和时间
Dateadd(datepart , number , date)	返回 date 加上 datepart 和 number 的值
Datediff(datepart , date1, date2)	返回 date1 和 date2 的时间间隔，其单位由 datepart 参数指定，返回值的类型为整数型
Datename(datepart , date)	返回代表指定日期的指定日期部分的字符串
Datepart(datepart , date)	返回代表指定日期的指定日期部分的整数

由于篇幅限制，日期时间函数的详细用法请参阅 SQL Server 2019 联机帮助丛书。

扫一扫，看视频

9.3.7　大对象处理

SQL Server 2019 的 text、ntext 和 image 数据类型可以在单个值中包含非常大的数据量（最大可达 2 GB）。有时，单个数据值可能会比应用程序在一个步骤中能够检索的数据还要大，甚至某些值可能还会大于客户端的可用虚拟内存。因此，对于这些大对象处理，通常需要一些特殊的步骤。在 SQL Server 中，对 text、ntext 和 image 数据类型是当作二进制大对象（BLOB）进行访问的。

如果关闭 text in row 选项，则 text、ntext 或 image 字符串存储在数据行外，将数据保存到独立的文本或图像页面中。此时，数据行只包括一个 16 字节的文本指针，该指针指向该数据。如果打开 text in row 选项，则 text、ntext 或 image 字符串存储在数据行内。

使用存储过程 sp_tableoption 启用或禁用 text in row 选项，语法格式如下：

↘ 启用 text in row 选项。

```
sp_tableoption TableName , 'text in row' , 'ON'
```

↘ 禁用 text in row 选项。

```
sp_tableoption TableName , 'text in row' , 'OFF'
```

例如，启用 a_life 数据表的 text in row 选项。

```
USE 个人数据
GO


sp_tableoption a_life, 'text in row' , 'ON'
GO
```

Transact-SQL 提供了 WRITETEXT、UPDATETEXT 和 READTEXT 等语句专门用来处理大文本、图像数据。

WRITETEXT 语句的语法格式如下：

```
WRITETEXT { table.column text_ptr } { data }
```

代码说明如下：

- ➥ table.column 表示要更新的表以及 text、ntext 或 image 列的名称。
- ➥ text_ptr 表示指向 text、ntext 或 image 数据的文本指针的值。text_ptr 的数据类型必须为 binary(16)。
- ➥ data 表示要存储的实际 text、ntext 或 image 数据。data 可以是字面值，也可以是变量。

UPDATETEXT 的语法格式如下：

```
UPDATETEXT { table_name.dest_column_name dest_text_ptr }
    { NULL | insert_offset }
    { NULL | delete_length }
    [ WITH LOG ]
    [ inserted_data
     | { table_name.src_column_name src_text_ptr } ]
```

代码说明如下：

- ➥ table_name.dest_column_name 表示要更新的表以及 text、ntext 或 image 列的名称。
- ➥ dest_text_ptr 表示指向要更新的 text、ntext 或 image 数据的文本指针的值。
- ➥ insert_offset 表示新数据插入现有列的位置。
- ➥ delete_length 表示要从现有 text、ntext 或 image 列中删除的数据长度。
- ➥ inserted_data 表示要插入现有 text、ntext 或 image 列 insert_offset 位置的数据。
- ➥ table_name.src_column_name 表示用作插入数据源的表或 text、ntext 或 image 列的名称。
- ➥ src_text_ptr 表示指向作为插入数据源使用的 text、ntext 或 image 列的文本指针的值。

READTEXT 的语法格式如下：

```
READTEXT { table.column text_ptr offset size } [ HOLDLOCK ]
```

代码说明如下：

- ➥ table.column 表示指定从中读取的表和列的名称。
- ➥ text_ptr 表示指向 text、ntext 或 image 数据的文本指针的值。
- ➥ offset 表示开始读取数据之前跳过的字节数或字符数。
- ➥ size 表示指定要读取数据的字节数或字符数。如果 size 为 0，则表示读取了 4KB 的数据。
- ➥ HOLDLOCK 表示将文本值一直锁定到事务结束。这样，事务结束前，其他用户可以读取该值，但是不能对其进行修改。

9.4　流程控制

Transact-SQL 的流程控制命令相对于其他编程语言来说较少，但是作为一种数据库开发语言已经足够。

9.4.1　IF…ELSE 结构

与其他语言一样，Transact-SQL 也提供了 IF…ELSE 这个"古老"的编程结构。但 Transact-SQL 中的 IF…ELSE 结构的特别之处在于它后面没有 THEN 作为控制。其编程结构如下：

```
IF 条件判断
    过程 1
ELSE
    过程 2
```

代码说明如下：

- ☞ 条件判断，可以是逻辑表达式。如果返回的结果是 ture，则执行过程 1；如果条件判断为 false，则执行过程 2。
- ☞ 如果没有"ELSE 过程 2"，那么当逻辑表达式判断结果为 false 时，什么也不执行，直接跳转到 IF…ELSE 结构后面的语句执行。

实例 9.14 就是一个没有 ELSE 的 IF 语句。

实例 9.14　根据物资库存的亏盈更改库存量。

```
IF @tag='盈'      -- 判断亏盈
    SET @message ='应该增加库存量'
```

代码说明如下：

@tag='盈'是亏盈的标志。如果@tag 的值不是"盈"，那么将跳出 IF 语句，继续执行 IF 后面的语句。

IF…ELSE 结构的联合使用如实例 9.15 所示。

实例 9.15　带 ELSE 的 IF 语句。

```
IF @tag='盈'      -- 判断亏盈
    SET @message ='应该增加库存量'
ELSE              ---如果库存不是"盈"
    SET @message ='应该减少库存量'
```

代码说明如下：

SET @message ='应该增加库存量'表示根据标志给@message 全局变量赋值。

IF...ELSE 结构还可以嵌套使用，以增加多重判断。例如实例 9.16，应该首先判断物资编码的输入是否正确，以确定是否存在这个器材。

实例 9.16 嵌套 IF ...ELSE 语句。

```
IF @range>= 0 AND @range<= 99999    --判断输入的物资编码是否正确
   IF  @tag='盈'                    --如果物资编码正确，则开始判断亏盈
      SET @message ='应该增加库存量'
   ELSE                             --如果库存不是"盈"
      SET @message ='应该减少库存量'
ELSE                                --如果物资编码不正确
   SET  @message ='物资编码输入有误'
```

扫一扫，看视频

9.4.2 IF EXISTS()结构

IF...ELSE 结构看起来功能有限，但实际上并非如此。用户可以在它的条件子句中使用一些功能非常强大的 SQL 语句，如 IF EXISTS()和 IF IN()。其与 SELECT 配合，可以判断结果集是否包含需要处理的记录行。所以，在为 IF EXISTS()结构编写 SELECT 语句时，应当检索全部的列。与检查 @@rowcount>0 的条件相比，这种方法的速度更快。因为它在判断时并不需要知道结果集中记录的总数，只需判断结果集是否为空。也正因为如此，在 IF EXISTS()结构中只要查询返回了一条记录，就可以停止执行查询，转而执行批处理中的其他语句。具体语法格式如下：

```
IF [NOT] EXISTS (SELECT 语句)
   过程 1
ELSE
   过程 2
```

代码说明如下：

- ➥ [NOT]是可选项，表示如果不存在。
- ➥ [NOT] EXISTS (SELECT 语句)表示如果返回的结果为 ture，则执行过程 1；如果条件判断为 false，则执行过程 2。
- ➥ 如果没有 ELSE 语句，并且逻辑表达式判断结果为 false 时，什么也不执行，直接跳转到 IF...ELSE 结构后面的语句执行。

实例 9.17 首先查看了"物资库存记录"中是否存在这个物资。如果存在，就更改这个物资的数量；如果不存在，就添加这个物资。

实例 9.17 IF EXISTS()。

```
IF EXISTS (SELECT* FROM 物资库存记录 WHERE 物资编码=@bianhao)
    --判断是否存在这个编码的物资
   BEGIN
     SET @shumu =(SELECT 数量 FROM 物资库存记录 WHERE 物资编码=@bianhao)+@shumu
     UPDATE 物资库存记录  SET  物资库存记录.数量=@shumu  WHERE 物资编码=@bianhao
   END
ELSE  --如果不存在这个物资，则在库存表中添加这个物资的记录
```

```
    BEGIN
        INSERT INTO 物资编码(器材编码,物资名称,规格型号,单位,数量,备注)
            SELECT 器材编码,物资名称,规格型号,单位,数量,备注
            FROM 物资更账明细临时表    WHERE =@bianhao
            SET @zonge= @shumu * (SELECT 加权平均价 FROM 物资库存记录 WHERE 物资编码=@bianhao )
            UPDATE 物资库存记录 SET  物资库存记录.总额=@zonge  WHERE 器材编号=@bianhao
    END
```

扫一扫，看视频

9.4.3 BEGIN...END 结构

一个 IF 命令只能控制一条语句的执行，这显然缺乏实用性。要解决这个问题，可以使用 BEGIN...END 结构。BEGIN...END 结构将代码块封装成一个过程。这个过程可以将多条命令作为一个整体，即一条语句看待。

BEGIN...END 结构用于下列情况：

➥ WHILE 循环需要包含语句块。

➥ CASE 函数的元素需要包含语句块。

➥ IF 或 ELSE 子句需要包含语句块。

BEGIN...END 结构还可以嵌套使用，如实例 9.18 所示。

实例 9.18 BEGIN...END 结构的应用。

```
IF @tag='盈'
  BEGIN
    IF EXISTS (SELECT* FROM 供销科_器材库存表 WHERE 物资编码=@bianhao)
        --判断是否存在这个编码的物资
        BEGIN
          SET @shumu =(SELECT 数量 FROM 物资库存记录 WHERE 物资编码=@bianhao)+@shumu
          UPDATE 物资库存记录  SET  物资库存记录.数量=@shumu  WHERE 物资编码=@bianhao
        END
    ELSE  --如果不存在，则在库存表添加这个物资
        BEGIN
            INSERT INTO 物资编码(器材编码,物资名称,规格型号,单位,数量,备注)
            SELECT 器材编码,物资名称,规格型号,单位,数量,备注
            FROM 物资更账明细临时表    WHERE =@bianhao
            SET @zonge= @shumu * (SELECT 加权平均价 FROM 物资库存记录 WHERE 物资=@bianhao )
            UPDATE 物资库存记录 SET  物资库存记录.总额=@zonge   WHERE 器材编号=@bianhao
        END
    END
  ELSE
    BEGIN
        --限于篇幅省去部分代码
        BEGIN
          --限于篇幅省去部分代码
        END
```

```
END
```

BEGIN...END 结构的中间还可以没有代码，实现特定的功能，如以下代码：

```
IF 判断表达式
   BEGIN
   END
ELSE
   BEGIN
      中间代码
   END
```

  BEGIN 和 END 语句必须成对使用，不能单独使用。BEGIN 语句行后为 Transact-SQL 语句块。最后，END 语句行表示语句块结束。

扫一扫，看视频

9.4.4　WHILE 循环

使用 WHILE 循环执行代码的前提是要满足重复执行 SQL 语句或语句块的条件。只要指定的条件为真，就重复执行语句。用户可以使用 BREAK 和 CONTINUE 关键字在循环内部控制 WHILE 循环中语句的执行。

在 Transact-SQL 中，WHILE 命令的工作流程如下：

➥ WHILE 命令测试循环条件。如果循环条件为真，则执行循环体，即 WHILE 下面的命令或代码块；如果循环条件为假，则执行循环体之后的第 1 条 SQL 命令，然后继续执行其他代码。

➥ 一旦执行完循环体的最后一条语句，流程的控制权将交还给 WHILE 命令。

其语法格式如下：

```
WHILE 循环条件
   { 循环体 }
   [ BREAK ]
   { 循环体 }
   [ CONTINUE ]
```

代码说明如下：

➥ 循环条件可以是任意的 Transact-SQL 表达式。

➥ BREAK 表示跳出循环，是可选项。

➥ CONTINUE 表示继续下一次循环，是可选项。

在实例 9.19 中给书的价格加倍，如果平均价格小于$30，WHILE 循环就将价格加倍，然后选择最高价。如果最高价小于或等于$50，则 WHILE 循环重新启动并再次将价格加倍。该循环不断地将价格加倍，直到最高价格超过$50，然后退出 WHILE 循环，并打印一条消息。

实例 9.19　给书的价格加倍。

```
USE pubs
```

```
GO
WHILE (SELECT AVG(price) FROM titles) < $30
BEGIN
   UPDATE titles
      SET price = price * 2
   SELECT MAX(price) FROM titles
   IF (SELECT MAX(price) FROM titles) > $50
      BREAK
   ELSE
      CONTINUE
END
PRINT '循环完毕'
```

代码说明如下：

⮞ WHILE (SELECT AVG(price) FROM titles) < $30 表示判断平均价格是否小于$30。

⮞ BEGIN…END 表示循环体。

⮞ SELECT MAX(price) FROM titles 表示找出最高价格。

⮞ IF (SELECT MAX(price) FROM titles) > $50 表示如果存在最高价格的书大于$50。

⮞ BREAK 表示停止循环。

⮞ CONTINUE 表示继续下一次循环。

扫一扫，看视频

9.4.5 GOTO 语句

GOTO 语句使 Transact-SQL 批处理的执行跳转到标签，不执行 GOTO 语句和标签之间的语句，具体语法格式如下：

```
标签：
程序体
GOTO 标签
```

要注意，标签后面有冒号（:）。

使用 GOTO 语句时要注意以下问题：

⮞ 尽量少使用 GOTO 语句。过多使用 GOTO 语句，可能会使 Transact-SQL 批处理的逻辑难以理解。GOTO 语句可以实现的逻辑，其他控制流语句也可以实现。

⮞ GOTO 语句最好用于跳出深层嵌套的控制流语句。

⮞ 标签是 GOTO 语句的目标，它仅标识了跳转的目标。标签不隔离其前后的语句。除非标签前面的语句本身是控制流语句（如 RETURN），否则，标签前面的执行语句将跳过标签，执行标签后面的语句。

具体应用如实例 9.20 所示。

实例 9.20　GOTO 语句的应用。

```
DECLARE @message char(10);

SET @message='测试一下 GOTO'

label1:
   PRINT 'GOTO 到这里了'
IF @message='测试一下 GOTO'
  GOTO label1
GO
```

代码说明如下：

- label1 表示创建标签。
- GOTO label1 表示跳转到标签处。

9.4.6　CASE 语句

扫一扫，看视频

CASE 语句是特殊的 Transact-SQL 表达式，它允许按列值进行选择性执行。这时，数据的更改只是临时的，数据不会发生永久更改。CASE 语句包含以下几部分：

- CASE 关键字。
- 需要转换的字段名称。
- 指定要搜索的表达式的 WHEN 子句和指定要替换它们的表达式的 THEN 子句。
- END 关键字。
- 可选的、定义 CASE 语句别名的 AS 子句。

CASE 语句有两种格式。

（1）简单 CASE 语句，将某个表达式与一组简单表达式进行比较，以确定结果。其语法格式如下：

```
CASE 字段名称
    WHEN 记录 THEN 结果值
        ...

        ELSE 结果值
    END
```

（2）在 CASE 中计算一组布尔表达式以确定结果。其语法格式如下：

```
CASE
    WHEN 布尔表达式 THEN 结果集
        ...
        ELSE 结果值
    END
```

简单的 CASE 应用如实例 9.21 所示。

实例 9.21 在查询结果集内显示作者居住州的全名。

```sql
SELECT au_fname, au_lname,
   CASE state
      WHEN 'CA' THEN 'California'
      WHEN 'KS' THEN 'Kansas'
      WHEN 'TN' THEN 'Tennessee'
      WHEN 'OR' THEN 'Oregon'
      WHEN 'MI' THEN 'Michigan'
      WHEN 'IN' THEN 'Indiana'
      WHEN 'MD' THEN 'Maryland'
      WHEN 'UT' THEN 'Utah'
   END AS StateName
FROM pubs.dbo.authors
ORDER BY au_lname
```

代码说明如下：

❥ CASE state 表示要搜索的字段名称为 state。

❥ WHEN 'CA' THEN 'California'表示如果记录为 CA，那么返回 California。

实例 9.22 使用 CASE 和 THEN 根据图书的价格范围将价格（money 字段）显示为文本注释。

实例 9.22 返回图书的价格类型。

```sql
USE pubs
GO
SELECT  'Price Category' =
      CASE
         WHEN price IS NULL THEN '没有标注价格'
         WHEN price < 10 THEN '比较便宜'
         WHEN price >= 10 AND price < 20 THEN '价格适中'
         ELSE '相当贵'
      END
   FROM titles
ORDER BY price
GO
```

代码说明如下：

❥ IS NULL 表示判断为空值。

❥ price < 10 表示价格是否小于 10。

9.5 游标

Transact-SQL 的游标类似于其他高级语言中的指针。通常情况下，由 SELECT 语句返回的结果包括所有满足该语句中 WHERE 子句的记录。这种由语句返回的完整的行集称为结果集。如果没有游标，要想处理结果集中某些记录，就只能将结果集全部传递到应用前端进行处理，然后再将结果返回数据库服务器。这样不仅会使代码产生混乱，还会对系统的稳定性和可靠性造成影响，甚至造成网络堵塞。游标就是用来解决这类问题的。

9.5.1 游标概述

游标首先根据 SELECT 语句创建结果集，然后依次获取每行数据进行操作。在整个操作过程中，游标的生命周期有以下 5 个阶段：

（1）声明游标。该阶段为游标指定获取数据时使用的 SELECT 语句。游标在声明时并不会检索任何数据，它只为游标指定了相应的 SELECT 语句。在 DECLARE 后面指定游标名称时，不需要使用@符号。

（2）打开游标，检索数据并填充游标。

（3）操作游标。FETCH 语句会使游标移动到下一条记录，并将游标返回的每列的数据分别赋值给本地变量，这些本地变量必须预先进行声明。用户也可以使用 FETCH 语句移动到结果中一个绝对位置，或者从当前位置向前或向后移动 *N* 行。通常在批处理中，会使用 WHILE 语句反复从游标中获取记录，直到游标不再返回任何记录为止。对于这样的循环语句，应当在循环条件中检查@@FETCH_STATUS 全局变量以确定是否还能从游标中获取记录。

（4）关闭游标，释放数据，但保留 SELECT 语句。游标关闭以后，还可以使用 OPEN 语句再次打开它。

（5）释放游标，释放相关的内存，并删除游标的定义。

创建游标要注意以下两方面。

1．游标选项

游标有几个附加项，它们可以扩展游标的能力，使其能够管理和更新数据。这几个附加项包括设置动态游标、可滚动游标的选项，将游标作为参数传递的选项和将游标存储于变量中的选项。如果只使用游标读取数据，完成前面提到的简单任务，那么这些附加项就没有多大价值。

2．游标的作用域

用户可以为游标指定两种作用域。一种是局部的，此时游标只能在创建它的批处理中使用；另一种是全局的，可以在由同一个连接调用的所有过程中使用游标。游标的作用域是在声明游标时指定的。

对游标来说，有两个全局变量非常重要，分别是@@CURSOR_ROWS 和@@FETCH_STATUS。其中，@@CURSOR_ROWS 会返回游标中的行数。如果是用异步的方式填充游标，那么@@CURSOR_ROWS 就会返回一个负数。@@FETCH_STATUS 可以返回在最近一次执行 FETCH 语句之后游标的状态。对于操作游标的流程控制来说，@@FETCH_STATUS 很有用，它可以告诉我们何时到达了游标结果集的尾部。@@FETCH_STATUS 可以返回以下值：

➥ 0，表示最近一次 FETCH 语句成功获取到一行数据。

↘ 1，表示最近一次 FETCH 语句到达结果集的尾部。

↘ 2，表示最近一次获取的行不可用；该行已经被删除。

将@@FETCH_STATUS 与 WHILE 语句结合创建循环，可以方便地对游标中的记录进行遍历。

扫一扫，看视频

9.5.2　声明游标

使用游标前首先要声明游标，语法格式如下：

```
DECLARE 游标名称 相关参数 CURSOR
FOR SELECT 语句
```

代码说明如下：

↘ 游标名称，要声明游标的名称，要符合 SQL Server 的命名规则。

↘ 关于游标的相关参数可以查阅 SQL Server 2019 的联机帮助丛书，本书限于篇幅不再赘述。

↘ CURSOR 是游标关键字。

↘ FOR SELECT 语句表示返回结果集的 SELECT 语句。

 INSENSITIVE 参数经常会用到，使用该参数后，可以将所有的结果集合临时放在 tempdb 中，任何通过这个游标的操作只是将数据的更改存储在 tempdb 中，而不是应用在游标中。

实例 9.23 是一个创建游标的例子。

实例 9.23　创建物资信息游标。

将 WZGL 数据库中的所有物资信息全部提出来，并作为结果集返回。

```
USE WZGL
GO
DECLARE 物资信息游标 INSENSITIVE  CURSOR
  FOR SELECT * FROM 物资信息表
```

扫一扫，看视频

9.5.3　打开游标

声明游标后要打开游标，具体语法格式如下：

```
OPEN 游标名称
```

代码说明如下：

执行打开游标的语句时，数据库将执行 SELECT 语句。如果使用 INSENSITIVE 参数，则数据库服务器将在 tempdb 中创建一张临时表，以存放游标要操作的数据的副本。

打开实例 9.23 中声明的游标的代码如下：

```
USE WZGL
GO
```

```
DECLARE 物资信息游标 INSENSITIVE CURSOR
    FOR SELECT * FROM 物资信息表
OPEN 物资信息游标
```

9.5.4 使用游标

打开游标后，就可以使用游标提取某行的数据了。使用游标提取数据的语法格式如下：

扫一扫，看视频

```
FETCH
        [ [ NEXT | PRIOR | FIRST | LAST
                | ABSOLUTE { n | @nvar }
                | RELATIVE { n | @nvar }
            ]
            FROM
        ]
{ { [ GLOBAL ] cursor_name } | @cursor_variable_name }
[ INTO @variable_name [ ,...n ] ]
```

代码说明如下：

- ➥ NEXT 表示返回紧跟当前行之后的结果行，并且将当前行递增为结果行。如果 FETCH NEXT 为对游标进行的第 1 次提取操作，则返回结果集中的第 1 行。NEXT 为默认的游标提取选项。
- ➥ PRIOR 表示返回紧跟当前行前面的结果行，并且将当前行递减为结果行。如果 FETCH PRIOR 为对游标进行的第 1 次提取操作，则没有行可以返回，但会将游标置于第 1 行前。
- ➥ FIRST 表示返回游标中的第 1 行，并将其作为当前行。
- ➥ LAST 表示返回游标中的最后一行，并将其作为当前行。
- ➥ ABSOLUTE {n | @nvar}表示如果 n 或@nvar 为正数，则返回从游标头开始的第 n 行，并将返回的行变成新的当前行；如果 n 或@nvar 为负数，则返回游标尾之前的第 n 行，并将返回的行变成新的当前行；如果 n 或@nvar 为 0，则没有行返回。其中，n 必须为整型常量，且@nvar 必须为 smallint、tinyint 或 int。
- ➥ RELATIVE {n | @nvar}表示如果 n 或@nvar 为正数，则返回当前行之后的第 n 行，并将返回的行变成新的当前行；如果 n 或@nvar 为负数，则返回当前行之前的第 n 行，并将返回的行变成新的当前行；如果 n 或@nvar 为 0，则返回当前行。如果游标进行第 1 次提取操作时，将 FETCH RELATIVE 的 n 或@nvar 指定为负数或 0，则没有行返回。其中，n 必须为整型常量，且@nvar 必须为 smallint、tinyint 或 int。
- ➥ GLOBAL 表示指定 cursor_name 为全局游标。
- ➥ cursor_name 表示指定打开游标的名称。如果同时有以 cursor_name 为名称的全局游标和局部游标存在，如果指定为 GLOBAL，则 cursor_name 对应于全局游标；如果未指定，则对应于局部游标。
- ➥ @cursor_variable_name 表示设置游标变量名，引用要进行提取操作的、打开的游标。
- ➥ INTO @variable_name[,...n]表示允许将要进行提取操作的列数据放到局部变量中。列表中的各个变量按从左到右的顺序与游标结果集中的相应列关联。各变量的数据类型必须与结果集相应列的数据类型匹配或能进行隐性转换。同时，变量的数目必须与游标选择列表中的数目一致。

下面看一个具体实例。

```
USE WZGL
GO
DECLARE 物资信息游标 CURSOR
   INSENSITIVE
   FOR SELECT * FROM 物资信息表
OPEN 物资信息游标

FETCH NEXT FROM  物资信息游标
WHILE @@FETCH_STATUS = 0
BEGIN
    FETCH NEXT FROM  物资信息游标
END
```

代码说明如下：

- "FETCH NEXT FROM 物资信息游标"表示从结果集的一行开始提取数据。
- @@FETCH_STATUS 表示返回被 FETCH 语句执行的最后游标的状态，而不是任何当前被打开的游标的状态。
- "FETCH NEXT FROM 物资信息游标"表示逐行提取数据。

9.5.5 关闭游标和释放游标

扫一扫，看视频

当打开游标时，SQL Server 会专门为游标开辟内存空间，存放游标操作的结果集。使用游标时也会对某些数据进行封锁。所以，在不使用游标时，一定要关闭游标。关闭游标的语法格式如下：

```
CLOSE 游标名称
```

游标本身也会占用一定的资源。所以，在使用完游标后，要及时释放游标。对应的语法格式如下：

```
DEALLOCATE 游标名称
```

将 9.5.4 小节使用的游标关闭并释放，代码如下：

```
CLOSE 物资信息游标
DEALLOCATE 物资信息游标
```

9.6 编码风格

在一个数据库应用程序项目中，如果代码编写不规范，项目进展到一定阶段后就会很难推进。此外，项目的后期维护以及后续版本的开发都会面临极大的困难。所以，在项目的准备阶段，一个很重要的工作就是规定好编码格式。下面编者将根据经验并结合 Transact-SQL 的特点给出以下建议。

9.6.1　关于大小写

Transact-SQL 语言中的字母是不区分大小写的，select、SELECT、SeLEcT 都是正确的写法。但这个特点并不代表程序员在书写 Transact-SQL 时可以随心所欲地混用大小写。示例如下：

```
If nOt eXisTs(SelEct * froM 物资库存记录   wHerE 物资编码=@bianhao )
   sEt @message='没有该器材的库存'
ELSE
   IF exists(select * from 物资库存记录  where 器材编号=@bianhao  and 器材数量<@chukushu )
     SET @message='该器材库存不足'
```

扫一扫，看视频

这类代码的可读性差，出错后查错困难。因此，规定好编码格式很有必要。常用的关于大小写的注意事项有以下两个：

- ➥ 制定好项目是通用大写或通用小写，这需要考虑项目组中的大部分程序员的习惯，并严格按照要求执行。
- ➥ 尽量将 Transact-SQL 关键字与用户自己定义的变量的大小写区分开。例如，如果规定 Transact-SQL 关键字采用大写形式，那么变量名、表名或字段名称都采用小写形式。

9.6.2　关于代码的缩进与对齐

扫一扫，看视频

关于代码的缩进与对齐的建议如下：

- ➥ Transact-SQL 的代码缩进一般用 2 个或 3 个空格。
- ➥ 代码换行时，要缩进。如果第 2 行语句与第 1 行语句不存在并列关系，就要缩进。
- ➥ 当一句代码已经写满一行，需要换到第 2 行继续写时，第 2 行与第 1 行对齐。
- ➥ 同一个控制流程的开始关键字与结束关键字要对齐，这样可以将代码块"包装"起来。
- ➥ 为了视觉清晰，可以按照以下规则编写 SELECT 语句。

```
SELECT ××××××××××
FROM ××××××××××
WHERE ××××××××××
```

下面的实例展现了代码的缩进与对齐。

```
IF EXISTS(SELECT * FROM 供销科_器材库存表 WHERE 器材编号=@bianhao)--判断是否存在有入库的器材
  BEGIN
     SET @shumu =(SELECT 器材数量 FROM 供销科_器材库存表 WHERE 器材编号=@bianhao)+@shumu
     UPDATE 供销科_器材库存表 SET  供销科_器材库存表.器材数量=@shumu WHERE 器材编号=@bianhao
     SET @pjia=((SELECT 总额 FROM 供销科_器材库存表 WHERE 器材编号=@bianhao)+@rukuzonge)/@shumu
     UPDATE 供销科_器材库存表 SET  供销科_器材库存表.加权平均价=@pjia WHERE 器材编号=@bianhao
```

```
        SET @zonge=@shumu*@pjia
        UPDATE 供销科_器材库存表 SET   供销科_器材库存表.总额=@zonge WHERE 器材编号=@bianhao
    END
ELSE
    BEGIN       --如果库存不存在，给库存新添加一个记录
        INSERT INTO 供销科_器材库存表(器材编号,器材名称,规格型号,器材用途,器材单位,器材数量,加权平均
        价,总额,备注)
        SELECT 器材编号,器材名称,规格型号,器材用途,器材单位,入库数量 AS 器材数量,入库单价 AS 加权平均
        价,总额,备注
        FROM   供销科_器材入库明细临时表
        WHERE 供销科_器材入库明细临时表.器材编号=@bianhao  AND 供销科_器材入库明细临时表.入库编号
        =@rukudan
    END
```

扫一扫，看视频

9.6.3　代码注释与模块声明

如果一个复杂的算法或算法中的多个变量没有代码注释，则经过一段时间后，编写人员会看不明白自己写的代码。如果让别人维护这段代码，则会更加困难。所以，代码注释很重要。Transact-SQL 提供两种注释风格。

➥ --：单行注释。

➥ /*...*/：多行注释。

在代码的关键部分标明注释，可以提升程序的可读性。对于一个结构复杂的模块，只有注释是远远不够的，还需要模块说明。对于模块说明，Transact-SQL 并没有严格的规定。项目小组可以根据自己的实际情况与习惯进行规范说明。以下是一个模块说明范本，仅供参考。

```
/***********************************************
目的：物资入库表临时转正式并修改库存
返回值：无
引用：WZGL
编者：×××
备注：没有使用游标，建议使用游标
最后更新日期：2019.06.20
*********************************************** /
```

扫一扫，看视频

9.7　小结

本章介绍了 Transact-SQL 的一些基本要素，如变量、常量、数据类型、流程以及游标，讲解的目的是引导读者对 Transact-SQL 有一个基本的认知。读者如果想精通一门编程语言，就需要不断地阅读别人的代码，与此同时编写并完善自己的代码。

9.8　习题

一、填空题

1．Transact-SQL 主要包括_____、_____和_____3 个部分。

2．数据定义语言 Data Definiton Language，缩写为_____。

3．数据操纵语言 Data Manipulation Language，缩写为_____。

4．数据控制语言 Data Control Language，缩写为_____。

5．表示特定数据值的符号是_____。

6．用来在内存中临时存储数据的是_____。

7．用于连接两个或两个以上的字符串的符号是_____。

二、简答题

Transact-SQL 语句的主要语法组成元素有哪些？

三、代码练习题

1．用 DECLARE 语句声明一个整型变量 a 和一个字符变量 b。

2．声明变量 a 与变量 b，并使用 SELECT 语句赋值。

3．在 pubs 数据库的 jobs 表中查询 job_id 为 1～5 的记录。

4．查询 jobs 表中 job_id<10 的所有内容。

第 *10* 章

数据查询利器——SELECT 语句

在 Transact-SQL 中，SELECT 是最常用的查询语句，也是功能最强大的 Transact-SQL 语句。在 SQL Server 中，对数据库信息的任何查询操作最终都将翻译成 SELECT 语句提交给数据库服务器，然后由服务器将查询结果返回给客户端。

本章将介绍 SELECT 语句，用到的数据库主要是本书的案例数据库，有些特性使用了 SQL Server 系统的示例数据库 pubs 和 Northwind，以及一个个人数据库。

10.1　执行 SELECT 语句的工具

在 SQL Server 中，执行 SELECT 语句的工具主要是 SQL Server Management Studio 和查询设计器。在前面第 3 章已经介绍了查询设计器的使用方法，本节主要介绍如何使用 SQL Server Management Studio 检索数据。具体操作步骤如下：

（1）启动 SQL Server Management Studio，并从数据库中选择一个数据表，右击，执行【编辑前 200 行】命令，执行结果如图 10.1 所示。

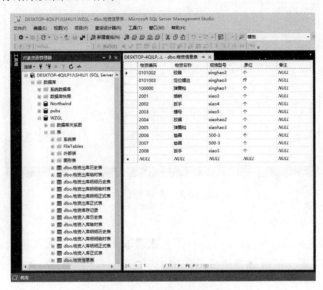

图 10.1　选取查询命令

（2）在步骤（1）中，依次执行【查询设计器】|【窗格】命令，弹出 4 个窗格选项，如图 10.2 所示。

图 10.2　添加窗格

（3）重复步骤（2），依次添加【关系图】、【条件】、【SQL】与【结果】窗格，如图 10.3 所示。

图 10.3　查询对话框

窗格说明如下：

➥ 【关系图】窗格，用户可以使用图形化方式选取所要检索的表和字段。

➥ 【条件】窗格，用户可以选择所要操作的表和字段，并可以对字段进行排序，设置 UPDATE、WHERE 语句等。

➥ 【SQL】窗格，用户可以在该窗格编辑 SQL 代码。

➥ 【结果】窗格，用于显示结果集。

用户也可以通过工具栏的 4 个按钮控制窗格的显示，如图 10.4 所示。

图标的含义如图 10.5 所示。

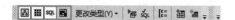

图 10.4　4 个窗格按钮

图 10.5　图标的含义

（4）从图 10.3 中可以看到，在 SQL 窗格已经有一条 SELECT 语句模板。

```
SELECT TOP (200) 物资编码，物资名称，规格型号，单位，备注
FROM 物资信息表
```

单击【执行】按钮，即可将查询结果显示在【结果】窗格中。用户也可以修改或自己编写 SELECT 语句。自己编写的 SELECT 语句要在 SQL 窗格中输入，然后单击工具栏上的【执行】按钮，即可在【结果】窗格中得到所要检索的数据。例如输入以下语句：

```
SELECT 物资编码，物资名称，规格型号
FROM 物资信息表
```

执行后的窗口如图 10.6 所示。

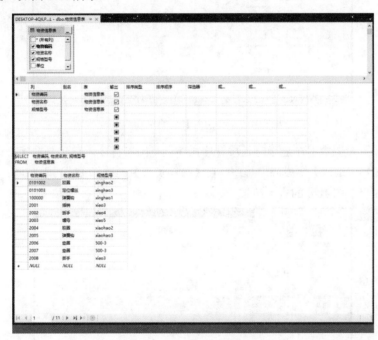

图 10.6　显示查询结果窗口

（5）从图 10.6 中可以看到，SQL 语句变化，则【关系图】窗格、【条件】窗格的内容也会随之改变，而结果显示在【结果】窗格中。需要说明的是，【条件】窗格中还有几列，如【别名】、【输出】、【排序类型】、【排序顺序】、【筛选器】和【或…】列。

- ➥ 别名：指定字段的别名。在图 10.6 中，在【别名】列分别输入雇员编码、名称、类型。然后单击【执行】按钮，执行结果如图 10.7 所示。在【SQL】窗格中 Transact-SQL 语句也随之发生了变化。在【结果】窗格中，字段显示的名称已经由字段名变成了别名。所以，别名就是字段用来显示给用户看的名字。别名的具体用法在后面还会详细介绍。

- ➥ 输出：指定某个数据列是否出现在结果集中。如果数据库允许，则可以将某个数据列用于排序或搜索子句，但不在结果集内显示该数据列。

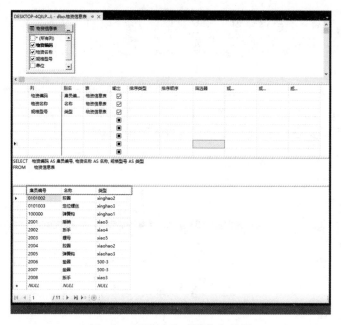

图 10.7　【别名】列的执行结果

➥ 排序类型：设置数据在显示时是按升序排序还是降序排序，默认是升序排序。例如，设置数据按【物资编码】字段降序排序，在【排序类型】列选择【降序】即可。如图 10.8 所示，可以对照一下图 10.6 的查询结果。

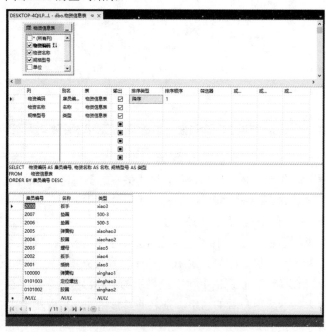

图 10.8　按【物资编码】字段降序排序

- 排序顺序：如果对多个字段设置了排序规则，就需要指定它们的排序顺序。当更改某个字段的排序顺序时，其他列的排序顺序都将随之更新。设置了排序类型后，SQL 窗格的 Transact-SQL 语句也会发生变化，如增加了 ORDER BY 语句。排序顺序用于设置当存在多个字段的排序时，应先按照哪一个字段排序。由于数值越小优先级越高，所以排序时先按照排序顺序为 1 的字段进行排序，然后是排序顺序为 2 的字段，以此类推。

- 筛选器：用来设置查询条件，精确查询数据。例如，设置筛选器为"垫圈"查询结果，如图 10.9 所示。

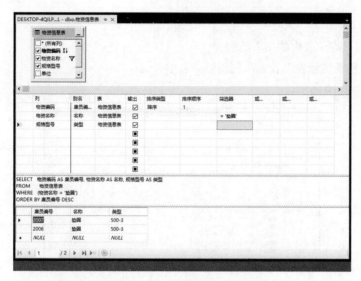

图 10.9　按筛选器查询的结果

- 或…：附加搜索条件表达式，并用逻辑 OR 连接到先前的表达式。

10.2　简单数据查询

SELECT 语句非常接近于自然语言，用户只需知道要从"什么地方（数据表）"查询"什么数据（字段）"，具体语法格式如下：

```
SELECT  字段名  [ , ... n]
[FROM  表名]
```

代码说明如下：

- "字段名"表示要查询的字段名，查询多个字段时，字段之间用逗号隔开。

- "表名"表示要查询的数据表名称。

- 如果要查询数据表中的所有字段，可用"*"代替字段名。

具体应用如实例 10.1 所示。

实例 10.1　查询所有字段的数据。

查询 WZGL 数据库中物资信息表中的所有数据。

```
USE  WZGL
GO


SELECT  *
FROM 物资信息表
GO
```

代码说明如下：

➥　"*" 表示代表该表中的所有数据。

➥　"FROM 物资信息表" 表示从物资信息表中查询。

查询结果如图 10.10 所示。

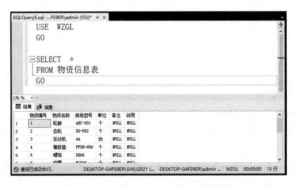

图 10.10　查询所有字段的数据的结果

如果要检索表中某几个字段的数据，则要指定字段名。具体应用如实例 10.2 所示。

实例 10.2　查询指定字段的数据。

查询 WZGL 数据库中物资信息表中 "物资名称" "规格型号" 字段中的数据。

```
USE  WZGL
GO

SELECT 物资名称，规格型号
FROM 物资信息表
GO
```

代码说明如下：

"物资名称，规格型号" 表示查询这两个字段的内容，中间用 "," 隔开。

> ⓘ　　　这里的 "," 是输入法在半角状态的 ","而不是输入法在全角状态的 "，"。

查询结果如图 10.11 所示。

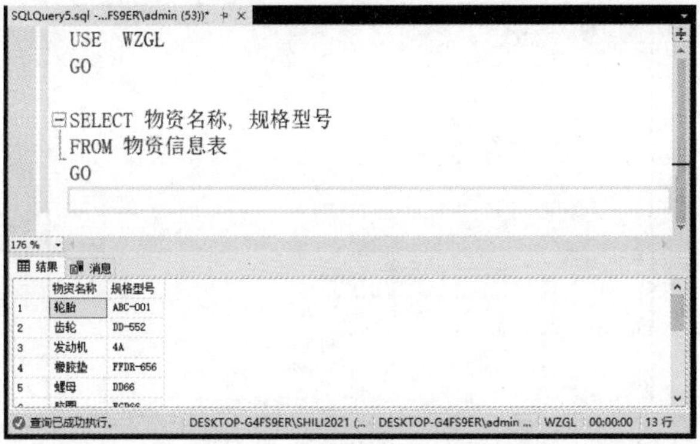

图 10.11　查询指定字段的数据的结果

10.3　TOP 关键字

当一个数据表中的数据量非常大时，用户可能并不关心所有的数据，而只希望查看前 10 条或前 100 条记录。这时，可以使用 TOP 关键字。其语法格式如下：

```
SELECT [TOP n [PERCENT] column_name [ , … n]
[FROM tablename]
```

代码说明如下：

↘ TOP n 表示返回前 n 行记录。

↘ TOP n [PERCENT]表示返回前 n%的记录。

↘ column_name 表示要查询的字段。

具体应用如实例 10.3 所示。

实例 10.3　查询前 n 行记录 1。

查询 WZGL 数据库中物资库存记录中的前 5 行记录。

```
USE WZGL
GO

SELECT TOP 5 *
FROM 物资库存记录
GO
```

代码说明如下：

TOP 5 *表示前 5 行记录。

查询结果如图 10.12 所示。

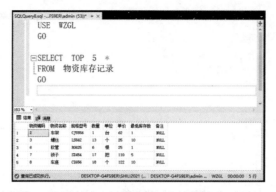

图 10.12　查询前 5 行记录的结果

实例 10.3 演示了如何查询数据表中前 5 行记录。如果想以百分比的形式查找前面的记录时，就用到关键字 PERCENT，如实例 10.4 所示。

实例 10.4　查询前 n% 的记录 1。

查询 pubs 数据库中 jobs 表前 50% 的记录。

```
USE  pubs
GO


SELECT  TOP  50  PERCENT  *
FROM  jobs
GO
```

代码说明如下：

TOP 50 PERCENT *表示前 50% 的记录。

查询结果如图 10.13 所示。

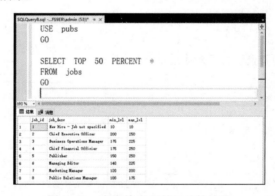

图 10.13　查询前 50% 的记录的结果

　　PERCENT 前面的数字可以是实数，如 23.32。计算时行数采用向上取整方式。例如，取前 1% 的记录，而物资库存记录中共 12 行记录，则 12×1%＝0.12 行。通过向上取整，结果会显示第 1 行记录，如实例 10.5 所示。

实例 10.5 查询前 n% 的记录 2。

查询 WZGL 数据库中物资库存记录中前 1% 的记录。

```
USE  WZGL
GO


SELECT  TOP  1  PERCENT  *
FROM  物资库存记录
GO
```

查询结果如图 10.14 所示。

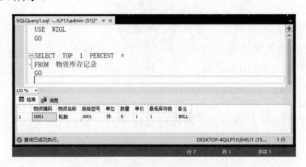

图 10.14 查询前 1% 的记录的结果

TOP 的一个重要参数是 WITH ties，它指定从基本结果集中返回附加的行。例如，如果想找出如图 10.15 所示的物资库存记录中库存数量最少的 3 种物资，可以执行实例 10.6 中的代码。

物资编码	物资名称	规格型号	单位	数量	单价	最低库存数	备注
0001	轮胎	0001	件	5	1	1	NULL
0002	车架	0002	件	10	1	1	NULL
0003	螺丝	0003	件	50	1	1	NULL
0004	螺母	0004	件	3	1	1	NULL
0005	扳手	0005	件	4	1	1	NULL
0006	软管	0006	件	2	1	1	NULL
0007	锁子	0007	件	4	1	1	NULL
0008	车座	0008	件	4	1	1	NULL
0009	座垫	0009	件	7	1	1	NULL
NULL	NULL	NULL	NULL	NULL	NULL	NULL	NULL

图 10.15 物资库存记录中的全部记录

实例 10.6 查询前 n 行记录 2。

查询 WZGL 数据库中物资库存记录中库存数量最少的 3 种物资。

```
USE  WZGL
GO


SELECT  TOP  3  *
FROM  物资库存记录
ORDER  BY  数量
GO
```

查询结果如图 10.16 所示。

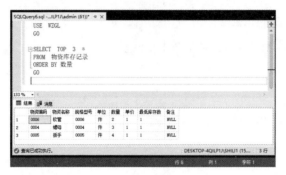

图 10.16　查询 3 种物资的结果

对照图 10.15 与图 10.16 可以发现，物资库存数量为 4 的物资共有 3 种，而图 10.16 中显示了一种数量为 4 的条目，这种结果是不符合业务逻辑的。如果想将所有符合条件的条目显示出来，则可以使用 WITH ties 参数，如实例 10.7 所示。

实例 10.7　WITH ties 参数的应用。

查询 WZGL 数据库中物资库存记录中库存数量最少的 3 种物资，包括符合条件的重复条目。

```
USE  WZGL
GO

SELECT  TOP 3 WITH ties  *
FROM  物资库存记录
ORDER BY 数量
GO
```

代码说明如下：

WITH ties *表示将与最后一项数量相等的记录罗列出来。

查询结果如图 10.17 所示。

图 10.17　使用 WITH ties 参数后的查询结果

　　TOP 是 Transact-SQL 语言对 ANSI SQL 标准的扩展，如果数据库有转移平台的可能性，则不建议使用 TOP。

10.4 ROWCOUNT 关键字

在使用 TOP 时，必须写明返回的数量或百分比，不能使用变量或表达式代替 TOP 后面的数字或百分比。限定返回行数的另外一个方法是使用 ROWCOUNT 全局变量。实例 10.6 还可以用实例 10.8 实现。

实例 10.8 ROWCOUNT 全局变量的应用。

```
USE  WZGL
GO
SET ROWCOUNT 3
SELECT  *
FROM  物资库存记录
GO
SET ROWCOUNT 0
```

代码说明如下：

- ➥ SET ROWCOUNT 3 表示返回结果的行数为 3。
- ➥ SET ROWCOUNT 0 表示恢复 ROWCOUNT。

执行结果与实例 10.6 完全相同。使用 ROWCOUNT 需注意以下几点：

- ➥ ROWCOUNT 有极大的灵活性，可以动态地指定返回的行数。
- ➥ 使用完后一定记得使用 SET ROWCOUNT 0 语句，不然容易造成系统错误。
- ➥ ROWCOUNT 没有 WITH ties 参数，所以返回的结果可能不全面。
- ➥ ROWCOUNT 是符合 ANSI SQL 标准的。如果数据库有转移平台的可能性，则建议使用 ROWCOUNT。

10.5 DISTINCT 关键字

扫一扫，看视频

DISTINCT 关键字用于从 SELECT 语句查询的结果集中去除重复的记录。如果没有指定 DISTINCT，那么将返回所有记录，包括重复的记录。

具体应用如实例 10.9 和实例 10.10 所示。

实例 10.9 查询物资名称。

查询 WZGL 数据库物资信息表所有的物资名称。

```
USE WZGL
GO

SELECT  物资名称
FROM  物资信息表
```

```
GO
```

查询结果如图 10.18 所示。可以看到，结果集中有该字段的所有记录，包括重复的记录。使用 DISTINCT 关键字实现查询。

实例 10.10　使用 DISTINCT 关键字查询物资名称。

```
USE  WZGL
GO

SELECT  DISTINCT   物资名称
FROM   物资信息表
GO
```

代码说明如下：

"DISTINCT 物资名称"表示将物资名称重复的记录删除。

查询结果如图 10.19 所示。可以看到，重复的记录已经被删除。

图 10.18　不使用 DISTINCT 关键字查询　　　图 10.19　使用 DISTINCT 关键字查询

10.6　WHERE 子句

在查询数据时，大多不是想浏览所有数据，而是想检索符合某种特定条件的值，可以使用 WHERE 子句设置条件。其语法格式如下：

```
SELECT   字段名   [ , … n]
[FROM   表名]
[WHERE   条件表达式 ]
```

代码说明如下：

在 WHERE 子句中可以设置查询条件。在"条件表达式"中，可以使用常量、运算符、函数等，条件表达式一般是算术表达式或逻辑表达式。

关于运算符和表达式请参考第 9 章。

10.6.1　在 WHERE 子句中使用比较运算符

比较运算符在条件表达式中较为常用。具体应用如实例 10.11 所示。

实例 10.11　查询单个物资的记录。

在 WZGL 数据库的物资信息表中，查询物资名称为"胶圈"的所有物资的信息。

```
USE WZGL
GO

SELECT  *
FROM 物资信息表
WHERE 物资名称='胶圈'
GO
```

代码说明如下：

➥ "胶圈"为字符串常量，需要用单引号括起来，这里的单引
号是半角状态的。

➥ 可以使用的比较运算符包括=、>、<、<>、>=、<=、!>、!< 和!=，
等等。

查询结果如图 10.20 所示。

图 10.20　使用比较运算符

10.6.2　在 WHERE 子句中使用逻辑运算符

逻辑表达式的详细信息请参考第 9 章，这里只是介绍如何在 WHERE 子句中使用逻辑运算符。
常用的逻辑运算符如下：

➥ AND，用于连接两个表达式。当且仅当两个布尔表达式的值都为 true 时，返回 true。如果
至少有一个为 false，则返回 false。

➥ OR，用于连接两个表达式。当且仅当两个布尔表达式的值都为 false 时，返回 false。如果
至少有一个为 true，则返回 true。

➥ NOT，对布尔表达式的值取反。

具体应用如实例 10.12 所示。

实例 10.12　查询多个物资的记录。

在 WZGL 数据库的物资信息表中，查询物资名称为"胶圈"或"垫圈"的所有物资的信息。

```
USE WZGL
GO
```

```
SELECT  *
FROM 物资信息表
WHERE 物资名称='胶圈'  OR 物资名称='垫圈'
GO
```

代码说明如下：

"物资名称='胶圈' OR 物资名称='垫圈'"表示将物资名称为"胶圈"或"垫圈"的所有记录查询出来。

查询结果如图 10.21 所示。

扫一扫，看视频

10.6.3　BETWEEN…AND 结构

图 10.21　使用逻辑运算符

BETWEEN…AND 结构表示选取两个数值之间的数据。其语法格式如下：

```
字段名或表达式 [ NOT ] BETWEEN 表达式 1 AND 表达式 2
```

代码说明如下：

- 字段名或表达式，与表达式 1 和表达式 2 的数据类型一致。
- NOT，指定与 BETWEEN…AND 表达式的结果取反，是可选项。
- 表达式 1，是任何有效的 SQL Server 表达式。但是表达式 1 必须与"字段名或表达式"和表达式 2 具有相同的数据类型。
- 表达式 2，是任何有效的 SQL Server 表达式。但是表达式 2 必须与"字段名或表达式"和表达式 1 具有相同的数据类型。
- AND，作为一个占位符，表示"字段名或表达式"应该处于由表达式 1 和表达式 2 指定的范围内。

具体应用如实例 10.13 所示。

实例 10.13　使用 BETWEEN…AND 结构按范围查询。

在 WZGL 数据库的物资库存记录中，查询数量在 12～17 之间的所有记录。

```
USE WZGL
GO

SELECT *
FROM 物资库存记录
WHERE 数量 BETWEEN 12 AND 17
GO
```

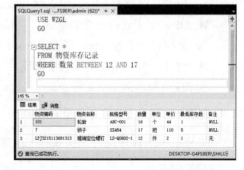

代码说明如下：

"数量 BETWEEN 12 AND 17"表示数量在 12～17 之间。

查询结果如图 10.22 所示。

图 10.22　数量在 12～17 之间的所有记录

可以用>=和<=替代 BETWEEN…AND 结构，实例 10.13 可以改写为实例 10.14。

实例 10.14　改写实例 10.13。

```
USE WZGL
GO

SELECT *
FROM 物资库存记录
WHERE 数量>= 12 AND 数量<=17
GO
```

查询结果和实例 10.13 一样。

BETWEEN…AND 结构可以用 NOT 修饰，表示选取不在两个数值之间的数据，如实例 10.15 所示。

实例 10.15　NOT BETWEEN…AND 结构的应用。

在 WZGL 数据库的物资库存记录中，查询数量不在 12～17 之间的所有记录。

```
USE WZGL
GO

SELECT *
FROM 物资库存记录
WHERE  NOT 数量 BETWEEN 12 AND 17
GO
```

代码说明如下：

"NOT 数量 BETWEEN 12 AND 17"表示数量不在 12～17
之间。

查询结果如图 10.23 所示。

扫一扫，看视频

图 10.23　NOT 的应用

10.6.4　IN 关键字

IN/NOT IN 表示在指定范围内/外，对表达式进行查询。表达式可以是常量或列名，而"指定的范围"可以是列表或子查询，列表或子查询放在圆括号内。其语法格式如下：

```
表达式或字段名 [ NOT ] IN （列表或子查询）
```

代码说明如下：

"表达式或字段名"的数据类型与列表或子查询相同，如实例 10.16 所示。

实例 10.16　使用 IN 关键字按列表查询。

在 WZGL 数据库的物资信息表中，查询物资名称为"垫圈""胶圈""垫片"等的所有物资信息。

```
USE  WZGL
```

```
GO

SELECT  *
FROM   物资信息表
WHERE  物资名称  IN  ( '垫圈' , '胶圈' , '垫片')
GO
```

代码说明如下：

➨ "物资名称"的数据类型为 varchar。

➨ （'垫圈','胶圈','垫片'）表示列表用"（）"括起来，其中的内容用","隔开。

查询结果如图 10.24 所示。

实例 10.17 是一个使用 IN 关键字按子查询查询的例子。

实例 10.17 使用 IN 关键字按子查询查询。

按"物资名称"查询物资信息表中前 3 行记录，然后将查询结果作为查询库存信息的条件。

```
-- =============================================
USE  WZGL
GO

SELECT  *
FROM   物资库存记录
WHERE  物资名称  IN
   ( SELECT TOP 3 物资名称  FROM  物资信息表)
GO
```

代码说明如下：

（SELECT TOP 3 物资名称 FROM 物资信息表）表示子查询形成列表，提供给 IN 关键字使用。

查询结果如图 10.25 所示。

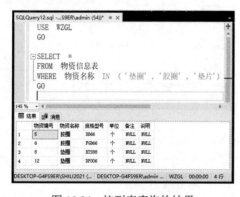

图 10.24　按列表查询的结果

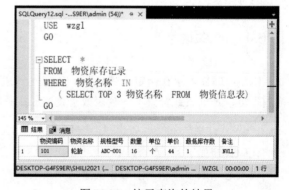

图 10.25　按子查询的结果

与 IN 关键字对应的是 NOT IN 关键字。它表示表达式不在指定的范围内。实例 10.18 演示 NOT IN 关键字的应用。

实例 10.18 NOT IN 关键字的应用。

按物资名称查询物资信息表中前 50 行记录，然后将查询结果作为查询物资库存记录的条件。

```
USE  WZGL
GO


SELECT  *
FROM  物资库存记录
WHERE  物资名称 NOT IN
    ( SELECT TOP 50 物资名称  FROM  物资信息表)
GO
```

查询结果如图 10.26 所示。

10.6.5 LIKE 关键字

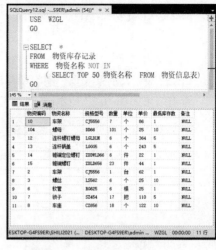

图 10.26 NOT IN 关键字的应用

扫一扫，看视频

LIKE 关键字用于模糊查询，即在不能精确知道查询条件时查询。当使用 LIKE 关键字进行字符串比较时，模式字符串中的所有字符都有意义，包括起始或结尾的空格。例如，查询包含"abc "（abc 后有一个空格）的所有记录，将不会返回包含"abc"（abc 后没有空格）所有记录。

LIKE 关键字可以和 4 种通配符结合使用，分别为%、_、[]、[^]。这些通配符必须与 LIKE 关键字结合使用才有意义，否则将被当作普通字符。

- ➘ %：表示任意一个字符。
- ➘ _：表示任意一个字符。
- ➘ []：表示可以是方括号中列出的任意一个字符。
- ➘ [^]：表示可以是不在方括号中列出的任意一个字符。

具体语法格式如下：

```
字符串表达式 [ NOT ]  LIKE  带通配符串的表达式
    [ ESCAPE  字符串表达式]
```

代码说明如下：

ESCAPE 表示允许在字符串中搜索通配符，而不是将其作为通配符使用。

具体应用如实例 10.19～实例 10.22 所示。

实例 10.19 使用"%"通配符查询。

查询物资库存记录中物资名称以"圈"结尾的记录。

```
USE  WZGL
GO


SELECT  *
FROM  物资库存记录
```

```
WHERE  物资名称  LIKE  '%圈'
GO
```

代码说明如下：

LIKE '%圈'表示查找以"圈"结尾的记录。

查询结果如图 10.27 所示。

实例 10.20 使用"_"通配符查询。

查询物资信息表中物资名称以"连"开头并且第 4 个字为"钉"的记录。

```
USE  WZGL
GO

SELECT  *
FROM  物资信息表
WHERE  物资名称  LIKE  '连__钉%'
GO
```

查询结果如图 10.28 所示。

图 10.27 使用"%"通配符

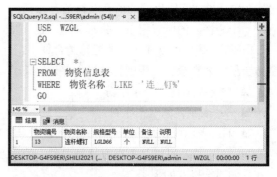

图 10.28 使用"_"通配符

实例 10.21 使用"[]"通配符查询。

查询物资信息表中物资名称以"连"开头并且第 4 个字为"钉"或"盖"的记录。

```
USE  WZGL
GO

SELECT  *
FROM  物资信息表
WHERE  物资名称  LIKE  '连__[钉盖]%'
GO
```

代码说明如下：

方括号中列出的字符不要用逗号或其他符号隔开。

查询结果如图 10.29 所示。

实例 10.22 *使用"[^]"通配符查询。*

查询物资信息表中物资名称以"连"开头并且第 3 个字不是"体"或"螺"的记录。

```
USE  WZGL
GO


SELECT  *
FROM  物资信息表
WHERE  物资名称  LIKE  '连_[^体螺]%'
GO
```

查询结果如图 10.30 所示。

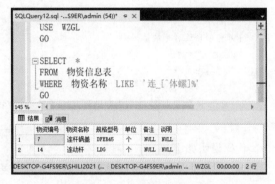

图 10.29 使用"[ ]"通配符   图 10.30 使用"^"通配符

如果要查找字符为"_"的字段值应该如何做呢？这时就必须使用前面提到的 ESCAPE 关键字。ESCAPE 关键字表示它后面的字符在 LIKE 检索的字符串中出现时不作为普通字符，而是当作转义字符。转义字符后紧跟的一个字符不再被当作通配符，而是作为普通字符处理。

例如，在系统所带案例数据库 pubs 数据库的 employee 表中，查询 fname 以 P 开头并且第 2 个字符为"_"的雇员的 emp_id、fname 和 lname 字段。

```
USE  pubs
GO


SELECT  emp_id , fname , lname
FROM  employee
WHERE  fname  LIKE  'P__%'
ESCAPE  '_'
GO
```

代码说明如下：

WHERE fname LIKE 'P__%'中第 1 个"_"不是通配符，而是当作转义字符，表示不管它后面跟的是什么字符，都当作普通字符处理。所以，第 2 个"_"是普通字符。

10.6.6　EXISTS 关键字

　　EXISTS 关键字用于判断子查询检测结果中的行是否存在。也就是说，如果 EXISTS 关键字指定的子查询检测的结果集不为空，则执行主体的 SELECT 查询，否则返回的结果集为空。

　　具体应用如实例 10.23 所示。

　　实例 10.23　EXISTS 关键字的应用。

　　读者可以先自行阅读本实例，看看语句要查的是什么数据。

```
USE WZGL
GO
SELECT *
FROM 物资库存记录
WHERE EXISTS
    (SELECT *
    FROM 物资信息表
    WHERE 物资名称=物资库存记录.物资名称 AND 物资名称 LIKE '连__钉%')
GO
```

代码说明如下：

➥ "物资名称=物资库存记录.物资名称"表示在物资信息表中存在的物资名称的物资信息，同时也在物资库存记录中存在。

➥ "物资名称 LIKE　'连__钉%'"表示对物资名称进行限定，关于 LIKE 关键字参考 10.6.5 小节。

实例 10.23 的语句等价于以下语句。

```
USE WZGL
GO
SELECT  *
FROM 物资库存记录
WHERE 物资名称 IN
    (SELECT 物资名称
    FROM 物资信息表
    WHERE 物资名称 LIKE '连__钉%')
GO
```

　　查询结果如图 10.31 所示。

　　通过比较两段语句，发现第 1 段语句中"物资名称=物资库存记录.物资名称"在子查询的条件中，第 2 段语句中"物资名称 IN"在主查询的条件中。同样与 EXISTS 关键字对应的是 NOT EXISTS 关键字，它的作用和 EXISTS 关键字的作用正好相反，请看下面一段语句，如实例 10.24 所示。

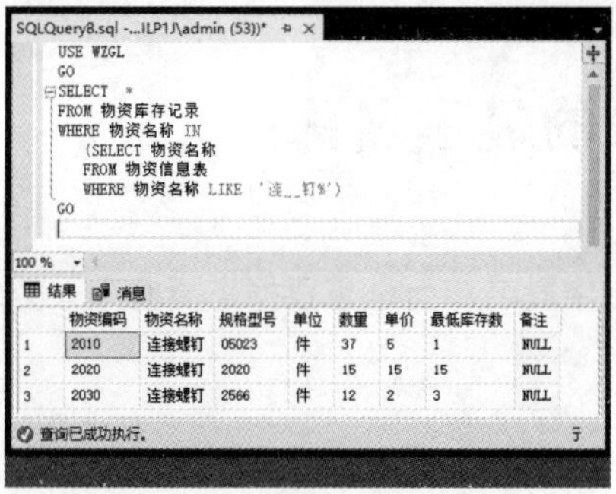

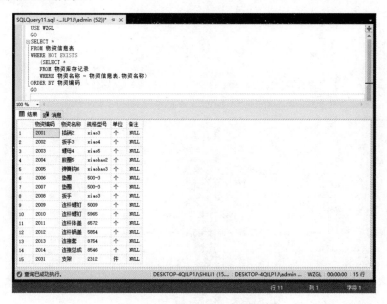

图 10.31　实例 10.23 查询结果

实例 10.24　NOT EXISTS 关键字的应用。

查找在物资信息表中却不在物资库存记录中的所有物资信息。

```
USE WZGL
GO
SELECT *
FROM 物资信息表
WHERE NOT EXISTS
    (SELECT *
    FROM 物资库存记录
    WHERE 物资名称 = 物资信息表.物资名称)
ORDER BY 物资编码
GO
```

查询结果如图 10.32 所示。

图 10.32　实例 10.24 查询结果

10.7 设置查询字段的显示名称

如果不想在查询时显示原始字段名，而是想根据需要或个人爱好显示自定义的名称，有以下 3 种方式可以使用：

❯ 使用 AS 关键字。

❯ 使用 "=" 号。

❯ 直接给出名称。

具体应用如实例 10.25 所示。

实例 10.25 *显示自定义的名称。*

在 pubs 数据库中，查询 employee 表中的 emp_id、fname、lname 和 hire_date 字段。要求 emp_id 显示为雇员编号，fname 和 lname 显示为姓名，hire_date 显示为雇用日期。

方法一：

```
USE  pubs
GO

SELECT  emp_id  '雇员编号', fname +' '+ lname  '姓名' ,
hire_date  '雇用日期'
FROM  employee
GO
```

方法二：

```
USE  pubs
GO

SELECT  emp_id  AS  '雇员编号', fname +' '+ lname  AS  '姓名' ,
hire_date  AS  '雇用日期'
FROM  employee
GO
```

方法三：

```
USE  pubs
GO

SELECT  '雇员编号' = emp_id , '姓名' = fname +' '+ lname,
'雇用日期' = hire_date
FROM  employee
GO
```

这 3 种方法的效果完全一样，执行后的结果集如下：

```
=============================================================
雇员编号              姓名                          雇用日期
--------       ----------------------      ---------------------------
PMA42628M       Paolo Accorti               1992-08-27 00:00:00.000
PSA89086M       Pedro Afonso                1990-12-24 00:00:00.000
VPA30890F       Victoria Ashworth           1990-09-13 00:00:00.000
H-B39728F       Helen Bennett               1989-09-21 00:00:00.000
L-B31947F       Lesley Brown                1991-02-13 00:00:00.000
F-C16315M       Francisco Chang             1990-11-03 00:00:00.000
PTC11962M       Philip Cramer               1989-11-11 00:00:00.000
...
DBT39435M Daniel Tonini                     1990-01-01 00:00:00.000
   （所影响的行数为 43 行）
=============================================================
```

如果定义的字段名为汉字，则字段名可以不加单引号。所以方法一也可以写为：

```
USE  pubs
GO


SELECT  emp_id  雇员编号, fname +' '+ lname  姓名 ,
hire_date  雇用日期
FROM  employee
GO
```

方法二、方法三与之相同。

当汉字作为字段值时必须用英文半角单引号括起来。

10.8　使用统计函数

扫一扫，看视频

在实际应用中，程序员可能被要求给出数据表中的记录数、一笔订单最大的订单金额、某一商品的最低价格等。这时，统计函数就变得必不可少。SQL Server 中常见的统计函数有以下几个：

❥ sum()，返回在某一集合上对数值表达式求得的总和。

❥ avg()，返回在某一集合上对数值表达式求得的平均数。

❥ max()，返回在某一集合上数值表达式中的最大值。

❥ min()，返回在某一集合上数值表达式中的最小值。

❥ count()，返回符合条件的记录数。

具体应用如实例 10.26～实例 10.29 所示。

实例 10.26　sum()函数的应用。

计算物资库存记录中的库存总额。

```
USE  WZGL
GO

SELECT  sum(数量)  AS 库存总数 FROM  物资库存记录
GO
```

代码说明如下：

sum(数量)表示返回物资库存的总数。

执行结果如下：

```
=================================================================
库存总数
-----------------------------------------
163

（所影响的行数为 1 行）
=================================================================
```

统计函数也可以和 WHERE 子句结合使用。

实例 10.27 avg()函数的应用。

计算数量在 3～100 之间所有物资的平均价格。

```
USE WZGL
GO

SELECT  avg(单价)  AS 物资平均单价 FROM 物资库存记录
WHERE 数量 BETWEEN 3 AND 100
GO
```

执行结果如下：

```
=================================================================
物资平均单价
-----------------------------------------
182.600000

（所影响的行数为 1 行）
=================================================================
```

使用 max()函数和 min()函数可以统计出最大值与最小值，如实例 10.28 所示。

实例 10.28 max()函数和 min()函数的应用。

查询最大库存数量和最小库存数量。

```
USE WZGL
GO

SELECT  max(数量)  AS 最大库存数量, min(数量)  AS 最小库存数量
FROM 物资库存记录
```

```
GO
```

执行结果如下：

```
================================================================
最大库存数量              最小库存数量
--------------------    --------------------
26                      1

（所影响的行数为 1 行）
================================================================
```

count()函数可以统计记录总数，如实例 10.29 所示。

实例 10.29　count()函数的应用。

统计物资信息表中的物资信息数量。

```
USE WZGL
GO

SELECT  count(*)  AS  物资信息数量
FROM 物资信息表
GO
```

执行结果如下：

```
================================================================
物资信息数量
-----------
101

（所影响的行数为 1 行）
================================================================
```

10.9　GROUP BY 子句和 HAVING 关键字

扫一扫，看视频

有时，用户可能只对某类产品的总体信息感兴趣，如只想知道数码相机、普通相机的销售情况。这时，要求能够对数据进行分类查询。在 SQL Server 中，GROUP BY 子句用来对数据进行分组，HAVING 关键字用来对分组的数据设置条件。其语法格式如下：

```
[ GROUP BY 表达式 ]
[ HAVING 表达式 ]
```

具体应用如实例 10.30 和实例 10.31 所示。

实例 10.30 GROUP BY 子句的应用。

查询 titles 数据表中各类书籍的数量、总价及平均价。

```
USE  pubs
GO

SELECT  type AS 类型 , count(*) AS 数量 , sum(price)  AS 总价 ,
avg(price) AS 平均价
FROM  titles
GROUP  BY  type
GO
```

执行结果如下：

```
==============================================================
类型              数量         总价                     平均价
------------    ----------   --------------------     --------------------
business        4            54.9200                  13.7300
mod_cook        2            22.9800                  11.4900
popular_comp    3            42.9500                  21.4750
psychology      5            67.5200                  13.5040
trad_cook       3            47.8900                  15.9633
UNDECIDED       1            NULL                     NULL
（所影响的行数为 6 行）
警告：聚合或其他 SET 操作消除了空值。
==============================================================
```

在结果的最后一行，SQL Server 系统给出了一个警告信息。这是因为 popular_comp 类图书中有一个的价格为 NULL。现在给出一个实例，不统计价格为 NULL 且类别数量在 4 以下的图书。

实例 10.31 HAVING 关键字的应用。

不统计价格为 NULL 且类别数量在 4 以下的图书。

```
USE  pubs
GO

SELECT  type AS 类型 , count(*) AS 数量 , sum(price)  AS 总价 ,
avg(price) AS 平均价
FROM  titles
WHERE  price  IS  NOT  NULL
GROUP  BY  type
HAVING  count(*) > 3
GO
```

执行结果如下：

```
==============================================================
类型              数量         总价                     平均价
```

business	4	54.9200	13.7300
psychology	5	67.5200	13.5040

（所影响的行数为 2 行）

==

（1）WHERE 子句用在 FROM 语句后，HAVING 子句用在 GROUP BY 子句后。

（2）HAVING 子句中可以使用统计函数，WHERE 子句和 GROUP BY 子句中不能使用统计函数，必须是原始列。

（3）必须在 GROUP BY 子句中列出 SELECT 查询字段中所有的非集合字段。执行下面一段 Transact-SQL 语句：

```
USE pubs
GO

SELECT  type AS 类型 , count(*) AS 数量 , sum(price)  AS 总价 ,
avg(price) AS 平均价 , pub_id AS 出版社号
FROM  titles
GROUP  BY type
GO
```

会返回以下错误信息：

```
服务器：消息 8120，级别 16，状态 1，行 2
列 'titles.pub_id' 在选择列表中无效，因为该列既不包含在聚合函数中，也不包含在 GROUP BY 子句中。
```

10.10　ALL 关键字

扫一扫，看视频

Transact-SQL 在 GROUP BY 子句中提供 ALL 关键字。只有在 SELECT 语句还包括 WHERE 子句时，ALL 关键字才有意义。

如果使用 ALL 关键字，那么查询结果将包括由 GROUP BY 子句产生的所有组，即使某些组没有符合搜索条件的行。没有 ALL 关键字，包含 GROUP BY 子句的 SELECT 语句将不显示没有符合条件的行的组。请看下面的实例：

```
USE WZGL
SELECT AVG(单价) AS 均价,单位
FROM 物资库存记录
WHERE 数量>10
GROUP BY 单位
```

执行结果如下：

==

均价	单位

```
--------------------------------    --------------------------------
4.500000                            件
252.200000                          只
```

（所影响的行数为 2 行）
```
================================================================
```

如果使用 ALL 关键字，Transact-SQL 如下：

```
USE WZGL
SELECT AVG(单价) AS 均价,单位
FROM 物资库存记录
WHERE 数量>10
GROUP BY ALL 单位
```

执行结果如下：

```
================================================================
均价                                单位
--------------------------------    --------------------------------
NULL                                公斤
4.500000                            件
252.200000                          只
```

（所影响的行数为 3 行）
```
================================================================
```

扫一扫，看视频

10.11 ORDER BY 子句

ORDER BY 子句用于对查询结果进行排序，如对查询的书籍按价格进行排序。其语法格式如下：

```
[ ORDER BY { order_by_字段名[ ASC | DESC ] }   [ ,...n ] ]
```

代码说明如下：

- ➥ order_by_字段名表示指定要排序的字段名。
- ➥ ORDER BY 表示子句中的字段数目没有限制。
- ➥ ASC 表示按指定字段中的值进行递增顺序排序，默认按 ASC 排序。
- ➥ DESC 表示按指定字段中的值进行递减顺序排序。
- ➥ 空值被视为最低的可能值。

具体应用如实例 10.32 和实例 10.33 所示。

实例 10.32　使用 ORDER BY 子句递减排序。

查询 titles 数据表中书籍的 title_id、type 和 price 字段，并按 price 降序排序。

```
USE  pubs
GO

SELECT  title_id , type , price
FROM titles
ORDER BY price DESC
GO
```

执行结果如下：

```
=================================================================

title_id      type              price
----------    -----------       ---------------------
PC1035        popular_comp      22.9500
PS1372        psychology        21.5900
TC3218        trad_cook         20.9500
PC8888        popular_comp      20.0000
PS3333        psychology        19.9900
MC2222        mod_cook          19.9900
BU1032        business          19.9900
BU7832        business          19.9900
TC7777        trad_cook         14.9900
TC4203        trad_cook         11.9500
BU1111        business          11.9500
PS2091        psychology        10.9500
PS7777        psychology        7.9900
PS2106        psychology        7.0000
BU2075        business          2.9900
MC3021        mod_cook          2.9900
MC3026        UNDECIDED         NULL
PC9999        popular_comp      NULL
（所影响的行数为 18 行）
=================================================================
```

可以指定多个字段对查询的结果集进行排序。实例 10.33 通过两个字段对结果集进行排序，每个排序字段都可以设定排序类型。

实例 10.33　指定多个字段对查询的结果集进行排序。

查询 titles 数据表中书籍的 title_id、type 和 price 字段，并按 type 升序排序，按 price 降序排序，设定 type 为第一排序字段。

```
USE  pubs
GO

SELECT  title_id , type , price
FROM titles
ORDER BY type , price DESC
```

```
GO
```

代码说明如下：

设置排序字段优先级不会使用到特殊的方法，只需把优先排序的字段放在前面即可。例如，在实例 10.33 中，将 type 字段名放在 price 字段名前，则 SQL Server 在对结果集进行排序时先按 type 的字段值进行排序。

执行结果如下：

```
==========================================================================
title_id      type          price
-----------   ------------  ----------------------
BU1032        business      9.9900
BU7832        business      19.9900
BU1111        business      11.9500
BU2075        usiness       2.9900
MC2222        mod_cook      19.9900
MC3021        mod_cook      2.9900
PC1035        popular_comp  22.9500
PC8888        popular_comp  20.0000
PC9999        popular_comp  NULL
PS1372        psychology    21.5900
PS3333        psychology    19.9900
PS2091        psychology    10.9500
PS7777        psychology    7.9900
PS2106        psychology    7.0000
TC3218        trad_cook     20.9500
TC7777        trad_cook     14.9900
TC4203        trad_cook     11.9500
MC3026        UNDECIDED     NULL
（所影响的行数为 18 行）
==========================================================================
```

扫一扫，看视频

10.12　多表查询

有时我们想要查询的数据可能在多个数据表中。例如，要检索学生的姓名和成绩，就需要访问学生表和成绩表，并将这两个表中的相关信息组合到一起。其语法格式如下：

```
SELECT 表名.字段名[ ,...n ]
FROM t表名 [ ,...n ]
```

具体应用如实例 10.34 和实例 10.35 所示。

实例 10.34　多表查询的应用。

查询每本图书的出版社编号、出版社名称、图书编号和图书价格。

```
USE  pubs
```

```
GO

SELECT  publishers.pub_id, publishers.pub_name, titles.title_id, titles.price
FROM publishers, titles
WHERE  publishers.pub_id = titles.pub_id
GO
```

执行结果如下：

```
========================================================================
pub_id  pub_name                        title_id price
------  ------------------------------  -------- ------------
1389    Algodata Infosystems            BU1032   19.9900
1389    Algodata Infosystems            BU1111   11.9500
0736    New Moon Books                  BU2075   2.9900
1389    Algodata Infosystems            BU7832   19.9900
0877    Binnet & Hardley                MC2222   19.9900
0877    Binnet & Hardley                MC3021   2.9900
0877    Binnet & Hardley                MC3026   NULL
1389    Algodata Infosystems            PC1035   22.9500
1389    Algodata Infosystems            PC8888   20.0000
1389    Algodata Infosystems            PC9999   NULL
0877    Binnet & Hardley                PS1372   21.5900
0736    New Moon Books                  PS2091   10.9500
0736    New Moon Books                  PS2106   7.0000
0736    New Moon Books                  PS3333   19.9900
0736    New Moon Books                  PS7777   7.9900
0877    Binnet & Hardley                TC3218   20.9500
0877    Binnet & Hardley                TC4203   11.9500
0877    Binnet & Hardley                TC7777   14.9900
 （所影响的行数为 18 行）
========================================================================
```

如果某一字段为其中一个表独有，则在 SELECT 查询中该字段前不用加表名和点号。例如，在例 10.34 中，pub_name 字段为 publishers 数据表独有，title_id 字段和 price 字段为 titles 数据表独有，则实例 10.34 的 Transact-SQL 脚本可以改写为：

```
USE  pubs
GO

SELECT  publishers.pub_id,  pub_name, title_id, price
FROM publishers, titles
WHERE publishers.pub_id = titles.pub_id
GO
```

其执行结果与实例 10.34 的执行结果相同。

此外，在 Transact-SQL 中，可以对表使用别名，以方便语句的书写。其语法格式如下：

```
SELECT table_name.column_name  [ ,...n ]
FROM table_name table_ali AS  [ ,...n ]
```

则实例 10.34 的 Transact-SQL 脚本可以改写为：

```
USE  pubs
GO

SELECT  p.pub_id, pub_name, title_id, price
FROM publishers p, titles  t
WHERE p.pub_id = t.pub_id
GO
```

其执行结果与实例 10.34 的执行结果相同。

也可以在多表查询中使用 WHERE 子句、GROUP BY 子句和 ORDER BY 子句。

实例 10.35 WHERE 子句、GROUP BY 子句和 ORDER BY 子句的综合应用。

查询每个出版社出版的价格大于 10 的图书数量，并按出版图书的数量进行升序排序。

```
USE  pubs
GO

SELECT  pub_name,  count(title_id) AS Number
FROM  publishers  p, titles  t
WHERE  p.pub_id = t.pub_id  AND  price > 10
GROUP  BY  p.pub_name
ORDER  BY  count(title_id)  ASC
GO
```

执行结果如下：

```
===================================================================
pub_name                         Number
-------------------------        -----------
New Moon Books                   2
Algodata Infosystems             5
Binnet & Hardley                 5
（所影响的行数为 3 行）
===================================================================
```

10.13 UNION 表达式

UNION 运算符可以将两个或多个 SELECT 语句的查询结果组合到一起，仿佛它们来自同一个数据表。使用 UNION 组合的结果集必须具有相同的字段结构，而且它们的字段数必须相等，并且相应的字段的数据类型必须兼容。其语法格式如下：

```
select_statement  UNION  [ALL]  select_statement
```

代码说明如下：

❯ UNION 结果集的字段名与 UNION 运算符中第 1 个 SELECT 语句的结果集中的字段名相

同。另一个 SELECT 语句的结果集的字段名将被忽略。

➥ 默认情况下，UNION 运算符会将结果集中重复的记录删除。如果使用 ALL 关键字，那么结果集中将包含所有记录（不删除重复的记录）。

➥ SQL Server 将按默认排序规则对查询所得的整个结果集进行排序。

具体应用如实例 10.36 所示。

实例 10.36　UNION 表达式的应用。

查询出版社的名称和作者的名称，并将它们显示在一起。

```
USE  pubs
GO

SELECT  pub_name  AS  名称
FROM  publishers

UNION

SELECT  au_fname +'  '+au_lname
FROM  authors
GO
```

代码说明如下：

au_fname +'　　'+au_lname 语句用于将 au_fname 字段和 au_lname 字段显示在一个字段中。

执行结果如下：

```
================================================================
名称
----------------------------------------------------------------
Abraham   Bennet
Akiko   Yokomoto
Albert   Ringer
Algodata Infosystems
Ann   Dull
Anne   Ringer
Binnet & Hardley
Burt   Gringlesby
...
Morningstar   Greene
New Moon Books
Ramona Publishers
Reginald   Blotchet-Halls
Scootney Books
Sheryl   Hunter
Stearns   MacFeather
Sylvia   Panteley
（所影响的行数为 31 行）
================================================================
```

如果要自行对结果集进行排序,必须把 ORDER BY 子句写在最后一个 SELECT 子句后,但是排序的字段必须来自第一个 SELECT 列表中的字段,否则系统会提示如下错误:

```
==========================================================
服务器：消息 207，级别 16，状态 3，行 2
列名 'au_lname' 无效。
==========================================================
```

下面将实例 10.34 重新改写,并将结果按 DESC 排序。语句修改如下:

```
USE  pubs
GO

SELECT  pub_name  AS  名称
FROM  publishers

UNION

SELECT  au_fname +'  '+au_lname
FROM  authors
ORDER BY pub_name DESC
GO
```

扫一扫，看视频

10.14　CASE 表达式

CASE 是一个特殊的 Transact-SQL 表达式,它允许按字段值动态指定显式值。不过数据中的字段值更改是临时的,并没有对数据进行永久更改。关于 CASE 语句的详细应用请参考第 9 章。需要注意的是,如果在 SQL Server Management Studio 中的查询设计器中执行实例中的语句,会弹出一个警告窗口,如图 10.33 所示。

图 10.33　警告窗口

之所以弹出这个警告窗口，是因为 SQL Server 的 SQL Server Management Studio 内的查询设计器本身不支持 CASE 语句，但是可以在查询脚本编辑器窗口中执行 CASE 表达式的 Transact-SQL 语句。

10.15 INNER JOIN ... ON ...表达式

使用 INNER JOIN ... ON ...表达式进行连接的方式称为内连接，它查询字段值与连接条件匹配的数据行，在功能上基本等同于两表联合查询的 WHERE ... = ...。其语法格式如下：

```
FROM  表名 1  INNER JOIN 表名 2 on 表达式
```

具体应用如实例 10.37 所示。

实例 10.37   内连接的应用。

查询个人数据库 a_book 数据表中借书人是 a_friends 数据表中朋友的数据。查询 a_book 数据表中的书名、借阅日期、借阅人字段，查询 a_friends 数据表中电话、地址字段，并将结果按照书名降序排序。

```
USE 个人数据
GO

SELECT  a_book.书名,  a_book.借阅日期,  a_book.借阅人,
        a_friends.电话,  a_friends.地址
FROM  a_book INNER JOIN a_friends
ON  a_book.借阅人 = a_friends.姓名
ORDER BY  a_book.书名 DESC
GO
```

执行结果如下：

```
==============================================================
书名              借阅日期       借阅人    电话           地址
----------------  ------------  -------  -----------   -----------
数据结构与算法     2005-09-10    李四     010-66666666   北京
SQL Server 2000   2004-07-24    张三     010-88888888   北京
（所影响的行数为 2 行）
==============================================================
```

实例 10.37 的执行语句可以用下述语句替代。

```
USE 个人数据
GO

SELECT  a_book.书名,  a_book.借阅日期,  a_book.借阅人,
        a_friends.电话,  a_friends.地址
FROM  a_book , a_friends
```

```
WHERE  a_book.借阅人 = a_friends.姓名
ORDER BY  a_book.书名 DESC
GO
```

执行结果与实例 10.37 的执行结果一致。

多表查询的连接方式还有外连接、左连接和右连接等。相对于内连接，它们不是很常用。由于篇幅限制，本章对这部分内容不作讲解，读者如果有兴趣可以查阅其他相关书籍或 SQL Server 联机帮助丛书。

扫一扫，看视频

10.16　小结

本章讲述了 SELECT 命令中经常用到及可能用到的功能，相信读者已经从中发现了 SELECT 的神奇之处。虽然本章大部分讲解的是单表查询，但是这些技术可以应用到多表查询中。

现在读者应该相信了 Transact-SQL 语言是接近自然语言的。或许读者又会因此而担心它的执行效率。因为 Transact-SQL 语言是一种描述性的语言，读者只需要把自己的需求使用 Transact-SQL 语言进行描述，然后放心地交给查询优化器执行就可以。尽管读者可能不曾见过它，但它会保证 Transact-SQL 语句的查询效率。

10.17　习题

1．查询 pubs 数据库的 jobs 表的所有记录。

2．查询 pubs 数据库的 jobs 表的 job_id 和 job_DESC 列的数据。

3．查询 pubs 数据库的 jobs 表中前 10 行记录。

4．查询 pubs 数据库的 jobs 表中前 10%的记录。

5．查询 pubs 数据库的 jobs 中 min_lvl 最少的 3 种工作。

6．查询 pubs 数据库的 authors 表中所有作者所在的城市，不包括相同的内容。

7．在 pubs 数据库的 authors 表中，查询 city=covelo 的作者。

8．在 pubs 数据库的 authors 表中，查询 city=covelo 或 state=CA 的所有作者的信息。

9．在 pubs 数据库 titleauthor 表中，查询 royaltyper 在 30～70 之间所有作者的信息。

10．查询 pubs 数据库 titleauthor 表，查询 title_id 以"7"结尾的信息。

第 *11* 章

数据处理

对于程序员而言，数据处理可能是最重要的工作，包括插入数据、修改数据、删除数据和浏览数据。对于数据处理操作，既可以使用 SQL Server Management Studio，也可以使用 Transact-SQL 语言。本章详细讲解了如何使用这两种方式。

11.1 插入数据

在对数据进行维护的过程中，插入数据是一种十分常见的操作。当有新的数据需要保存到数据库中时，就需要用到插入数据操作。本节使用 SQL Server Management Studio 与 Transact-SQL 语言实现插入数据。

11.1.1 使用 SQL Server Management Studio 插入数据

SQL Server Management Studio 是一个功能全面的工具。用户可以在它提供的图形界面上，完成数据管理的所有工作。本小节介绍如何使用 SQL Server Management Studio 插入数据。其具体操作步骤如实例 11.1 所示。

实例 11.1 插入新数据。

（1）从树形结构上，展开要插入数据表所在的数据库。

（2）展开 WZGL 数据库的表节点，右击"物资信息表"，在弹出的快捷菜单中执行【编辑前 200 行】命令，如图 11.1 所示。如果数据库行数太多，想要编辑更多行的数据，可以依次执行【工具】|【选项】命令，在弹出的【选项】对话框中依次单击【SQL Sever 对象资源管理器】|【命令】，在右侧选项卡中设置【"编辑前<n>行"命令的值】选项为一个想编辑的行数，如 300（默认为 200），如图 11.2 所示，然后单击【确定】按钮。这样，右击"物资信息表"后弹出的快捷菜单中的命令就变为【编辑前 300 行】，如图 11.3 所示。

图 11.1 执行【编辑前 200 行】命令　　　图 11.2 【"编辑前<n>行"命令的值】选项

（3）在步骤（2）中，执行【编辑前200行】命令后会弹出【数据】对话框，如图11.4所示。在该对话框中，在最后一行的表格中输入对应类型的数据即可完成数据的插入。

物资编码	物资名称	规格型号	单位	备注
2001	插销2	xiao3	个	NULL
2002	扳手3	xiao4	个	NULL
2003	螺母4	xiao5	个	NULL
2004	股圈5	xiaohao2	个	NULL
2005	弹簧构6	xiaohao3	个	NULL
2006	垫圈	500-3	个	NULL
2007	垫圈	500-3	个	NULL
2008	扳手	xiao3	个	NULL
2009	连杆螺钉	5009	个	NULL
2010	连杆螺钉	5965	个	NULL
2011	连杆体盖	6572	个	NULL
2012	连杆锅盖	5854	个	NULL
2013	连接套	8754	个	NULL
2014	连接总成	8546	个	NULL
2020	连接螺钉	2020	件	NULL
2030	连接螺钉	2021	件	NULL
2031	支架	2312	件	NULL
NULL	NULL	NULL	NULL	NULL

新建表(T)...
设计(G)
选择前 1000 行(W)
编辑前 300 行(E)
编写表脚本为(S)
查看依赖关系(V)
内存优化顾问(M)

图11.3　修改为【编辑前300行】　　　　图11.4　【数据】对话框

扫一扫，看视频

11.1.2　INSERT 语句

当需要向数据表或视图中添加一行记录时，可以使用以下 INSERT 语句格式：

```
INSERT [INTO] 表名或视图 [字段列表] values 值列表
```

代码说明如下：

- ❧ "表名或视图"是指要插入数据的表或视图的名称。
- ❧ "字段列表"是指由逗号分隔的列名列表，用来指定为其提供数据的列。如果没有指定字段列表，表或视图中的所有列都将接收数据。
- ❧ "值列表"是指要插入由表或字段指定的表或视图中的一条数据。如果字段列表没有为表或视图中的所有列命名，将在列表中没有命名的任何列中插入一个 NULL 值，或者是为这些列定义的默认值。在列的列表中没有指定的所有列都必须允许 NULL 值或指定的默认值。所提供的数据值必须与列的列表匹配。

实例11.2 是一个向数据表中插入一行记录的例子。

实例11.2　插入一行记录。

向 WZGL 数据库的物资库存记录数据表中插入一行记录。

```
USE WZGL
GO
INSERT  INTO 物资库存记录 (物资编码,物资名称,规格型号,单位,数量,单价,最低库存数,备注)
VALUES ('LPJ32151113691313','锥端定位螺钉','LS-Q0602-1','件',12,2,1,'无')
GO
```

执行结果如图 11.5 所示。

图 11.5　实例 11.2 执行结果

因为实例 11.2 的语句向数据表插入了一行记录，所以返回的信息是影响了 1 行数据。在 SQL Server Management Studio 中可以看到这行记录已经被插入了，如图 11.6 所示。

物资编码	物资名称	规格型号	单位	数量	单价	最低库存数	备注
2001	胶圈	0502	件	15	12	1	NULL
2002	压塞	04256	件	20	7	1	NULL
2003	连接螺钉	2525	件	20	20	1	NULL
2024	连接螺钉	2526	件	20	20	1	NULL
2028	车脚架	6565	件	20	20	1	NULL
LPJ321511369...	锥端定位螺钉	LS-Q0602-1	件	12	2	1	无
NULL	NULL	NULL	NULL	NULL	NULL	NULL	NULL

图 11.6　在 SQL Server Management Studio 中看到的执行结果

如果插入的记录中字段的顺序与数据表中字段的顺序一样，则可以省略 INSERT 语句的字段列表，如实例 11.2 的语句可以改写为实例 11.3 的形式。

实例 11.3　简化实例 11.2。

```
USE WZGL
GO
INSERT  INTO 物资库存记录
VALUES ('LPJ32151136913313','锥端定位螺钉','LS-Q0602-1','件',12,2,1,'无')
GO
```

如果有字段是标识列，则每次插入新记录时该列会自动填入，所以不需要为它指定值。如果指定会返回一个错误信息：

```
===============================================================
服务器：消息 8101，级别 16，状态 1，行 1
仅当使用了列的列表，并且 IDENTITY_INSERT 为 ON 时，才能在表 'a_money' 中为标识列指定显式值。
===============================================================
```

此时必须为备注字段指定一个值，由于表中备注字段是一个可以为空的 varchar 数据类型，所以可以将其指定为一个空字符串，甚至也可以将备注字段直接指定为 NULL。如果不指定会返回一个错误信息：

```
服务器：消息 213，级别 16，状态 4，行 1
插入错误：列名或所提供值的数目与表定义不匹配。
```

11.1.3　SELECT 语句

INSERT 语句也可以将使用 SELECT 语句查询得到的数据集插入数据表中。其语法格式如下：

```
INSERT [INTO] 表或视图
SELECT 字段列表
[FROM 表名]
…
```

代码说明如下：

使用 SELECT 语句查询的数据必须与表或视图指定的数据表的字段相匹配，并且顺序一致。SELECT 语句可以使用 TOP 关键字、DISTINCT 关键字，WHERE 子句、GROUP BY 子句和 ORDER BY 子句等。

向数据表中插入多行记录，如实例 11.4 所示。

实例 11.4　插入多行记录。

首先创建一个新表"物资库存记录 1"，表结构与"物资库存记录"相同，然后将"物资库存记录"中的记录复制到"物资库存记录 1"中。

```
USE WZGL
GO
IF EXISTS (SELECT * FROM dbo.sysobjects WHERE id = object_id(N'[dbo].[物资库存记录1]') AND
OBJECTPROPERTY(id, N'IsUserTable') = 1)
DROP TABLE [dbo].[物资库存记录1]
GO

CREATE TABLE [dbo].[物资库存记录1] (
    [物资编码] [varchar] (20) NOT NULL ,
    [物资名称] [varchar] (50) NULL ,
    [规格型号] [varchar] (50) NULL ,
    [单位] [varchar] (50) NULL ,
    [数量] [numeric](18, 0) NOT NULL ,
    [单价] [numeric](18, 0) NULL ,
    [最低库存数] [numeric](18, 0) NOT NULL ,
    [备注] [varchar] (50) NULL
) ON [PRIMARY]
GO
INSERT INTO 物资库存记录1
SELECT * FROM 物资库存记录
GO
```

执行结果如下：

```
===========================================================
（所影响的行数为 12 行）
===========================================================
```

实例 11.4 中将 SELECT 语句查询到的 12 行记录插入物资库存记录 1，所以返回信息指明影响的行数为 12 行。

由于已经将物资库存记录中的数据全部插入了物资库存记录 1 中，所以物资库存记录 1 中的数据与物资库存记录中的完全一样，如图 11.7 和图 11.8 所示。

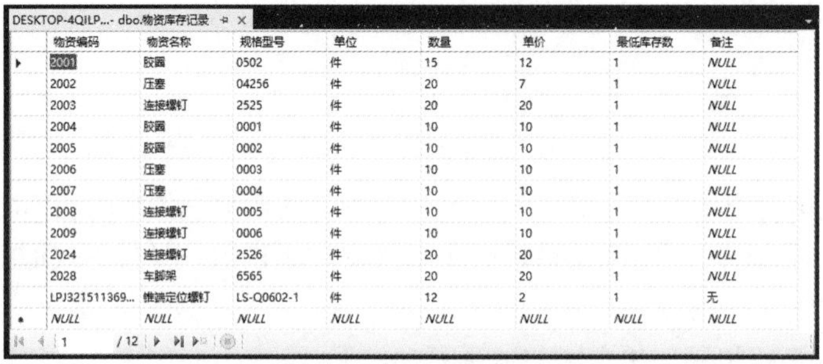

图 11.7 物资库存记录

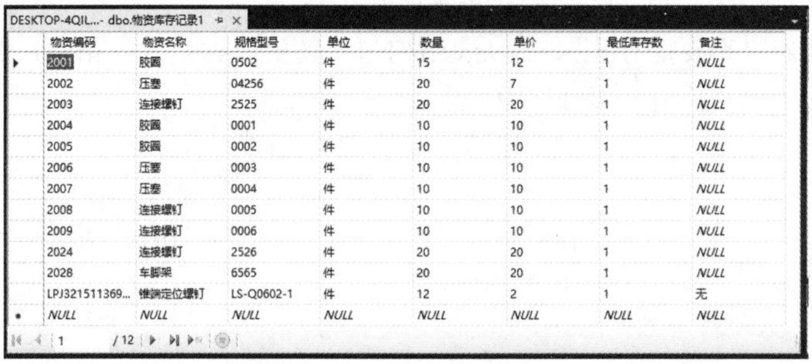

图 11.8 物资库存记录 1

具体应用如实例 11.5 所示。

实例 11.5 复制 SELECT 语句的查询结果。

将 WZGL 数据库的物资库存记录中前 10 行记录复制到物资库存记录 1 中。

```
USE WZGL
GO

INSERT  INTO 物资库存记录1
SELECT TOP 10  *  FROM 物资库存记录
GO
```

执行结果如下：

```
====================================================================
（所影响的行数为 10 行）
====================================================================
```

此时已经将物资库存记录中前 10 行记录复制到了物资库存记录 1 中，如图 11.9 所示。

图 11.9　复制前 10 行记录

用户也可以设置 SELECT 查询条件，常见的 SELECT 查询中用到的关键字是 IN、BETWEEN、EXISTS、AND、UNION 等。读者可以尝试执行下面一段语句，并查看效果。

```
USE WZGL
GO

INSERT  INTO 物资库存记录
SELECT * FROM 物资库存记录 1
WHERE 数量 > 10
GO
```

11.2　修改数据

Transact-SQL 语言使用 UPDATE 语句更新数据。UPDATE 语句拥有十分神奇的功能，它虽然不带有任何循环语句的痕迹，但可以完成其他编程语言中必须使用循环语句才能完成的工作。它可以只更新一行数据，也可以只更新一列数据，甚至一次更新整个数据集。

11.2.1　使用 SQL Server Management Studio 修改数据

用户可以在 SQL Server Management Studio 中直接修改数据，具体操作步骤如下：

扫一扫，看视频

（1）从树形结构上，展开要指定的表所在的数据库。

（2）展开 WZGL 数据库的表节点，右击"物资库存记录"，在弹出的快捷菜单中执行【编辑前 200 行】命令，弹出【数据】对话框，如图 11.10 所示。在此对话框中，选中要修改的数据直接修改即可。

物资编码	物资名称	规格型号	单位	数量	单价	最低库存数	备注
2001	胶圈	0502	件	15	12	1	NULL
2002	压塞	04256	件	20	7	1	NULL
2003	连接螺钉	2525	件	20	20	1	NULL
2004	胶圈	0001	件	10	10	1	NULL
2005	胶圈	0002	件	10	10	1	NULL
2006	压塞	0003	件	10	10	1	NULL
2007	压塞	0004	件	10	10	1	NULL
2008	连接螺钉	0005	件	10	10	1	NULL
2009	连接螺钉	0006	件	10	10	1	NULL
2024	连接螺钉	2526	件	20	20	1	NULL
2028	车脚架	6565	件	20	20	1	NULL
LPJ321511369...	横调定位螺钉	LS-Q0602-1	件	12	2	1	无
NULL	NULL	NULL	NULL	NULL	NULL	NULL	NULL

图 11.10　【数据】对话框

扫一扫，看视频

11.2.2　批量修改

如果在 UPDATE 语句中不设置任何更新条件，那么它将批量更新命令中所列出字段的所有数据。其语法格式如下：

```
UPDATE 表名或视图名
SET {column_name = { expression | default | null } }
[ FROM { <table_source> } [ , … ] ]
```

代码说明如下：

➥ column_name 指定 UPDATE 命令所要更新的字段名。

➥ { expression | default | null }指定对字段的更新方式。expression 表示用表达式的值更新字段的原始值；default 表示使用该字段的默认值；null 表示使用空值更新字段的原始值。

➥ FROM　{ <table_source> }用于引出其他的表，它为 UPDATE 命令的数据修改操作提供条件。

具体应用如实例 11.6 和实例 11.7 所示。

实例 11.6　批量修改单个字段。

将 WZGL 数据库的物资库存记录中所有单价加 1。

```
USE  WZGL
GO

UPDATE  物资库存记录
SET 单价 = 单价 + 1
Go
```

执行结果如下：

===
（所影响的行数为 12 行）
===

此时已经将数据表中的【单价】字段的数据全部更新。前后对比效果如图 11.11 和图 11.12 所示。

图 11.11　数据更新前

图 11.12　数据更新后

UPDATE 语句也可以同时更新一张表中的多个字段。这时，字段之间用逗号隔开。

实例 11.7　批量修改多个字段。

将 WZGL 数据库的物资库存记录中所有物资库存数量的数量加 1，备注改为 NULL。

```
USE  WZGL
GO

UPDATE  物资库存记录
SET 数量 = 数量 +1,备注 = NULL
GO
```

执行结果如下：

===
（所影响的行数为 12 行）
===

此时已经将数据表中的【数量】字段和【备注】字段的数据全部更新。前后对比效果如图 11.13 和图 11.14 所示。

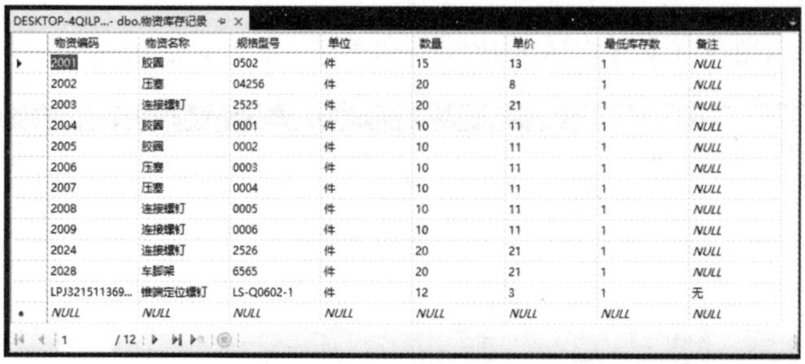

图 11.13　数据更新前

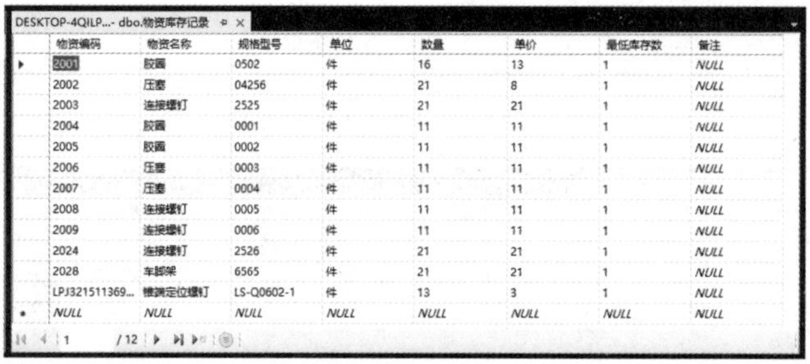

图 11.14　数据更新后

11.2.3　条件修改

大多数情况下，用户只需更新符合特定条件的数据。例如，一段时间后只有某一款数码相机的价格发生了改变，此时只对这款数码相机的价格更新即可。其语法格式如下：

```
UPDATE  {表名或视图名称}
SET { column_name = { expression | default | null } }
[ FROM { <table_source> } [ , … ] ]
[ WHERE < search_condition > ]
```

具体应用如实例 11.8 和实例 11.9 所示。

实例 11.8　按条件修改单个字段。

在 WZGL 数据库的物资库存表记录中的所有物资编码前加 "abc"。

```
USE  WZGL
Go
UPDATE  物资库存记录
SET 物资库存记录.物资编码 = 'abc'+物资库存记录.物资编码
GO
```

执行结果如下：

```
===============================================================
（所影响的行数为 12 行）
===============================================================
```

前后对比效果如图 11.15 和图 11.16 所示。

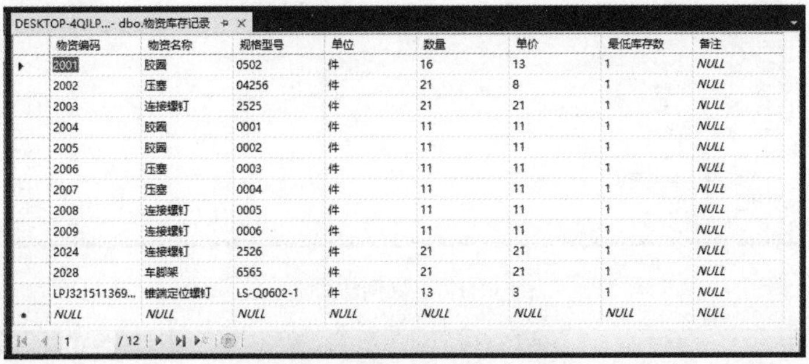

图 11.15　数据更新前

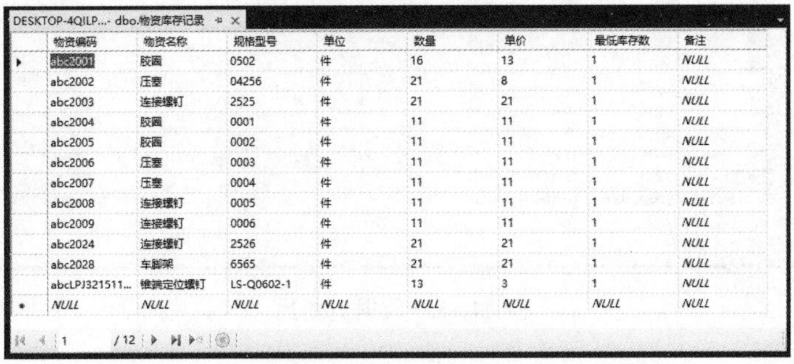

图 11.16　数据更新后

更新条件也可以来自其他数据表，此时可以使用 FROM 子句。

实例 11.9　使用 FROM 子句。

```
USE  WZGL
GO
UPDATE  物资库存记录
SET 物资库存记录.物资编码 = 'abc'+物资库存记录.物资编码
FROM (SELECT  物资编码,物资名称,规格型号  FROM  物资信息表)  AS  新编码
WHERE 物资库存记录.物资名称 =新编码.物资名称
AND 物资库存记录.规格型号 =新编码.规格型号
GO
```

执行结果如下：

```
===============================================================
（所影响的行数为 1 行）
===============================================================
```

此时已经将数据表中符合条件的数据全部更新。前后对比效果如图 11.17 和图 11.18 所示。

物资编码	物资名称	规格型号	单位	数量	单价	最低库存数	备注
2001	胶圈	0502	件	16	13	1	NULL
2002	压壳	04256	件	21	8	1	NULL
2003	连接螺钉	2525	件	21	21	1	NULL
2004	胶圈	0001	件	11	11	1	NULL
2005	胶圈	0002	件	11	11	1	NULL
2006	压壳	0003	件	11	11	1	NULL
2007	压壳	0004	件	11	11	1	NULL
2008	连接螺钉	0005	件	11	11	1	NULL
2009	连接螺钉	0006	件	11	11	1	NULL
2024	连接螺钉	2526	件	21	21	1	NULL
2028	车脚架	6565	件	21	21	1	NULL
LPJ321511369...	锥端定位螺钉	LS-Q0602-1	件	13	3	1	NULL
NULL	NULL	NULL	NULL	NULL	NULL	NULL	NULL

图 11.17 数据更新前

物资编码	物资名称	规格型号	单位	数量	单价	最低库存数	备注
2002	压壳	04256	件	21	8	1	NULL
2003	连接螺钉	2525	件	21	21	1	NULL
2004	胶圈	0001	件	11	11	1	NULL
2005	胶圈	0002	件	11	11	1	NULL
2006	压壳	0003	件	11	11	1	NULL
2007	压壳	0004	件	11	11	1	NULL
2008	连接螺钉	0005	件	11	11	1	NULL
2009	连接螺钉	0006	件	11	11	1	NULL
2024	连接螺钉	2526	件	21	21	1	NULL
2028	车脚架	6565	件	21	21	1	NULL
abc2001	胶圈	0502	件	16	13	1	NULL
LPJ321511369...	锥端定位螺钉	LS-Q0602-1	件	13	3	1	NULL
NULL	NULL	NULL	NULL	NULL	NULL	NULL	NULL

图 11.18 数据更新后

11.3 删除数据

使用 DELETE 语句可以删除表或视图中的一条或多条记录。用户可以用 WHERE 子句指定删除条件，也可以用 FROM 子句引出其他的表，为 DELETE 语句删除数据提供条件。此外，用户还可以使用 TRUNCATE 语句删除数据表中的所有记录。

11.3.1 使用 SQL Server Management Studio 删除数据

扫一扫，看视频

在 SQL Server Management Studio 中可以删除数据，具体操作步骤如下：

（1）从树形结构上，展开要指定的表所在的数据库。

（2）展开 WZGL 数据库的表节点，右击"物资库存记录表"，在弹出的快捷菜单中执行【编辑前 200 行】命令，弹出【数据】对话框。在此对话框中选中要删除的记录行。右击该记录，在弹出的快捷菜单中执行【删除】命令，如图 11.19 所示。

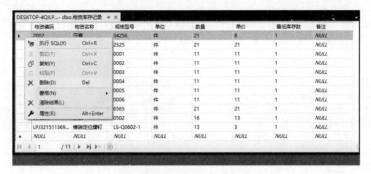

图 11.19 【数据】对话框

11.3.2 DELETE 语句

DELETE 语句的语法格式可以简化为：

```
DELETE 表名或视图名称 FROM 其他表  WHERE 表达式
```

代码说明如下：

➡ "表名或视图名称"指定要从中删除记录的表或视图的名称。表或视图中所有符合 WHERE 条件的记录都将被删除。如果没有指定 WHERE 子句，将删除表或视图中的所有记录。

➡ "FROM 其他表"引出其他的表为 DELETE 语句删除数据提供条件。

➡ "WHERE 表达式"指定要从表或视图中删除记录的条件。

➡ 该语句不从 FROM 子句指定的表中删除记录，而只从"表名或视图名"指定的表中删除记录。

具体应用如实例 11.10～实例 11.12 所示。

实例 11.10 删除表中所有的记录。

删除物资入库临时表中所有的记录。

```
USE  WZGL
GO

DELETE 物资入库临时表
GO
```

上面的例子将删除物资入库临时表中所有的记录，但是并不删除数据表的结构。用户也可以用 TRUNCATE 语句删除物资入库临时表中所有的记录。

实例 11.11 按条件删除记录。

删除物资库存记录中物资编码为 LPJ3215123481313 的记录。

```
USE  WZGL
GO
```

```
DELETE    物资库存记录
WHERE   物资编码 = 'LPJ3215123481313'
GO
```

执行结果如下：

```
================================================================
（所影响的行数为 1 行）
================================================================
```

删除了物资库存记录中物资编码为 LPJ3215123481313 的 1 行记录。

实例 11.12 使用 FROM 子句。

```
USE   WZGL
GO

DELETE    物资库存记录1
FROM (SELECT  物资编码 FROM  物资库存记录)  AS  新编码
WHERE 新编码.物资编码=物资库存记录1.物资编码
GO
```

执行结果如下：

```
================================================================
（所影响的行数为 10 行）
================================================================
```

在物资库存记录 1 中删除了在物资库存记录中有相同物资编码的记录。

扫一扫，看视频

11.3.3 TRUNCATE 语句

TRUNCATE 语句用于删除数据表中所有的记录，它比 DELETE 语句执行的速度更快。因为 DELETE 语句在删除每条记录时，都将删除操作记录到日志中，但是 TRUNCATE 语句没有写入日志操作，也就是说用 TRUNCATE 语句删除的记录无法恢复。

TRUNCATE 语句的语法格式如下：

```
TRUNCATE TABLE 表名
```

代码说明如下：

➥ TRUNCATE TABLE 表示通过释放存储表数据的数据页删除记录。

➥ TRUNCATE TABLE 只删除记录，并不删除数据表。

具体应用如实例 11.13 所示。

实例 11.13 使用 TRUNCATE 语句删除表中所有的记录。

删除物资库存记录 1 中所有的记录。

```
USE  WZGL
GO

TRUNCATE  TABLE  物资库存记录1
GO
```

11.3.4　删除游标行

Transact-SQL 脚本、存储过程和触发器可以使用 DELETE 语句中的 WHERE CURRENT OF 子句删除它们当前所处的游标行，如实例 11.14 所示。

实例 11.14　使用 WHERE CURRENT OF 子句删除游标行。

```
USE WZGL
GO
DELETE 物资库存记录1
GO
INSERT INTO 物资库存记录1
SELECT *
FROM 物资库存记录
GO
DECLARE cr_物资库存 CURSOR FOR
SELECT * FROM 物资库存记录1
OPEN cr_物资库存
FETCH NEXT FROM cr_物资库存
WHILE @@FETCH_STATUS=0
  BEGIN
    PRINT'准备删除1行'
    DELETE 物资库存记录1 WHERE CURRENT OF cr_物资库存
    FETCH NEXT FROM cr_物资库存
    PRINT'已经删除了1行'
  END
CLOSE cr_物资库存
DEALLOCATE cr_物资库存
GO
```

执行流程如图 11.20 所示。

执行结果如下：

```
============================================================
（所影响的行数为 0 行）

已经删除了1行
准备删除1行
...
（所影响的行数为 0 行）
```

已经删除了 1 行

==

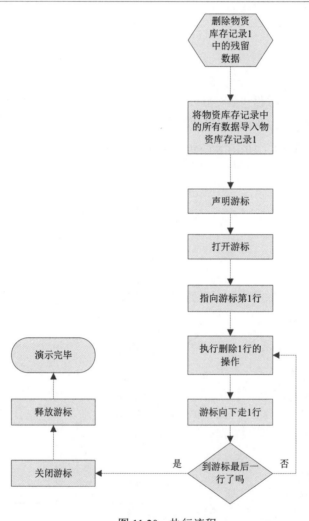

图 11.20　执行流程

扫一扫，看视频

11.4　小结

本章主要介绍数据处理的基本知识，如插入、删除、修改数据。通过本章的学习，希望读者能够掌握 SQL Server Management Studio 处理数据的方式，并能结合第 10 章学习的内容使用 SELECT 语句对表中的数据进行管理。使用 Transact-SQL 语言对数据进行操作具有极大的灵活性，读者只有在实际开发中不断积累经验，对数据的操作才能得心应手。

11.5 习题

一、填空题

1．INSERT 语句可以将_____语句查询得到的结果集插入数据表。

2．DELETE 语句可以删除表或视图中的一条或多条记录。用户可以用_____指定删除条件，也可以用_____子句引出其他的表，为_____语句的删除数据提供条件。

3．Transact-SQL 脚本、存储过程和触发器可以使用 DELETE 语句中的_____子句删除它们当前所处的游标行。

4．删除数据表中所有的记录的语句是_____。

二、代码练习题

1．使用 INSERT 语句向 pubs 数据库的 jobs 表中插入 1 行记录：job_desc=Work, min_lvl=30, max_lvl=100。

2．将 pubs 数据库的 jobs 表中前 5 行记录复制到 jobs2 表中。

3．将 pubs 数据库的 jobs 表中所有 min_lvl 加 10。

4．删除成绩表中所有的记录。

第 *12* 章

视图管理

视图是数据库外模式的表现形式。从数据库中看到的数据类似于"海市蜃楼",是真实地存储在别处,而不是在视图中。什么是视图?视图有什么作用?这就是本章要讲述的内容。

12.1　视图概述

12.1.1　视图的概念

　　视图的使用方式与表相同，是 SQL 语句中引用的数据库对象。视图使用 SELECT 语句定义，是类似于包含该语句结果集的对象。视图是保存在数据库中的 SELECT 查询，但它并不保存 SELECT 查询的结果集，只是在你需要浏览结果集时，对这些数据进行查询，并显示出来。

12.1.2　视图的作用

　　视图主要有以下作用：

* 使用户可以着重于特定数据，而不是所有数据。视图让用户能够关注他们感兴趣的数据，不必要的数据则不会出现在视图中。这同时增强了数据的安全性，因为用户只能看到视图中的数据，而不是基础表中的数据。

* 可以简化数据操作。视图可以简化用户操作数据的方式，对于经常使用的连接、投影、联合查询和选择查询等操作，都可以将它们定义为视图。这样，用户每次对特定的数据执行进一步操作时，不必指定所有限制条件，只要浏览这个视图即可。例如，一个执行子查询、外联连接、聚合操作，以从一组表中检索数据的复合查询，就可以创建为一个视图。视图简化了对数据的访问流程，因为查询视图时无须写或提交基础查询。

* 方便导出和导入数据。可以使用视图将数据导出至其他应用程序。例如，希望使用 pubs 数据库中的 stores 表和 sales 表在 Excel 中分析销售数据。为此，可以创建一个基于 stores 表和 sales 表的视图，然后使用 bcp 实用工具导出由视图定义的数据。

* 可以组合分区数据。Transact-SQL 的 UNION 集合运算符可以用于生成视图，以将来自不同表的两个及两个以上的查询结果组合成单一的结果集。这在用户看来是一个单独的表，称为分区视图。

不过视图也有不易更新数据、在数据库数据量很大时查询比较困难等缺点。

12.2　创建视图

　　创建视图可以在 SQL Server Management Studio 中进行，也可以通过 Transact-SQL 语句创建。下面分别介绍这两种方式。

12.2.1 使用 SQL Server Management Studio 创建视图

1. 创建单数据表视图

在 SQL Server Management Studio 中创建视图的方法很简单。用户可以参照以下步骤操作：

（1）在 SQL Server Management Studio 中，展开【数据库】节点。

（2）右击【视图】节点，在弹出的快捷菜单中执行【新建视图】命令，弹出视图管理对话框，如图 12.1 所示。

图 12.1　新建视图 1

（3）在【添加表】对话框中，选中"物资入库明细正式表"，单击【添加】按钮。这样，"物资入库明细正式表"被添加到图 12.2 所示对话框中。然后，单击【关闭】按钮，关闭【添加表】对话框。

（4）在关系图窗格中的"物资入库明细正式表"窗体中，选择新建视图需要的字段，并在 SQL 窗格中补充以下代码：

```
WHERE  (是否挂账 = '挂账')
```

代码效果如图 12.3 所示。

（5）单击工具栏上的【保存】按钮，在弹出的对话框中输入视图的名称，如图 12.4 所示。单击【确定】按钮，视图设计完成。

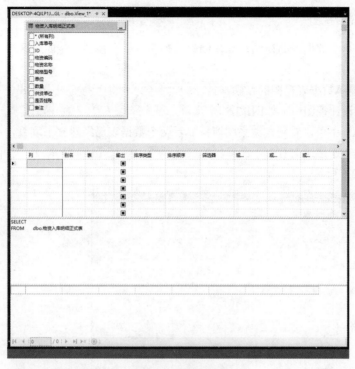

图 12.2 添加表后

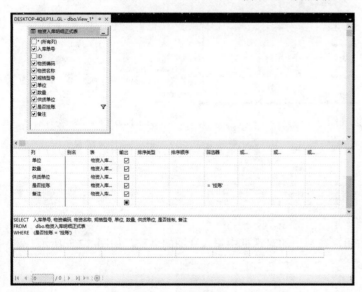

图 12.3 新建视图 2

图 12.4 【选择名称】对话框

关于在 SQL Server Management Studio 中创建视图的窗格介绍请参考 10.1 节。

2．创建多表联合视图

上面创建的是单个数据表的视图，现在创建一个多表联合视图，也叫分区视图。具体操作步骤如下：

（1）重复创建单数据表视图的步骤（1）～步骤（3），将"物资入库正式表"和"物资入库明细正式表"添加到设计视图中，如图12.5所示。

（2）从图12.5中可以看到，关系图窗格显示两个数据表已经建立了联系，用户可以根据需要添加或删除联系。在连接线上右击，在弹出的快捷菜单中执行【删除】命令，就可以删除两个数据表的连接，如图12.6所示。

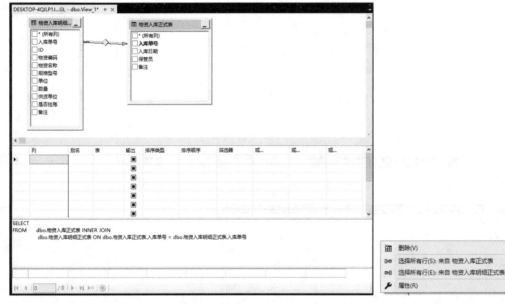

图12.5　新建分区视图　　　　　　　　图12.6　删除连接

（3）这里不需要删除两个数据表的默认关系。在【关系】窗格内的两个表中选中需要的字段，并在SQL窗格中补充以下代码：

```
WHERE (dbo.物资入库明细正式表.是否挂账 = '挂账')
```

代码效果如图12.7所示。

（4）单击工具栏上的【保存】按钮，在弹出的对话框中输入视图的名称，如图12.8所示。单击【确定】按钮，视图设计完成。

至此，多表联合查询设计完毕。

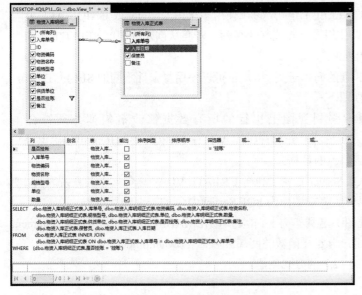

图 12.7　设计视图

图 12.8　【选择名称】对话框

扫一扫，看视频

12.2.2　使用 Transact-SQL 创建视图

使用 Transact-SQL 创建视图的语法格式如下：

```
CREATE VIEW [ < database_name > .] [ < owner > .] view_name [ ( column [ ,...n ] ) ]
[ WITH < view_attribute > [ ,...n ] ]
AS
select_statement
[ WITH CHECK OPTION ]

< view_attribute > ::=
    { WITH ENCRYPTION | SCHEMABINDING | VIEW_METADATA }
```

代码说明如下：

> view_name 表示视图名称。视图名称必须符合标识符规则，可以选择是否指定视图所有者名称。
>
> column 表示视图中的列名。只有在下列情况下，才必须命名 CREATE VIEW 中的列：第一，当列是从算术表达式、函数或常量中派生的；第二，两个或多个列可能会有相同名称（通常是因为连接）；第三，视图中的某列被赋予不同于派生来源列的名称。用户还可以在 SELECT 语句中指派列名。

如果未指定 column，则视图列将获得与 SELECT 语句中的列相同的名称。

- select_statement 是定义视图的 SELECT 语句，可以使用多个由 UNION 或 UNION ALL 分隔的 SELECT 语句。该语句可以使用多个表或其他视图。若要从创建视图的 SELECT 子句引用的对象中选择，则必须有相应的权限。
- 视图不必是具体某个表的行和列的简单子集。用户也可以使用复杂性不同的 SELECT 子句，使用多个表或其他视图创建视图。
- WITH CHECK OPTION 表示强制视图上执行的所有数据修改语句都必须符合由 select_statement 设置的准则。通过视图修改数据时，WITH CHECK OPTION 可以确保提交修改后，仍可以通过视图看到修改的数据。
- WITH ENCRYPTION 表示 SQL Server 加密了包含 CREATE VIEW 语句文本的系统表列。使用 WITH ENCRYPTION 可以防止将视图作为 SQL Server 复制的一部分发布。
- SCHEMABINDING 表示将视图绑定到架构上。指定 SCHEMABINDING 时，select_statement 必须包含引用的表、视图或用户自定义函数的两部分名称（owner.object）。

使用单表创建的视图可以采用实例 12.1 的方式创建。

实例 12.1　创建单表视图。

```
CREATE VIEW dbo.V_统计挂账
AS
SELECT 入库单号, 物资编码, 物资名称, 规格型号, 单位, 数量, 供货单位, 是否挂账,
    备注
FROM dbo.物资入库明细正式表
WHERE (是否挂账 = '挂账')
GO
```

创建多表联合视图可以使用实例 12.2 所示的方法。

实例 12.2　创建多表联合视图。

```
CREATE VIEW dbo.VIEW1_统计挂账物资
AS
SELECT dbo.物资入库明细正式表.入库单号, dbo.物资入库明细正式表.物资编码,
    dbo.物资入库明细正式表.物资名称, dbo.物资入库明细正式表.规格型号,
    dbo.物资入库明细正式表.单位, dbo.物资入库明细正式表.数量,
    dbo.物资入库明细正式表.供货单位, dbo.物资入库明细正式表.是否挂账,
    dbo.物资入库明细正式表.备注, dbo.物资入库正式表.入库日期,
    dbo.物资入库正式表.保管员
FROM dbo.物资入库明细正式表 INNER JOIN
    dbo.物资入库正式表 ON
    dbo.物资入库明细正式表.入库单号 = dbo.物资入库正式表.入库单号
WHERE (dbo.物资入库明细正式表.是否挂账 = '挂账')

GO
```

12.3　管理视图

　　管理视图操作包括查看视图信息、重命名视图、修改视图、删除视图以及对视图进行加密。下面介绍通过使用 SQL Server Management Studio 与 Transact-SQL 语句这两种方式对视图进行管理的方法。

12.3.1　查看视图信息

扫一扫，看视频

　　使用 SQL Server Management Studio 查看视图的具体操作步骤如下：

　　（1）展开服务器组，然后展开服务器。

　　（2）展开视图所属的数据库，然后展开【视图】节点。

　　（3）在展开的目录中右击要查看的视图，在弹出的快捷菜单中执行【属性】命令，打开【视图属性】对话框，如图 12.9 所示。

图 12.9　查看视图

　　视图一般要依赖表。如果想更详细地了解视图，就要查看视图依赖性。在 SQL Server Management Studio 中，查看视图依赖性的具体操作步骤如下：

　　（1）展开服务器组，然后展开服务器。

　　（2）展开视图所属的数据库，然后展开【视图】节点。

　　（3）在展开的目录中右击要查看的视图，在弹出的快捷菜单中执行【查看依赖关系】命令，弹出【对象依赖关系】对话框，如图 12.10 所示。

图 12.10　依赖性信息

用户也可以使用 sp_helptext 存储过程查看创建视图的文本信息，如实例 12.3 所示。

实例 12.3　使用 sp_helptext 存储过程查看。

使用 sp_helptext 存储过程查看 "VIEW1_统计挂账物资" 的文本信息。

```
USE
WZGL
GO
sp_helptext VIEW1_统计挂账物资
GO
```

执行结果如图 12.11 所示。

图 12.11　实例 12.3 执行结果

用户可以使用 sp_help 存储过程查看视图一般信息，如实例 12.4 所示。

实例 12.4 使用 sp_help 存储过程查看。

使用 sp_help 存储过程查看"VIEW1_统计挂账物资"的一般信息。

```
USE
WZGL
GO
sp_help  VIEW1_统计挂账物资
GO
```

执行结果如图 12.12 所示。

图 12.12　实例 12.4 执行结果

用户还可以使用 sp_depends 存储过程查看视图依赖关系，如实例 12.5 所示。

实例 12.5 使用 sp_depends 存储过程查看。

使用 sp_depends 存储过程查看"VIEW1_统计挂账物资"的依赖关系。

```
USE
WZGL
GO
sp_depends VIEW1_统计挂账物资
GO
```

执行结果如图 12.13 所示。

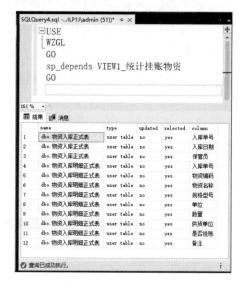

图 12.13　实例 12.5 执行结果

扫一扫，看视频

12.3.2　重命名视图

使用 SQL Server Management Studio 对视图重新命名的具体操作步骤如下：

（1）展开服务器组，然后展开服务器。

（2）展开视图所属的数据库，然后展开【视图】节点。

（3）在展开的目录中右击要重命名的视图，在弹出的快捷菜单中执行【重命名】命令。

（4）输入视图的新名称，然后按 Enter 键即可。

用户还可以使用 sp_rename 存储过程来修改视图的名称，如实例 12.6 所示。

实例 12.6　使用 sp_rename 存储过程重命名视图。

使用 sp_rename 存储过程对"VIEW1_统计挂账物资"重命名。

```
USE WZGL
GO
sp_rename VIEW1_统计挂账物资，VW_统计挂账物资
GO
```

代码说明如下：

在新名称与旧名称之间要有半角逗号隔开。

执行结果如下：

```
------------------------------------------
注意：更改对象名的任一部分都可能破坏脚本和存储过程。
object 已重命名为 'VW_统计挂账物资'。
------------------------------------------
```

12.3.3　修改视图

SQL Server 2019 允许在不改变视图使用许可、不改变名称的情况下，对视图进行修改。使用 SQL Server Management Studio 修改视图的具体操作步骤如下：

（1）在 SQL Server Management Studio 里展开该视图所在的数据库。

（2）选中要修改的视图，然后右击，在弹出的快捷菜单中执行【设计】命令，弹出如图 12.14 所示的对话框，修改完毕保存即可。

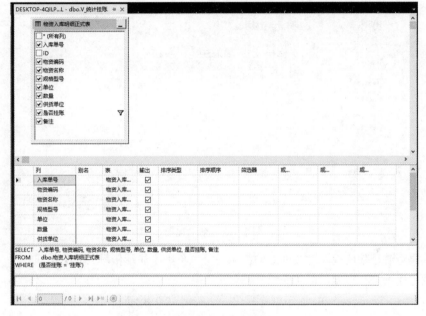

图 12.14　设计视图

修改视图也可以使用 Transact-SQL 的 ALTER VIEW 语句。使用 ALTER VIEW 语句修改视图的语法格式如下：

```
ALTER VIEW [ < database_name > .] [ < owner > .] view_name [ ( column [ ,...n ] ) ]
[ WITH < view_attribute > [ ,...n ] ]
AS
    select_statement
[ WITH CHECK OPTION ]

< view_attribute > ::=
    { ENCRYPTION | SCHEMABINDING | VIEW_METADATA }
```

代码说明请参考 12.2.2 小节。

12.3.4　删除视图

使用 SQL Server Management Studio 删除视图的具体操作步骤如下：

（1）展开服务器组，然后展开服务器。

（2）展开视图所属的数据库，然后展开【视图】节点。

（3）在展开的目录中右击要删除的视图，在弹出的快捷菜单中执行【删除】命令，弹出如图 12.15 所示的对话框。

图 12.15　删除视图

（4）若要查看删除此视图对数据库的影响，可以单击【显示依赖关系】按钮。

（5）单击【确定】按钮，即可删除视图。

同样可以使用 Transact-SQL 语句删除视图，如实例 12.7 所示。

实例 12.7　使用 DROP VIEW 语句删除视图。

```
USE
WZGL
GO
DROP VIEW VIEW1_统计挂账物资
GO
```

12.3.5　对视图进行加密

对视图加密的方法是在建立视图时使用 WITH encryption 选项，或者在视图建立完毕并测试成功后，使用 WITH encryption 选项，如实例 12.8 所示。

实例 12.8　WITH encryption 选项。

```
CREATE VIEW dbo.V_统计挂账
WITH encryption
AS
SELECT 入库单号, 物资编码, 物资名称, 规格型号, 单位, 数量, 供货单位, 是否挂账, 备注
FROM dbo.物资入库明细正式表
WHERE (是否挂账 = '挂账')
```

代码说明如下：

WITH encryption 表示对视图进行加密。

12.4　管理视图中的数据

使用 SQL Server Management Studio 可以对视图中的数据进行管理，管理方式包括查看或删除视图中的数据，下面进行具体讲解。

12.4.1　查看视图中的数据

查看视图中的数据与查看表中的数据的方法相同。

右击要查看的视图，在弹出的快捷菜单中执行【编辑前 200 行】命令，如图 12.16 所示，就可以查看视图中的所有数据。

12.4.2　删除视图中的数据

从视图中删除数据和从数据表中删除数据的方法一样。其实要删除的数据本身就是数据表中的数据，而非视图中的数据。删除视图中的数据的具体操作步骤如下：

（1）使用查看视图的方法，打开视图。

（2）选中视图中要删除的数据，右击，在弹出的快捷菜单中执行【删除】命令即可，如图 12.17 所示。

如果要从多表查询的视图中删除数据，则可能会出现错误提示。例如，从 VIEW_titles_publishers 视图中删除数据，由于这个视图的数据是从 titles 数据表和 publishers 数据表中联合查询得到的，在删除数据时将会试图删除两个数据表的数据，而由于这两个表又与其他数据表建立了联系，所以会导致错误发生，如图 12.18 所示。

图 12.16　打开视图

如果多表视图的数据源表同其他数据库对象之间没有特殊的级联关系，那么删除多表视图中的数据也是可以的。

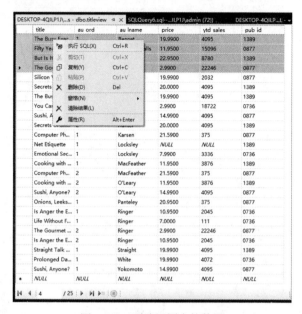

图 12.17　删除视图中的数据

图 12.18　从多表视图中删除数据

扫一扫，看视频

12.5　小结

视图是数据库应用中使用非常频繁的对象。对数据库编程人员来说，相当多的时间要花在视图的设计上，所以用户应该对视图加以重视。本章介绍了使用 SQL Server Management Studio 和 Transact-SQL 创建视图、管理视图的方法。由于对视图的操作基本等同于对数据表的操作，所以视图只是查看数据表数据的一种形式。

12.6　习题

一、填空题

1. 对视图进行加密需要使用_____语句。

2. 修改视图名称的存储过程为_____。

3. 对视图进行修改使用的关键字是_____。

二、简答题

视图的主要作用有哪些？

三、代码练习题

1. 查看视图 A 的文本信息。
2. 将视图 A 重命名为视图 B。
3. 删除视图 B。

第 13 章

存储过程

第 9～12 章对 Transact-SQL 的应用进行了详细介绍。在实际应用开发中，有时需要将 Transact-SQL 代码放在数据库服务器上完成特定的功能，以达到降低网络流量、提高系统的性能和维护数据的完整性的目的。这时，就需要使用数据库的存储过程（Stored Procedure）。本章将介绍 SQL Server 2019 中数据库的存储过程的应用。

13.1 存储过程概述

存储过程是将已经编译好的 Transact-SQL 代码放在数据库服务器上，作为数据库对象进行使用。本章主要介绍经常用到的系统存储过程和如何创建并使用用户自定义存储过程。

13.1.1 存储过程的分类

在 SQL Server 中，存储过程分为两类，分别为系统存储过程和用户自定义存储过程。

系统存储过程主要存储在 master 数据库中，并以 sp_为前缀。它为管理员提供一些特定的功能（如为数据库改名等），以完成相关的操作。例如，实例 13.1 所示的是一个增加数据库用户的存储过程。

实例 13.1 *存储过程 sp_addrolemember。*

```
CREATE PROCEDURE sp_addrolemember
    @rolename        sysname,
    @membername      sysname
AS
 ...--此存储过程在 master 数据库中，sp_addrolemember 的存储过程限于篇幅，略去中间代码
    raiserror(15488,-1,-1,@membername,@rolename)
    return (0) -- sp_addrolemember
GO
```

用户自定义存储过程是由用户在自己的数据库中创建的、完成一个特定功能的存储过程，如进销存数据库中经常用到的月结。例如，实例 13.2 所示的就是一个用户自定义存储过程，其主要目的是将"生产科_厂巡修计划临时表"的内容全部转到"生产科_厂巡修计划正式表"中，同时清空"生产科_厂巡修计划临时表"。

实例 13.2 *用户自定义存储过程。*

```
目的：生产科_厂巡修计划临时表转正式表
返回值：无
引用：无
**********************************************/
CREATE PROCEDURE 生产科_厂巡修计划临时转正式
AS
INSERT  INTO 生产科_厂巡修计划正式表
SELECT   *  FROM  生产科_厂巡修计划临时表
DELETE  生产科_厂巡修计划临时表
```

13.1.2 存储过程的优点

前面章节已经讲过 Transact-SQL 是一种主要的编程语言。若运用 Transact-SQL 进行编程主要有以下两种方法。

1. 在程序的客户端编写 Transact-SQL 代码

当客户程序调用这些代码时，由客户端将这些代码提交到数据库服务器，数据库服务器接收这些代码并编译执行，执行后将客户端需要的数据返回到客户端，客户端处理完毕再将结果返回到数据库服务器。客户端运行 Transact-SQL 代码流程如图 13.1 所示。

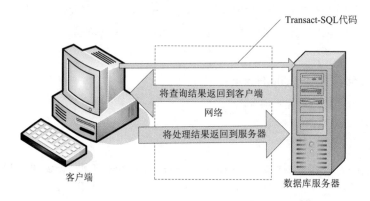

图 13.1 客户端运行 Transact-SQL 代码流程

2. 在服务器端将编写好的 Transact-SQL 代码存储为存储过程

在客户端编程调用这个存储过程，调用时将存储过程的参数传递给数据库服务器，存储过程执行完毕将结果返回到客户端。客户端调用存储过程流程如图 13.2 所示。

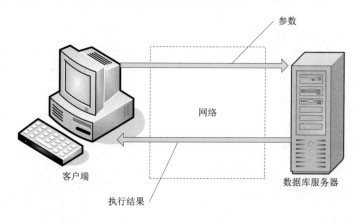

图 13.2 客户端调用存储过程流程

比较以上两种方法，可以看出存储过程具有以下优点：

- 增强系统的可维护性。存储过程的代码是放在数据库服务器上的。这种代码的分离方式将一些常用的数据和逻辑操作放在一起。如果系统需要升级或维护，直接在 SQL Server 上修改存储过程即可。

- 提高系统的开发速度。有些数据或逻辑操作经常用到，例如，系统初始化时将一些特定表的数据清空，只需编写一个存储过程，所有涉及表数据内容清空的操作都可以使用这个存储过程实现。并且，在开发其他系统时，将这个存储过程稍做修改即可使用。

- 提高系统性能。存储过程是预编译的。在首次运行一个存储过程时，查询优化器对其进行分析、优化，并给出最终被存储在系统表中的执行计划。而批处理的 Transact-SQL 语句需要在每次运行时都进行编译和优化，因此速度相对要慢一些。

- 降低网络流量。比较图 13.1 和图 13.2 可以看出，对于批量数据的操作（如在数据量达百万级的产品库中将单价全部下调 10%），如果在客户端编程，首先要将这些数据通过网络传递到客户端，客户端处理完毕再将这些数据回写到数据库，这样大大增加了网络流量。如果使用存储过程，可以在服务器端编写一个修改价格的存储过程，客户端只需将调整价格的比例通过网络传递给数据库服务器，数据库服务器调用该存储过程修改价格后，将完成标志传递给客户端即可。执行期间，在网络中没有大量的数据集回传，大大地提高了网络性能。

13.2 创建存储过程

13.1 节已经讲解了存储过程的分类和优点，那么如何创建存储过程呢？创建存储过程常用以下 3 种方法：

- 通过 SQL Server Management Studio 创建存储过程。
- 通过存储过程向导创建存储过程。
- 通过 CREATE PROCEDURE 语句创建存储过程。

13.2.1 使用 SQL Server Management Studio 创建存储过程

扫一扫，看视频

使用 SQL Server Management Studio 创建存储过程的操作步骤如下：

（1）打开 SQL Server Management Studio，展开服务器到相应的数据库。

（2）展开数据库，单击展开【可编程性】节点。

（3）在展开的目录中右击【存储过程】文件夹，在弹出的快捷菜单中执行【新建】|【存储过程】命令，打开创建存储过程的对话框，如图 13.3 所示。

（4）依次执行【查询】|【指定模板参数的值】命令，弹出【指定模板参数的值】对话框，如图 13.4 所示。

图 13.3　创建存储过程

图 13.4　【指定模板参数的值】对话框

模板中参数的含义见表 13.1。

表 13.1　模板参数的值

参　　数	值
Author	作者名称
Create Date	创建时间
Description	说明
Procedure_Name	过程名称
@Param1	参数 1
Datatype_For_Param1	参数 1 数据类型
Default_Value_For_Param1	参数 1 默认值
@Param2	参数 2
Datatype_For_Param2	参数 2 数据类型
Default_Value_For_Param2	参数 2 默认值

（5）填写该模板中的信息，如图 13.5 所示。

（6）单击【确定】按钮，存储过程保存完成。此时在查询编辑器中的代码也会发生改变，单击【执行】按钮，创建存储过程。

图 13.5　指定模板参数

 如果编写的存储过程存在语法错误，单击【确定】按钮时会出现相关的错误提示。

13.2.2　使用 CREATE PROCEDURE 创建存储过程

扫一扫，看视频

使用 CREATE PROCEDURE 创建存储过程的语法格式如下：

```
CREATE PROC [ EDURE ] 存储过程的名称 [ ; number ]
    [ { @参数 数据类型 }
        [ VARYING ] [ = default ] [ OUTPUT ]
    ] [ ,...n ]
[ WITH
    { RECOMPILE | ENCRYPTION | RECOMPILE , ENCRYPTION } ]
[ FOR REPLICATION ]
AS sql_statement [ ...n ]
GO
```

代码说明如下：

➥ "存储过程的名称"必须符合标识符规则，且对于数据库及其所有者必须唯一。完整的名称不能超过 128 个字符，也可以不指定所有者。

➥ 在 CREATE PROCEDURE 语句中可以声明一个或多个参数。用户必须在执行过程时提供声明参数的值（除非定义了该参数的默认值）。存储过程最多可以有 2100 个参数。

➥ VARYING 指定作为输出参数支持的结果集（由存储过程动态构造，内容可以变化），仅适用于游标参数。

➥ default 表示默认值。如果定义了默认值，不必指定该参数的值即可执行过程。默认值必须是常量或 NULL。如果过程将对该参数使用 LIKE 关键字，那么默认值中可以包含通配符（%、_、[] 和 [^]）。

➥ {RECOMPILE | ENCRYPTION | RECOMPILE, ENCRYPTION}中 RECOMPILE 表示 SQL Server 不会缓存该过程的计划，该过程将在运行时重新编译。在使用非典型值或临时值而

不希望覆盖缓存在内存中的执行计划时，请使用 RECOMPILE 选项。ENCRYPTION 表示 SQL Server 加密 syscomments 表中包含 CREATE PROCEDURE 语句的条目。使用 ENCRYPTION 可以防止将过程作为 SQL Server 复制的一部分发布。

↘ OUTPUT 表示向外输出参数。

实例 13.3 实现了一个更新库存价格的存储过程。

实例 13.3　*更新库存价格。*

```
USE WZGL
GO
CREATE PROCEDURE 更新库存价格
AS
  UPDATE 物资库存记录
  SET  单价=单价*(1+0.10)  --新价格
GO
```

13.3　管理存储过程

创建好存储过程后，可以根据需求对存储过程进行管理，如查看存储过程信息、重命名存储过程、修改存储过程、删除存储过程以及对存储过程进行加密。下面进行详细讲解。

13.3.1　查看存储过程信息

扫一扫，看视频

在 SQL Server Management Studio 中查看存储过程的具体操作步骤如下：

（1）展开服务器。

（2）展开【数据库】节点，展开存储过程所属的数据库，然后单击【可编程性】|【存储过程】节点。

（3）在展开的目录树中，右击任意一个存储过程，在弹出的快捷菜单中执行【属性】命令，打开【存储过程属性】对话框，如图 13.6 所示。

通过【存储过程属性】对话框可以看到存储过程所属的服务器、数据库、访问用户以及是否加密等信息。

存储过程一般要依赖表或视图。如果想更详细地了解存储过程，就要查看存储过程的相关性。在 SQL Server Management Studio 中查看存储过程相关性的具体操作步骤如下：

（1）展开服务器。

（2）展开【数据库】节点，展开存储过程所属的数据库，然后单击【可编程性】|【存储过程】节点。

图 13.6 【存储过程属性】对话框

（3）在展开的目录树中，右击任意一个存储过程，在弹出的快捷菜单中执行【查看依赖关系】命令，打开【对象依赖关系】对话框，如图 13.7 所示。

图 13.7 【对象依赖关系】对话框

用户也可以使用 sp_helptext 命令查看创建存储过程的 SQL 代码，如实例 13.4 所示。

实例 13.4 查看 Test 的文本信息。

```
USE WZGL
GO
sp_helptext  Test
GO
```

执行结果如下：

```
Text
--------------------------------------------------------------------------------
```

```
--------------------------------------------------------------------------------
--------------------------------------------------------------------------------
-- =============================================
-- Author:         W
-- Create date:
-- Description:
-- =============================================
CREATE PROCEDURE [dbo].[Test]
    -- Add the parameters for the stored procedure here
    @姓名 nvarchar(50) = NULL,
    @电话 int = NULL
AS
BEGIN
    -- SET NOCOUNT ON added to prevent extra result sets from
    -- interfering with SELECT statements.
    SET NOCOUNT ON;

    -- Insert statements for procedure here
    SELECT @姓名, @电话
END
```

完成时间：2020-10-02T11:11:26.2919616+08:00

用户还可以使用 sp_help 命令查看存储过程的一般信息，如实例 13.5 所示。

实例 13.5 查看 Test 的一般信息。

```
USE WZGL
GO
sp_help  Test
GO
```

执行结果如图 13.8 所示。

图 13.8　实例 13.5 执行结果

用户也可以使用 sp_depends 命令查看存储过程的依赖关系，如实例 13.6 所示。

实例 13.6 查看 Test2 的依赖关系。

```
USE WZGL
GO
sp_depends Test2
GO
```

执行结果如图 13.9 所示。

图 13.9 实例 13.6 执行结果

13.3.2 重命名存储过程

扫一扫，看视频

使用 SQL Server Management Studio 对存储过程重命名的具体操作步骤如下：

（1）展开服务器。

（2）展开【数据库】节点，展开存储过程所属的数据库，然后单击【可编程性】|【存储过程】
节点。

（3）右击需要重命名的存储过程，在弹出的快捷菜单中执行【重命名】命令。

（4）输入存储过程的新名称。

用户还可以使用 sp_rename 命令修改存储过程的名称，如实例 13.7 所示。

实例 13.7 重命名 Test。

```
USE WZGL
GO
sp_rename  Test, 电话簿
GO
```

代码说明如下：

新名称与旧名称之间要使用逗号隔开。

执行结果如下：

注意：更改对象名的任一部分都可能破坏脚本和存储过程。

完成时间：2020-10-31T19:41:36.0268676+08:00

扫一扫，看视频

13.3.3 修改存储过程

SQL Server 允许在不改变存储过程使用许可、不改变名称的情况下，对存储过程进行修改。使用 SQL Server Management Studio 修改存储过程的具体操作步骤如下：

（1）在 SQL Server Management Studio 中，展开该存储过程所在的数据库，然后单击【可编程性】|【存储过程】节点。右击需要修改的存储过程，在弹出的快捷菜单中执行【修改】命令，弹出 SQL 编辑器窗口，如图 13.10 所示。在该窗口中，可以修改存储过程的代码。

图 13.10　修改存储过程的代码

（2）右击存储过程，在弹出的快捷菜单中执行【属性】命令，弹出【存储过程属性】对话框，切换到【权限】选项，如图 13.11 所示。在此页面中，可以对存储过程的权限进行管理。

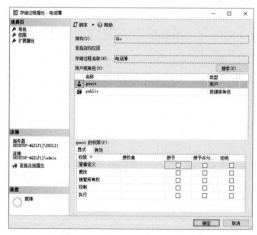

图 13.11　管理存储过程的权限

存储过程的修改也可以使用 Transact-SQL 语句实现。使用 ALTER PROCEDURE 语句修改存储过程的语法格式如下：

```
ALTER PROC [ EDURE ] 存储过程的名称 [ ; number ]
   [ { @参数 数据类型 }
      [ VARYING ] [ = default ] [ OUTPUT ]
   ] [ ,...n ]
[ WITH
   { RECOMPILE | ENCRYPTION | RECOMPILE , ENCRYPTION } ]
[ FOR REPLICATION ]
AS sql_statement [ ...n ]
 GO
```

语法说明请参考 13.2 节。

13.3.4　删除存储过程

使用 SQL Server Management Studio 删除存储过程的具体操作步骤如下：

（1）展开服务器。

（2）展开【数据库】节点，展开存储过程所属的数据库，然后单击【可编程性】|【存储过程】节点。

（3）右击要删除的存储过程，在弹出的快捷菜单中执行【删除】命令，弹出【删除对象】对话框，如图 13.12 所示。

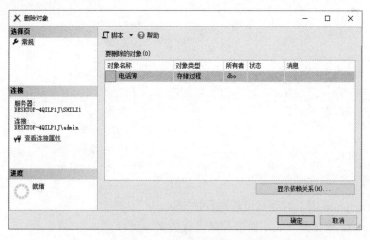

图 13.12　【删除对象】对话框

（4）若要查看删除此存储过程对数据库的影响，可以单击【显示依赖关系】按钮。

（5）在图 13.12 中，单击【确定】按钮，即可删除存储过程。

用户同样可以使用 DROP PROC 语句删除存储过程，如实例 13.8 所示。

实例 13.8 使用 DROP PROC 语句删除存储过程。

```
USE WZGL
GO
DROP PROC delete_物资入库临时表_2
GO
```

代码说明如下：

PROC 关键字可以用 PROCEDURE 代替。

13.3.5　对存储过程进行加密

一旦创建了存储过程，创建存储过程的 Transact-SQL 语句就会保存在 syscomments 表中。保存这些语句并不是为了执行存储过程，而是为了日后在修改存储过程时能够方便地获取它们。但是有时在系统开发完毕，并不想让系统用户看到存储过程的代码。例如，考虑到版权问题，或者担心用户在查看存储过程时不小心修改了，这会导致整个系统出现问题。所以，用户可以对存储过程的代码进行加密。

对存储过程加密的方法是在开发存储过程时使用 WITH encryption 选项，或者在存储过程开发完毕并测试完成后修改存储过程时使用 WITH encryption 选项，如实例 13.9 所示。

实例 13.9 使用 WITH encryption 选项对存储过程进行加密。

```
USE  WZGL
GO
ALTER PROC 电话簿
@姓名    [varchar]
WITH encryption
AS
DELETE [WZGL].[dbo].[电话簿]
WHERE
    ( [姓名]= @姓名)
GO
sp_helptext 电话簿
GO
```

代码说明如下：

❯ WITH encryption 表示对存储过程进行加密。

❯ "sp_helptext 电话簿"表示查看存储过程的文本信息。

执行结果如图 13.13 所示。

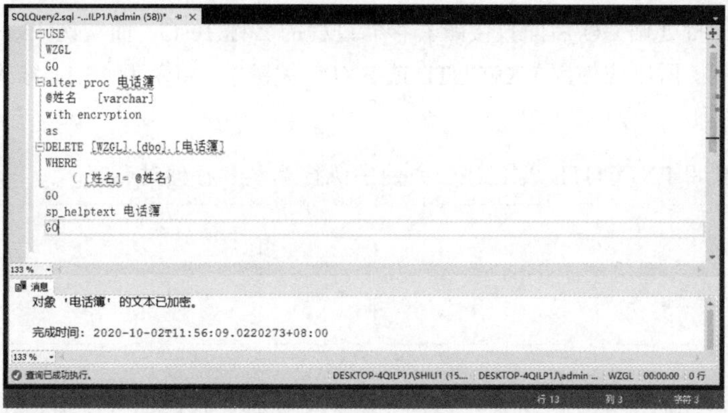

```
SQLQuery2.sql -...ILP1/\admin (58))*  ⊕ ×
USE
WZGL
GO
alter proc 电话簿
@姓名    [varchar]
with encryption
as
DELETE [WZGL].[dbo].[电话簿]
WHERE
    ([姓名]= @姓名)
GO
sp_helptext 电话簿
GO
```

```
消息
对象 '电话簿' 的文本已加密。

完成时间: 2020-10-02T11:56:09.0220273+08:00
```

查询已成功执行。   DESKTOP-4QILP1/\SHILI1 (15...   DESKTOP-4QILP1/\admin   WZGL   00:00:00   0 行
行 13   列 3   字符 3

图 13.13　实例 13.9 执行结果

13.4　使用存储过程

通过存储过程可以很方便地实现数据库的常用操作。存储过程的使用方式包括执行无参数存储过程、执行有参数存储过程、设置参数默认值、从存储过程返回数据以及在查询中使用存储过程。下面进行详细讲解。

13.4.1　执行无参数存储过程

扫一扫，看视频

对于简单的没有要求输入参数的存储过程，用户可以直接使用 Transact-SQL 语句调用。如果调用存储过程的语句是 Transact-SQL 语句批处理 GO 后面的第 1 句，那么就可以直接使用存储过程的名称执行存储过程，如实例 13.10 所示。

实例 13.10　直接执行无参数存储过程。

```
USE
WZGL
GO
Test3
GO
```

但是如果执行实例 13.11 所示的代码就会报错。

实例 13.11　执行存储过程的错误方法。

```
USE
WZGL
Test3
GO
```

在实例 13.10 中批处理 GO 后面直接跟着存储过程的名称 Test3，而实例 13.11 中存储过程 Test3 前面没有 GO 批处理，所以应使用 EXECUTE 或 EXEC 关键字。将实例 13.11 修改成实例 13.12 即可执行。

实例 13.12 使用 EXECUTE 或 EXEC 关键字执行无参数存储过程。

```
USE
WZGL
EXEC Test3
GO
```

 为了提高程序的可读性，建议在执行存储过程时加上 EXECUTE 或 EXEC 关键字。

扫一扫，看视频

13.4.2 执行有参数存储过程

大部分的存储过程都是有参数的。调用这样的存储过程时，要对存储过程的参数赋值。而且在存储过程中，每个参数必须以@开头，一旦声明了输入参数，它就会成为该存储过程的局部变量。就像声明局部变量一样，必须使用合法的数据类型定义输入参数。所以在调用存储过程时，必须为该存储过程的输入变量赋值。例如，实例 13.13 执行的是以下存储过程。

```
CREATE PROCEDURE [delete_物资库存记录1_1]
    @物资编码_1 varchar(100)
AS DELETE [WZGL].[dbo].[物资库存记录1]
WHERE 物资编码= @物资编码_1
GO
```

实例 13.13 执行单参数存储过程。

```
USE
WZGL
EXEC delete_物资库存记录1_1 'abcLPJ32151222291313'
GO
```

如果定义了多个参数，在提供参数时，就必须指定参数的名称，或者以创建存储过程时声明参数的顺序排列它们。如果要混合使用两种方法，一旦使用参数名指定了其中的参数值，那么就必须为排在它后面的所有参数值指定参数名。例如，实例 13.14 执行的是以下存储过程。

```
CREATE PROCEDURE [delete_物资库存记录1_2]
    @物资名称_1 varchar(100), @规格型号_1 varchar(100)
AS DELETE [WZGL].[dbo].[物资库存记录1]
WHERE 物资名称= @物资名称_1 AND 规格型号=@规格型号_1
GO
```

实例 13.14 执行多参数存储过程。

```
USE
WZGL
EXEC delete_物资库存记录1_2
@物资名称_1='十字接头绕全部',
@规格型号_1='602/(032)-20300'
GO
```

代码说明如下：

执行多参数的存储过程时，参数之间应该使用逗号隔开。

扫一扫，看视频

13.4.3 设置参数默认值

在调用存储过程时，必须为它提供全部的参数值，除非创建参数时给它指定了默认值。要为参数指定默认值，可以在声明参数时赋值，其语法请参考 13.2.2 小节。具体应用如实例 13.15 所示。

实例 13.15 带默认值的存储过程。

```
CREATE PROCEDURE pr_查找库存
( @searchID varchar(50)=NULL)
AS
SELECT *
FROM 物资库存记录
WHERE 物资编码=@searchID OR @searchID IS NULL
GO
```

代码说明如下：

❯ @searchID varchar(50)=NULL 中默认值不能用局部变量，所以在 AS 前面声明默认值。

❯ @searchID IS NULL 判断编码是否为空。

如果采用以下代码执行实例 13.15 的存储过程，结果如图 13.14 所示。

```
USE
WZGL
GO
EXEC  pr_查找库存
GO
```

代码说明如下：

执行"EXEC pr_查找库存"时不传递参数值，存储过程将给参数传递默认值。

图 13.14　实例 13.15 执行结果

扫一扫，看视频

13.4.4　从存储过程返回数据

SQL Server 提供了 4 种从存储过程返回数据的方法。以上介绍的是通过 SELECT 语句返回结果集，还可以使用 raiserror 命令返回数据。存储过程不仅集成了这两种方法，也增加了输出参数和 return 命令。下面分别进行介绍。

1. 采用输出参数返回数据

通过输出参数，存储过程可以向调用它的客户程序返回数据。无论是创建存储过程，还是调用存储过程，都必须使用关键字 OUTPUT。在存储过程中，输出参数就像局部变量，在调用存储过程的程序或批处理中，必须在调用存储过程前创建接收输出参数数据的变量。一旦存储过程执行完毕，就会将输出参数的值传递给调用存储过程的局部变量。

输出参数不仅可以用于从存储过程返回数据，也可以用于向存储过程传递数据。

　输出参数并不适用于返回整个数据集的情况，它只适用于返回单个数据。

实例 13.16 先查询用户传递过来的物资编码的物资数量，然后再将输出参数返回给用户。

实例 13.16　*带输出参数的存储过程。*

```
CREATE PROCEDURE pr_查找单物资库存数量
( @searchID varchar(50)=null,@shuliang real OUTPUT)
AS
SELECT  @shuliang=数量
FROM 物资库存记录
WHERE 物资编码=@searchID
```

```
GO
```

代码说明如下：

@shuliang real OUTPUT 表示向外传递输出参数。

可以使用以下代码执行实例 13.16 的存储过程。

```
USE
WZGL
GO
DECLARE @kucunliang real
EXEC    pr_查找单物资库存数量 'LPJ3215123481313',@kucunliang OUTPUT
print '编码为'+ 'LPJ3215123481313'+'的库存数量为'+CONVERT(char(20),@kucunliang)
GO
```

代码说明如下：

➥ DECLARE @kucunliang real 表示声明变量，用于接收存储过程的输出参数的结果值。

➥ @kucunliang OUTPUT 表示接收输出参数的结果值。

➥ 转化结果的数据类型。

执行结果如下：

```
-----------------------------------------------------------------------------------
编码为 LPJ3215123481313 的库存数量为 5
-----------------------------------------------------------------------------------
```

2. 使用 return 命令

存储过程也可以使用 return 命令，用于随时从存储过程中退出，而不执行位于 return 之后的语句。如果要返回存储过程的执行状态，其返回值只能是 int 类型。其中，0 表示执行成功，也是默认的执行结果。用户可以使用其他数值表示失败状态。

 –99～–1 的值是 SQL Server 2019 使用的状态值，用户指定 return 的返回值时，建议使用–100 或更小的值。

实例 13.17 中使用 return 命令中止存储过程的执行。

实例 13.17 中止存储过程的执行。

```
CREATE PROCEDURE pr_带 return 查找单物资库存数量 @searchID varchar(50)
AS
IF @searchID  IS NULL
   BEGIN
      print '必须输入物资编码，否则后面的代码将不会执行'
      return
   END
SELECT  数量
FROM 物资库存记录
WHERE 物资编码=@searchID  OR @searchID IS NULL
```

```
GO
```

代码说明如下：

return 处表示如果输入的@searchID 为 NULL，将中止后面语句的执行。

可以使用以下代码执行实例 13.17 的存储过程。

```
USE
WZGL
GO
EXEC pr_带 return 查找单物资库存数量  NULL
GO
```

执行结果如下：

```
--------------------------------------------------------------------------
必须输入物资编码，不然后面的代码将不会执行
--------------------------------------------------------------------------
```

return 命令还可以根据传递给它的参数返回执行成功或执行失败的状态，如实例 13.18 所示。

实例 13.18　使用 return 命令返回执行的状态。

```
CREATE PROCEDURE pr_用 return 判断执行结果 @searchID varchar(50)
AS
IF EXISTS(SELECT  数量 FROM 物资库存记录 WHERE 物资编码=@searchID  )
    return 0
ELSE
    return -100
GO
```

使用以下代码执行实例 13.18 的存储过程。

```
USE
WZGL
GO
DECLARE @returncode int
EXEC @returncode=pr_用 return 判断执行结果  'abcLPJ3215105831313'
print @returncode
EXEC @returncode=pr_用 return 判断执行结果  'abcLPJ3215105583131312'
print @returncode
GO
```

代码说明如下：

"EXEC @returncode=pr_用 return 判断执行结果'abcLPJ3215105831313'"表示将执行结果赋值给 @returncode。

执行结果如下：

```
--------------------------------------------------------------------------
0
-100
--------------------------------------------------------------------------
```

3. 使用 raiserror 命令返回错误信息

raiserror 命令可以返回用户自定义的错误信息，并将其设为系统标识，记录发生错误。通过使用 raiserror 命令，客户端可以从 sysmessages 表中检索条目，或者使用用户指定的严重度和状态信息动态地生成一条消息。这条消息在定义后就作为服务器错误信息返回给客户端，如实例 13.19 所示。

实例 13.19　使用 raiserror 命令返回错误信息。

```
CREATE PROCEDURE pr_报错 @searchID varchar(50)
AS
IF NOT EXISTS(SELECT  数量 FROM 物资库存记录 WHERE 物资编码=@searchID )
    raiserror ('指定的物资编码出错.', 16, 1)
ELSE
    SELECT  *  FROM 物资库存记录 WHERE 物资编码=@searchID
GO
```

代码说明如下：

raiserror ('指定的物资编码出错.', 16, 1)表示指定错误信息以及级别，详细语法见 SQL Server 联机帮助丛书。

可以使用以下代码执行实例 13.19 的存储过程，如果输入正确的物资编码信息：

```
USE
WZGL
GO
EXEC pr_报错  'abcLPJ3215105831313'
EXEC pr_报错 'abcLPJ321510583131312'
GO
```

执行结果如图 13.15 所示。

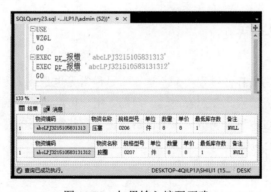

图 13.15　如果输入编码正确

如果输入错误的物资编码信息：

```
USE
WZGL
```

```
GO
EXEC pr_报错 'abcLPJ3215105583131315'
GO
```

执行结果如下：

```
-----------------------------------------------------------------------------
服务器：消息 50000，级别 16，状态 1，过程 pr_报错，行 4
指定的物资编码出错.
-----------------------------------------------------------------------------
```

扫一扫，看视频

13.4.5　在查询中使用存储过程

一般情况下，都是使用 EXEC 命令或客户端应用程序调用存储过程的。但是特殊情况下，也可以在查询中使用存储过程。这时，可以使用 openquery()函数调用过程。例如，以下存储过程返回的是所有物资编码与输入参数相似的物资库存数量。

```
CREATE PROCEDURE pr_查找库存量
( @searchID varchar(50)=NULL)
AS
SELECT  数量
FROM 物资库存记录
WHERE 物资编码 LIKE '%@searchID% '
GO
```

可以使用实例 13.19 所示代码调用此存储过程，把其中的"pr_报错"改为"pr_查找库存量"即可。

扫一扫，看视频

13.5　调试存储过程

对于初学者来说，编写的存储过程"词不达意"是最常见也是最头疼的事情，但是在前台的应用程序调试中又不容易找到错误。要想解决这一问题，用户可以通过 Visual Studio 集成的存储过程调试器对已经保存的存储过程进行调试，该调试器提供了一些很有用的特性。

　　↘　查看局部变量和全局变量。

　　↘　查看复杂的 WHILE 循环的执行流程。

　　↘　查看调用栈的流程。

使用这个调试器的具体操作步骤如下：

（1）打开 Visual Studio（VS），新建一个 SQL Server 项目，如图 13.16 所示。

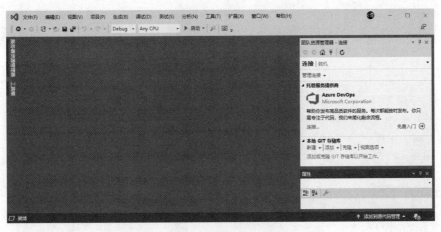

图 13.16　在 VS 中新建 SQL Server 项目

（2）执行【视图】|【SQL Server 对象资源管理器】命令，在弹出的【SQL Server 对象资源管理器】中单击【添加 SQL Server】图标，如图 13.17 所示。

（3）弹出【连接】对话框，如图 13.18 所示。

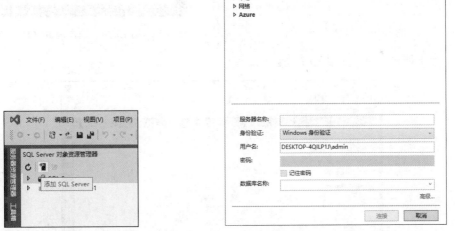

图 13.17　单击【添加 SQL Server】图标　　　　　图 13.18　【连接】对话框

（4）在【连接】对话框中，展开【本地】节点，选择 DESKTOP-4QILP1J\SHILI1，如图 13.19 所示。

（5）单击【连接】按钮，连接实例。在 SQL Server 对象资源管理器中展开实例，查找要调试的存储过程。右击该存储过程，在弹出的快捷菜单中执行【调试过程】命令，如图 13.20 所示。

图 13.19　选择实例

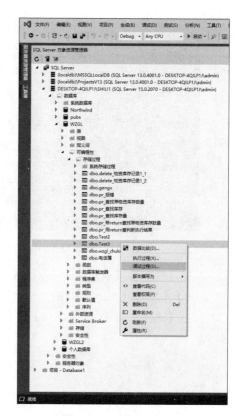

图 13.20　选择调试过程

（6）弹出调试界面，如图 13.21 所示。

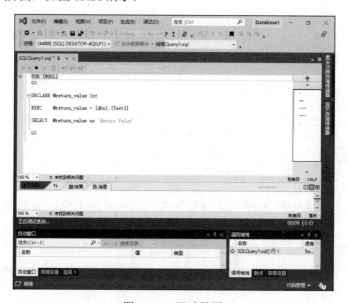

图 13.21　调试界面

（7）箭头指向的就是当前调试的行。按 F10 键，可以逐过程调试；按 F11 键，可以逐行调试。如果有输出结果，将会在结果窗口中显示，如图 13.22 所示。

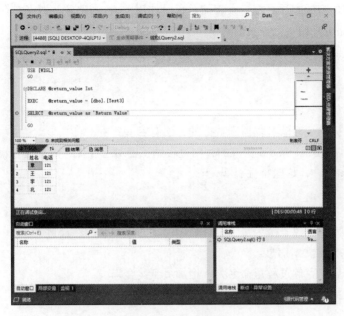

图 13.22　调试完成

13.6　小结

本章主要介绍了为什么要使用存储过程、使用存储过程的时机，以及如何使用 SQL Server Management Studio 和 Transact-SQL 语言创建、管理、使用和调试存储过程。合理地使用存储过程会为数据库应用系统的开发带来极大的方便。通过本章的学习，读者可以对存储过程有一个初步的认知。但是，如果想很好地使用存储过程，读者还需要不断地去实践和探索。

13.7　习题

一、填空题

1．将已经编译好的 Transact-SQL 代码放在数据库服务器上，作为数据库对象进行使用的是_____。

2．在 SQL Server 中，存储过程分为两类，分别为_____和_____。

3．系统过程主要存储在_____数据库中，并以_____为前缀。

4．通过_____对话框可以看到存储过程所属的服务器、数据库、访问用户以及是否加密等信息。

5．对存储过程加密的办法是在开发存储过程时使用_____选项，或者在存储过程开发完毕并测试成功后修改存储时采用_____选项。

6．执行多参数的存储过程时，参数之间应该采用_____分开。

二、简答题

1．存储过程的优点有哪些？

2．SQL Server 提供从存储过程返回数据的方法有哪些？

3．用户可以通过 Visual Studio 集成的存储过程调试器对已经保存的存储过程进行调试，并且它还提供一些很有用的特性，这些特性有哪些？

三、代码练习题

1．在员工数据库中创建一个为员工工资表增加 100 元奖金的存储过程。

2．查看增加奖金的文本信息。

3．将"增加奖金"存储过程重命名为"增加员工奖金"。

4．删除"增加员工奖金"存储过程。

第 *14* 章

触发器

触发器（Trigger）是一种特殊的存储过程。它与表紧密相连，可以看作表定义的一部分。当用户修改指定表或视图中的数据时，触发器将自动执行。合理地使用触发器，可以实现复杂的商业规则，增强数据的完整性。本章讲解与触发器使用相关的知识。

14.1　触发器概述

触发器是与表相关的特殊存储过程。触发器不能被直接执行，它们只能为表上的 INSERT、UPDATE、DELETE 事件触发，类似于可视化的编程工具的事件过程。例如，在 Visual C#中的一个窗体按钮中添加了触发代码，一旦用户单击这个按钮，这段代码就会运行；而数据库中的表只有发生 INSERT、UPDATE、DELETE 等事件时，触发器的代码才会执行。

表可以有多个触发器。例如，CREATE TRIGGER 语句可以与 FOR UPDATE、FOR INSERT 或 FOR DELETE 子句一起使用，指定触发器专门用于特定类型的数据修改操作。当指定 FOR UPDATE 时，可以使用 IF UPDATE（字段名称）子句，指定触发器专门用于具体某列的更新。

触发器有 3 种：登录触发器、DDL 触发器和 DML 触发器。在本章内容中将主要讲解 DML 触发器。下面简单介绍这 3 种触发器。

1. 登录触发器

登录触发器是指因响应 LOGON 事件而激发的存储过程。当 SQL Server 实例建立用户会话时，将激发此事件。登录触发器将在登录的身份验证完成后，且用户会话实际建立前激发。因此，来自触发器内部且通常将到达用户的所有消息（如错误消息和来自 print 语句的消息）传送到 SQL Server 错误日志。如果身份验证失败，将不激发登录触发器。

2. DDL 触发器

DDL 触发器被激发，以响应各种数据定义语言（DDL）事件。这些事件主要与以关键字 CREATE、ALTER、DROP、GRANT、DENY、REVOKE 或 UPDATE STATISTICS 开头的 Transact-SQL 语句对应。执行 DDL 操作的系统存储过程也可以激发 DDL 触发器。

如果要执行以下操作，需要使用 DDL 触发器：

- 防止对数据库架构进行某些更改。
- 希望数据库中发生某种情况以响应数据库架构的更改。
- 记录数据库架构的更改或事件。

3. DML 触发器

DML 触发器为特殊类型的存储过程，可以在发生数据操作语言（DML）事件时自动生效，以便影响触发器中定义的表或视图。DML 事件包括 INSERT、UPDATE 或 DELETE 语句。DML 触发器可以用于强制执行业务规则维护数据完整性、查询其他表或复杂的 Transact-SQL 语句。触发器和触发它的语句将作为可以在触发器内回滚的单个事务对待。如果检测到错误（如磁盘空间不足），则整个事务将自动回滚。

DML 触发器的优点如下：

➥ DML 触发器可以将更改通过级联方式传播给数据库中的相关表，不过使用级联引用完整性约束可以更有效地执行这些更改。除非 REFERENCES 子句定义了级联引用操作，否则 FOREIGN KEY 约束只能用与另一列中的值完全匹配的值验证列值。

➥ DML 触发器可以防止恶意或错误的 INSERT、UPDATE 以及 DELETE 操作，并强制执行比 CHECK 约束定义更为复杂的其他限制。

➥ 与 CHECK 约束不同，DML 触发器可以引用其他表中的列。例如，触发器可以使用另一个表中的 SELECT 语句中插入或更新的数据，以及执行其他操作，如修改数据或显示用户自定义的错误信息。

➥ DML 触发器可以评估数据修改前后表的状态，并根据该差异采取措施。

➥ 一个表中的多个同类 DML 触发器（INSERT、UPDATE 或 DELETE）允许使用多个不同的操作响应同一个修改语句。

➥ 约束只能通过标准化的系统消息传递错误消息。如果应用程序需要使用自定义消息和较为复杂的错误处理，则必须使用触发器。

➥ DML 触发器可以禁止或回滚违反引用完整性的更改，从而取消尝试的数据修改。例如，当更改外键且新值与其主键不匹配时，这样的触发器将生效。与 FOREIGN KEY 约束的实现功能类似。

➥ 如果触发器表上存在约束，则在 INSTEAD OF 触发器执行后，但在 AFTER 触发器执行前检查这些约束。如果违反了约束，则回滚 INSTEAD OF 触发器操作，并且不执行 AFTER 触发器。

DML 触发器有两大类：AFTER 触发器和 INSTEAD OF 触发器。它们在用途上、触发时机上有所区别。这两个触发器的详细区别见表 14.1。

表 14.1　AFTER 触发器和 INSTEAD OF 触发器的详细区别

功　　能	AFTER 触发器	INSTEAD OF 触发器
适用范围	表	表和视图
每个表或视图含触发器数量	每个触发动作（UPDATE、DELETE 和 INSERT）含多个触发器	每个触发动作（UPDATE、DELETE 和 INSERT）含一个触发器
级联引用	不支持	在作为级联引用完整性约束目标的表上限制应用
执行	晚于： 约束处理 声明引用操作 inserted 表和 deleted 表的创建触发动作	早于： 约束处理 代替： 触发动作 晚于： inserted 表和 deleted 表的创建
执行顺序	可以指定第一个和最后一个执行	不可用
在 inserted 表和 deleted 表中引用 text、ntext 和 image 列	不允许	允许

要开发触发器，必须了解事务的整个触发器的执行流程。否则，约束和触发器之间的冲突就会对设计与开发造成极大的困难。

每个数据库的操作都是按照以下的步骤执行的：

（1）执行 IDENTITY INSERT 检查。

（2）检查为空性约束。

（3）检查数据类型。

（4）执行 INSTEAD OF 触发器。如果存在 INSTEAD OF 触发器，将停止执行触发它的 DML 语句。INSTEAD OF 触发器是不可递归调用的。因此，如果一个 INSTEAD OF 触发器执行了一个 DML 命令，而这个命令再次触发了同一个事件（INSERT、UPDATE 或 DELETE），第二次产生的这个事件将不会再次触发 INSTEAD OF 触发器。

（5）检查主键约束。

（6）检查 CHECK 约束。

（7）检查外部键约束。

（8）执行 DML 语句，并更新事务日志。

（9）执行 AFTER 触发器。

（10）提交事务。

（11）写入数据文件。

基于 SQL Server 的事务执行流程，在开发触发器时需要注意以下几点：

- AFTER 触发器是在完成所有的约束检查后执行的。因此，不能用它更新数据，数据必须经过所有的完整性检查，包括外部键约束的检查。
- INSTEAD OF 触发器可以解决外部键问题，但不能解决为空性、数据类型或标识列的问题。
- 开发 AFTER 触发器时，可以假定数据已经通过了所有的数据完整性检查。
- AFTER 触发器是在 DML 事务提交前执行的。所以，如果数据是不可接收的，可以使用它回滚该事务。

14.2 创建 DML 触发器

创建触发器时需要指定 3 个要素，分别为名称、在其上定义触发器的表和触发器的激发时间。用户可以使用 SQL Server Management Studio 和 Transact-SQL 创建触发器。下面分别进行介绍。

扫一扫，看视频

14.2.1 使用 SQL Server Management Studio 创建触发器

使用 SQL Server Management Studio 创建触发器的操作步骤如实例 14.1 所示。

实例 14.1　创建触发器 1。

（1）在 SQL Server Management Studio 中，展开服务器节点。

（2）展开【数据库】节点，选择含触发器的表所属的数据库，选中要创建触发器的表"物资库存记录"。

（3）展开表"物资库存记录"节点，右击【触发器】节点，在弹出的快捷菜单中执行【新建触发器】命令，弹出如图 14.1 所示的 SQL 编辑器。

图 14.1　SQL 编辑器

（4）在图 14.1 的 SQL 编辑器中输入触发器的文本。用户也可以参照系统提供的基础模板进行修改。这里输入以下代码：

```
CREATE TRIGGER tr_报警  ON [dbo].[物资库存记录]
FOR  UPDATE
AS
DECLARE @msg varchar(100)
IF EXISTS(SELECT  *  FROM 物资库存记录 WHERE 数量<2)
SET @msg = '有物资库存不足'
print @msg
GO
```

　　　　在这里也可以执行【查询】|【指定模板参数的值】命令，然后在弹出的模板中指定对应的参数。

（5）若要检查语法，单击【分析】按钮。

（6）单击【执行】按钮，完成操作。

分析实例 14.1 中的触发器代码可以得知，如果更新物资库存记录后，会发现有物资库存记录数量少于 2，提示"有物资库存不足"，看一下执行效果。在查询分析器里执行以下代码：

```
USE
WZGL
GO
UPDATE 物资库存记录 SET 物资库存记录.数量=1 WHERE 物资编码='LPJ3215125361313'
GO
```

代码说明如下：

这段代码是要将物资编码为 LPJ3215125361313 的库存数量更新为 1。执行结果如图 14.2 所示。

图 14.2　执行结果

14.2.2　使用 Transact-SQL 创建触发器

使用 Transact-SQL 创建触发器的语法格式如下：

```
CREATE TRIGGER 触发器名称
ON { 表|视图 }
[ WITH ENCRYPTION ]
{
    { { FOR | AFTER | INSTEAD OF } { [ DELETE], [ INSERT ] [ , ] [ UPDATE ] }
        [ WITH APPEND ]
        [ NOT FOR REPLICATION ]
        AS
        [ 触发器代码]
    }
}
```

代码说明如下：

❧ 触发器名称必须符合标识符规则，并且在数据库中必须唯一。可以选择是否指定触发器所有者名称。建议以 tr_作为触发器的开头。

➥ 执行触发器的表或视图，有时称为触发器表或触发器视图。可以选择是否指定表或视图的所有者名称。

➥ WITH ENCRYPTION 加密触发器代码。

➥ AFTER 指定触发器只有在 SQL 语句中指定的所有操作都已成功执行后才激发。所有的引用级联操作和约束检查也必须成功完成后，才能执行此触发器。

➥ 如果仅指定 FOR 关键字，则 AFTER 是默认设置。

➥ 不能在视图上定义 AFTER 触发器。

➥ INSTEAD OF 指定执行触发器，而不是执行触发 SQL 语句，从而替代触发语句的操作。对于 INSTEAD OF 触发器，不允许在具有 ON DELETE 级联操作引用关系的表上使用 DELETE 选项。同样，也不允许在具有 ON UPDATE 级联操作引用关系的表上使用 UPDATE 选项。INSTEAD OF 触发器不能在 WITH CHECK OPTION 的可更新视图上定义。如果向指定了 WITH CHECK OPTION 选项的可更新视图上添加 INSTEAD OF 触发器，SQL Server 将产生一个错误。用户必须用 ALTER VIEW 删除该选项后，才能定义 INSTEAD OF 触发器。

➥ 在表或视图上，每个 INSERT、UPDATE 或 DELETE 语句最多可以定义一个 INSTEAD OF 触发器，但是可以在每个具有 INSTEAD OF 触发器的视图上定义视图。

➥ { [DELETE], [INSERT] [,] [UPDATE] } 指定在表或视图上执行激活触发器的关键字。必须至少指定一个选项。在触发器定义中，允许将这些关键字以任意顺序组合使用。如果指定的选项多于一个，需要使用逗号分隔。

➥ WITH APPEND 指定应该添加现有类型的其他触发器。只有当兼容级别是 65 或更低时，才需要使用该可选子句。如果兼容级别是 70 或更高，则不必使用 WITH APPEND 子句添加现有类型的其他触发器，这时，兼容级别设置为 70 或更高的 CREATE TRIGGER 的默认行为。WITH APPEND 不能与 INSTEAD OF 触发器一起使用。如果显式声明 AFTER 触发器，也不能使用该子句。只有当出于向后兼容而指定 FOR 时（没有 INSTEAD OF 或 AFTER），才能使用 WITH APPEND。以后的版本将不支持 WITH APPEND 和 FOR（将被解释为 AFTER）。

➥ NOT FOR REPLICATION 表示当复制进程更改触发器涉及的表时，不应执行该触发器。

➥ AS 是触发器要执行的操作。

在实例 14.1 中创建的触发器也可以用实例 14.2 的语句创建。

实例 14.2　创建触发器 2。

```
USE WZGL
GO
IF EXISTS(SELECT name FROM sysobjects WHERE name='tr_报警' AND type='TR')
DROP TRIGGER tr_报警
GO
CREATE TRIGGER tr_报警  ON [dbo].[物资库存记录]
FOR  UPDATE
AS
DECLARE @msg varchar(100)
```

```
IF EXISTS(SELECT *  FROM 物资库存记录 WHERE 数量<2)
SET @msg = '有物资库存不足'
print @msg
GO
```

代码说明如下：

IF EXISTS…DROP 表示每次创建新对象时，采用此结构判断这个名称的对象是否已经存在，如果存在就删除。这是一个很好的代码习惯。

触发器中不允许由以下 Transact-SQL 语句激发。

```
ALTER DATABASE
CREATE DATABASE
DISK INIT
DISK RESIZE
DROP DATABASE
LOAD DATABASE
LOAD LOG
RECONFIGURE
RESTORE DATABASE
RESTORE LOG
```

14.3   管理 DML 触发器

用户可以使用 SQL Server Management Studio 和 Transact-SQL 对触发器进行管理，如查看触发器信息、重命名与修改触发器、删除触发器及加密触发器。下面分别进行介绍。

扫一扫，看视频

14.3.1   查看触发器信息

使用 SQL Server Management Studio 查看触发器的具体操作步骤如下：

（1）展开服务器。

（2）展开【数据库】节点，打开触发器所属的数据库，展开表，展开触发器。

（3）右击要查看的触发器，在弹出的快捷菜单中执行【修改】命令，弹出如图 14.3 所示的 SQL 编辑器。在编辑器中可以对触发器的文本内容进行查看。

用户也可以使用 sp_helptext 存储过程查看触发器的文本信息，如实例 14.3 所示。

实例 14.3   查看触发器的文本信息。

```
USE
WZGL
GO
```

```
sp_helptext  tr_报警
GO
```

执行结果如图 14.4 所示。

图 14.3　查看触发器　　　　图 14.4　触发器的文本信息

可以使用 sp_help 存储过程查看触发器的一般信息，如实例 14.4 所示。

实例 14.4　查看触发器的一般信息。

```
USE
WZGL
GO
sp_help  tr_报警
GO
```

执行结果如图 14.5 所示。

与普通的存储过程一样，用户也可以使用 sp_depends 存储过程查看触发器的依赖关系，如实例 14.5 所示。

实例 14.5　查看触发器的依赖关系。

```
USE
WZGL
GO
sp_depends tr_报警
GO
```

执行结果如图 14.6 所示。

图 14.5　触发器的一般信息

图 14.6　触发器的依赖关系

扫一扫，看视频

14.3.2　重命名与修改触发器

对于触发器，用户只能使用 sp_rename 修改触发器的名称，如实例 14.6 所示。

实例 14.6　重命名触发器。

```
USE WZGL
GO
sp_rename tr_报警, tr_报警1
GO
```

代码说明如下：

新名称与旧名称之间要用逗号隔开。

执行结果如图 14.7 所示。

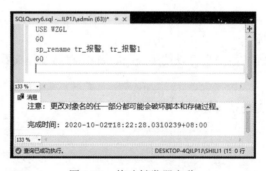

图 14.7　修改触发器名称

SQL Server 允许在不改变触发器使用许可、不改变名称的情况下，对触发器进行修改。使用 SQL Server Management Studio 修改触发器的具体操作步骤如下：

（1）展开服务器。

（2）展开【数据库】节点，打开触发器所属的数据库，展开表，展开触发器。

（3）右击要修改的触发器，在弹出的快捷菜单中执行【修改】命令，在弹出的编辑器中修改触发器即可，如图 14.8 所示。单击【执行】按钮，修改完成。

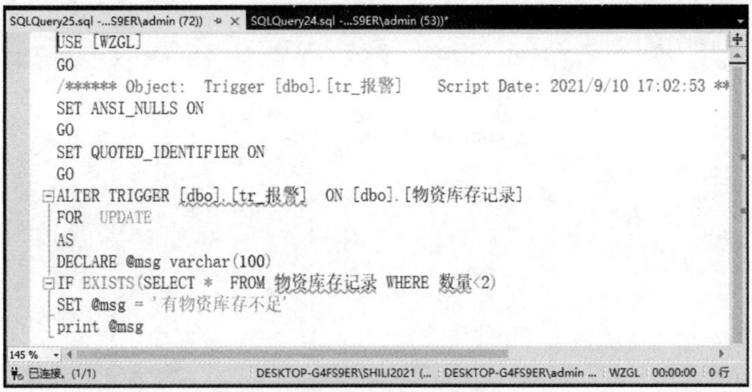

SQLQuery25.sql -...S9ER\admin (72))
SQLQuery24.sql -...S9ER\admin (53))*
USE [WZGL]
GO
/****** Object: Trigger [dbo].[tr_报警] Script Date: 2021/9/10 17:02:53 **
SET ANSI_NULLS ON
GO
SET QUOTED_IDENTIFIER ON
GO
ALTER TRIGGER [dbo].[tr_报警] ON [dbo].[物资库存记录]
FOR UPDATE
AS
DECLARE @msg varchar(100)
IF EXISTS(SELECT * FROM 物资库存记录 WHERE 数量<2)
SET @msg = '有物资库存不足'
print @msg
145 %
已连接。(1/1)
DESKTOP-G4FS9ER\SHILI2021 (...
DESKTOP-G4FS9ER\admin ...
WZGL
00:00:00
0 行

图 14.8　修改触发器

不允许在 SQL Server Management Studio 中修改触发器的使用许可和名称。

修改触发器也可以使用 Transact-SQL 语句。使用 ALTER TRIGGER 语句修改触发器的语法格式如下：

```
ALTER TRIGGER [ EDURE ] 触发器的名称 [ ; number ]
    [ { @参数 数据类型 }
       [ VARYING ] [ = default ] [ OUTPUT ]
    ] [ ,...n ]
[ WITH
    { RECOMPILE | ENCRYPTION | RECOMPILE , ENCRYPTION } ]
[ FOR REPLICATION ]
AS sql_statement [ ...n ]
GO
```

代码说明请参考 14.2 节。

14.3.3　删除触发器

扫一扫，看视频

使用 SQL Server Management Studio 删除触发器的具体操作步骤如下：

（1）展开服务器。

（2）展开【数据库】节点，打开触发器所属的数据库，展开表，展开触发器。

（3）右击该表，在弹出的快捷菜单中执行【删除】命令，在弹出的对话框中单击【确定】按钮，如图 14.9 所示。

同样可以使用 Transact-SQL 语句删除触发器，如实例 14.7 所示。

图 14.9　删除触发器

实例 14.7　使用语句删除触发器。

```
USE
WZGL
GO
DROP TRIGGER  tr_报警
GO
```

扫一扫，看视频

14.3.4　加密触发器

一旦创建了触发器，用于创建触发器的 Transact-SQL 语句就会保存在 syscomments 表中。保存这些语句的目的并不是为了执行触发器，而是为了在今后需要修改触发器时，能够方便地获取它们。但是有些时候系统开发完毕，并不想让系统用户看到触发器的代码。一方面是版权问题；另一方面，如果用户不小心修改了触发器的代码，会导致整个系统出现问题。所以，用户可以对触发器的代码进行加密。

对触发器加密的办法是在开发触发器时使用 WITH encryption 选项，或者在触发器开发完毕并测试成功后使用 WITH encryption 选项，如实例 14.8 所示。

实例 14.8　使用 WITH encryption 选项对触发器进行加密。

```
USE WZGL
GO
IF EXISTS(SELECT name FROM sysobjects WHERE name='tr_报警' AND type='TR')
DROP TRIGGER tr_报警
GO
CREATE TRIGGER tr_报警  ON [dbo].[物资库存记录]
WITH encryption
FOR  UPDATE
AS
```

```
DECLARE @msg varchar(100)
IF EXISTS(SELECT *  FROM 物资库存记录 WHERE 数量<2)
SET @msg = '有物资库存不足'
print @msg
GO
```

代码说明如下：

WITH encryption 表示对触发器进行加密。

14.4 使用 DML 触发器

DML 触发器使用包括对 AFTER 触发器、INSTEAD OF 触发器以及触发器的特殊功能的使用。下面分别进行介绍。

14.4.1 使用 AFTER 触发器

扫一扫，看视频

一个表可以有多个 AFTER 触发器，但是每个 AFTER 触发器只能应用一个表。AFTER 触发器适用于以下场合：

- 进行复杂的数据验证。
- 实现复杂的业务规则。
- 数据审计跟踪记录。
- 维护修改日期字段。
- 实现客户定制的参考完整性检查和级联删除。

实例 14.9 实现了一个比较复杂的数据验证。

实例 14.9 实现复杂的数据验证。

```
CREATE TRIGGER tr_验证物资编码  ON [dbo].[物资信息表]
AFTER INSERT
AS
DECLARE @msg varchar(100)
IF EXISTS (SELECT * FROM 物资信息表 WHERE  LEFT(物资编码,6)<>'LPJ321')
   BEGIN
       SET @msg='编码输入有误，物资编码开头 6 个字符应该为 LPJ321'
       print @msg
   END
IF EXISTS (SELECT * FROM 物资信息表 WHERE  RIGHT(物资编码,4)<>'1313')
   BEGIN
       SET @msg='编码输入有误，物资编码结束 4 个字符应该为 1313'
       print  @msg
   END
```

代码说明如下：

- LEFT (物资编码,6)<>'LPJ321'用于判断物资编码是否以 LPJ321 开头。
- RIGHT(物资编码,4)<>'1313'用于判断物资编码是否以 1313 结束。

例如，使用下面的代码插入一个不符合编码规则的物资信息记录：

```
USE
WZGL
GO
INSERT 物资信息表(物资编码,物资名称,规格型号)
VALUES('sdfsdfsdf','werwer','dsfsdf')
GO
```

执行结果如下：

```
--------------------------------------------------------------------------------
编码输入有误，物资编码开头 6 个字符应该为 LPJ321
编码输入有误，物资编码结束 4 个字符应该为 1313

（所影响的行数为 1 行）
--------------------------------------------------------------------------------
```

扫一扫，看视频

14.4.2 使用 INSTEAD OF 触发器

INSTEAD OF 触发器是代码表的事务执行的，因此系统并不会执行它的事务，就好像是 INSTEAD OF 和触发器自动回滚了该事务，关于事务的内容请参考本书第 15 章。

作为事务的替代程序，每个表或视图最多只能有一个 INSTEAD OF 触发器，我们把实例 14.9 修改为实例 14.10。

实例 14.10 使用 INSTEAD OF 触发器验证物资编码。

```
CREATE TRIGGER tr_in 验证物资编码  ON [dbo].[物资信息表]
INSTEAD OF  INSERT
AS
DECLARE @msg varchar(100)
IF EXISTS (SELECT * FROM 物资信息表 WHERE  LEFT(物资编码,6)<>'LPJ321')
   BEGIN
       SET @msg='编码输入有误，物资编码开头 6 个字符应该为 LPJ321'
       print @msg
   END
IF EXISTS (SELECT * FROM 物资信息表 WHERE  RIGHT(物资编码,4)<>'1313')
   BEGIN
       SET @msg='编码输入有误，物资编码结束 4 个字符应该为 1313'
       print @msg
   END
```

使用以下代码插入数据：

```
USE
WZGL
GO
INSERT 物资信息表(物资编码,物资名称,规格型号)
VALUES('sdfsdfsdf','werwer','dsfsdf')
GO
```

执行结果如下：

```
--------------------------------------------------------------------------------
编码输入有误，物资编码开头 6 个字符应该为 LPJ321
编码输入有误，物资编码结束 4 个字符应该为 1313
（所影响的行数为 1 行）
--------------------------------------------------------------------------------
```

从执行结果上看，好像已经将数据插入数据库。用以下代码查看是否真的插入数据库：

```
USE
WZGL
GO
SELECT * FROM 物资信息表 WHERE 物资编码='sdfsdfsdf'
GO
```

执行结果如下：

```
物资编码       物资名称        规格型号            单位    备注
------------  ------------  --------------------  ------  ------------------------
```

（所影响的行数为 0 行）

可以看出，数据中根本不存在这个记录，因为 INSERT 的操作已经被 INSTEAD OF 触发器代替。通过比较实例 14.9 和实例 14.10 可以发现，INSTEAD OF 触发器与 AFTER 触发器在应用上的不同。

14.4.3 触发器的特殊功能

扫一扫，看视频

在使用触发器过程中，SQL Server 使用到了两张特殊的临时表，分别是 inserted 表和 deleted 表，这两张临时表都保存在缓存中。它们实际上是事务日志的视图，与创建的触发器表有着相同的结构。

用户可以使用这两张临时表检测某些修改操作产生的效果。例如，可以使用 SELECT 语句检查 INSERT 语句和 UPDATE 语句执行的操作是否成功，触发器是否被这些语句触发等。但是，用户不能直接修改 inserted 表和 deleted 表中的数据。

deleted 表存储着被 DELETE 语句和 UPDATE 语句影响的旧的数据行。在执行 DELETE 语句或 UPDATE 语句的过程中，指定的数据行被用户从基本表中删除，被转移到 deleted 表中。一般来说，基本表和 deleted 表中不会存在相同的数据行。

　　inserted 表存储着被 INSERT 语句和 UPDATE 语句影响的新的数据行。当用户执行 INSERT 语句或 UPDATE 语句时，新的数据行被插入表中，同时这些数据行被备份在 inserted 表中。

　　一个典型的 UPDATE 事务实际上由两个操作组成。首先，旧的数据行从基本表中转移到 deleted 表中，前提是这个过程没有出错；其次，将新的数据行同时插入基本表和 inserted 表中。实例 14.11 是一个级联修改多数据表的触发器。

　　实例 14.11　级联修改多数据表的触发器。

```
CREATE TRIGGER tr_级联删除  ON [dbo].[物资信息表]
FOR  DELETE
AS
IF @@rowcount=0
     return
DELETE 物资库存记录
FROM  物资信息表,deleted
WHERE  物资信息表.物资编码=deleted.物资编码
IF @@error=0
  BEGIN
     ROLLBACK tran
     return
  END
```

代码说明如下：

　　本实例首先检测删除数据行的数量，如果数量为 0，则触发器不执行任何操作。如果删除数据行的数量大于 0，则表示删除操作成功，触发器根据 deleted 表中的数据，将物资库存记录中的相关数据也删除。

　　inserted 表和 deleted 表都是针对当前触发器的局部临时表，这些表只对应于当前触发器的基本表。如果在触发器中使用了存储过程，或者是产生了嵌套触发器的情况，则不同的触发器将会使用属于自己基本表的 inserted 表和 deleted 表。

14.5　利用存储过程和触发器维护数据完整性

　　通常存储过程和触发器可以用来维护数据库引用的相对完整性，也就是在与外键值相对应的主键发生改变以后规范对外键可能执行的操作，约束外键值的变化。

　　用户应该记得 SQL Server 提供外键约束的特点。当被外键引用时，用户不能修改或删除被引用的主键的值或 UNIQUE 列的值。

　　但是使用存储过程可以对受外键约束的主键或 UNIQUE 列值进行修改和删除。这种操作一般会影响多个表，所以一般使用级联修改或级联删除实现。

当使用存储过程进行级联修改时，可以按下面的步骤执行操作：

（1）以新的主键值或 UNIQUE 列值向主表插入新的数据行，重复现存行所有其他列的值。

（2）将相关性表中的外键改为新值。

（3）删除主表中的旧数据行。

当使用存储过程实现级联删除时，可以按下面的步骤进行操作：

（1）删除外键所在的行，也可以将外键修改为 NULL 或默认值。

（2）删除主表中的行。

从上面执行的级联修改和级联删除可以看出，使用存储过程来维护数据的完整性，并不是要替代原有的外键约束，只是对外键约束的补充，外键约束仍然保留在数据库中并起主要作用。使用存储过程可以提供附加的安全性，也可以设置赋予用户调用某些存储过程的权利，但不允许用户对基本表进行修改。

如果两张表的主键和外键之间的联系是通过约束建立的，则不能使用触发器实现影响外键和主键的级联修改和级联删除。实际上，触发器通常都应用在实施企业复杂规则的场合下，一般来说这些规则难以用普通的约束实现。例如，监督某列数据的变化范围，并在超出规定范围以后，对两个以上的表进行修改等。

14.6 小结

本章介绍了 SQL Server 触发器的特点、创建方法和使用管理方法，以及如何利用触发器维护数据完整性。SQL Server 在触发器方面有着强大的功能和灵活的使用方式。如果能有效地利用这种优势，可以使自己的系统具有更好的统一性和卓越的性能，并能给开发数据库应用系统提供极大的方便。

14.7 习题

一、填空题

1. 触发器不能被直接执行，它们只能为表上的_____、_____和_____事件触发。

2. 触发器有 3 种，分别为_____、_____和_____。

3. DML 触发器有两大类，分别为_____和_____。

4. 创建触发器时需要指定 3 个要素，分别为_____、_____和_____。

5. 查看触发器的一般信息使用关键字_____。

6．一个表可以有_____个 AFTER 触发器，每个 AFTER 触发器能应用_____个表。

7．作为事务的替代程序，每个表或视图最多只能有一个_____触发器。

8．在使用触发器过程中，SQL Server 使用到了两张特殊的临时表保存缓存，它们分别是_____和_____。

二、简答题

AFTER 触发器适用于哪些场合？

第 15 章

用户自定义函数

为了方便用户对数据库进行查询和修改，SQL Server 提供了许多内部函数供用户调用，这些函数的用法见 SQL Server 联机帮助丛书。同时，SQL Server 还引入了用户自定义函数，它兼具视图和存储过程的优点。本章主要介绍用户自定义函数。

- 用户自定义函数具有视图的优点，因为可以将它们用在表达式或 SELECT 语句的 FROM 子句中，而且也可以将它们与架构绑定。另外，用户自定义函数还具有视图没有的特性，它可以接收参数。
- 用户自定义函数也具有存储过程的优点，它们也是预先经过编译和优化的。

常见的用户自定义函数有以下 3 种：

- 返回单值的标量函数。
- 类似于视图的可更新内嵌表值函数。
- 使用代码创建结果集的多语句表值函数。

15.1 标量函数

标量函数是返回单个值的函数。这类函数可以接收多个参数进行计算，然后返回单个值。用户可以在 SQL Server 的表达式（包括 CHECK 约束中的表达式）中使用这些用户自定义函数，然后通过函数内的 RETURN 命令返回一个值。在用户自定义函数中，RETURN 命令应当是最后一条命令。

标量函数必须是确定性的。如果使用同样的输入参数多次调用它，每次都应当返回同样的结果。所以，不能在标量函数中使用那些返回可变数据的函数和全局变量。

用户自定义函数不能对数据库进行更新，但它们可以使用局部临时表。另外，它们既不能返回 BLOB 数据，也不能返回表级变量或 CURSOR 类型的数据。

15.1.1 创建标量函数

创建、修改或删除用户自定义函数的 DDL 命令与其他对象使用的非常类似，只是用户自定义函数的语法允许它返回值，具体语法格式如下：

```
CREATE FUNCTION  函数名称
    (输入参数)
RETURNS 数据类型
AS

BEGIN
    函数体
    RETURN 表达式
END
```

与定义存储过程的参数类似，用户自定义函数的输入参数在定义时需要声明数据类型。如果有必要，还可以为其提供默认值。

具有默认值的参数不是可选参数。如果要使用参数的默认值调用函数，必须在调用时将关键字 DEFAULT 传递给函数。实例 15.1 中定义了一个简单的数值计算函数，其中第二个参数有默认值。

实例 15.1 简单的数值计算。

```
CREATE FUNCTION  dbo.jisuan
    (@x int,@y int=1)
RETURNS int
AS
BEGIN
    RETURN @x+@y
END
```

```
GO
```

代码说明如下：

@y int=1 表示将@y 默认值定义为 1。

可以使用以下代码调用此函数：

```
SELECT dbo.jisuan(1,2)
SELECT dbo.jisuan(4,DEFAULT)
```

执行结果如下：

```
------------------------------------------
-----------
3
（所影响的行数为 1 行）
-----------
5
（所影响的行数为 1 行）
------------------------------------------
```

实例 15.2 是一个较为复杂的用户自定义标量函数的例子。

实例 15.2 用户自定义标量函数。

输入当前日期，返回当前日期是当年的第多少周。

```
CREATE FUNCTION ISOweek (@DATE datetime)
RETURNS int
AS
BEGIN
  DECLARE @ISOweek int
  SET @ISOweek= DATEPART(wk,@DATE)+1
    -DATEPART(wk,CAST(DATEPART(yy,@DATE) AS char(4))+'0104')
  IF (@ISOweek=0)
    SET @ISOweek=dbo.ISOweek(CAST(DATEPART(yy,@DATE)-1
      AS char(4))+'12'+ CAST(24+DATEPART(DAY,@DATE) AS char(2)))+1
  IF ((DATEPART(mm,@DATE)=12) AND
    ((DATEPART(dd,@DATE)-DATEPART(dw,@DATE))>= 28))
    SET @ISOweek=1
  RETURN(@ISOweek)
END
```

代码说明如下：

➥ DATEPART 表示返回指定日期的整数部分。

➥ CAST 表示将某种数据类型的表达式显式转换为另一种数据类型。

可以采用以下代码调用此函数：

```
SET DATEFIRST 1
```

```
SELECT WZGL.dbo.ISOweek('10/26/2020') AS 'ISO Week'
```

执行结果如下：

```
ISO Week
-----------
44

(所影响的行数为 1 行)
```

完成时间：2020-11-02T18:30:10.7877363+08:00

扫一扫，看视频

15.1.2　调用标量函数

在表达式中，只要可以使用单个值的地方就可以使用标量函数。调用用户自定义标量函数时，必须始终使用由两个部分构成的名字，语法格式如下：

```
OWNER.函数名称
```

调用函数的实例可以参考 15.1.1 小节中调用两个标量函数的代码。

15.2　内嵌表值函数

第二种用户自定义函数是内嵌表值函数，其非常类似于视图，它们都包含一条 SELECT 语句。内嵌表值函数不仅包含了视图的全部优点，还多了视图没有的两个新优点：预先编译和可以使用参数。像视图一样，如果使用的 SELECT 语句是可以更新的，内嵌表值函数就是可以更新的。

扫一扫，看视频

15.2.1　创建内嵌表值函数

内嵌表值用户自定义函数没有 BEGIN…END 标识和程序体。取而代之的是，它将 SELECT 语句作为 TABLE 数据类型加以返回。其具体语法格式如下：

```
CREATE FUNCTION  函数名称
    (输入参数)
RETURNS 表
AS
    RETURN SELECT 语句
```

相比内嵌表值函数，视图不能使用参数，视图对结果集的限制通常是在调用视图的 SELECT 语句中使用 WHERE 子句实现的。

实例 15.3 比较了视图和函数在运行时限制结果集的不同方法。对于视图，要在调用它的 SELECT

语句的 WHERE 子句中进行限制；对于函数，则可以通过使用不同调用参数实现这一点。

SQL Server 内部会根据函数使用的 SELECT 语句，以及调用它的 SELECT 语句中的 WHERE 子句的条件创建一个新的 SQL 语句，然后再生成相应的查询计划。

与之相比，在函数中可以通过为预编译的 SELECT 语句传递不同的参数以达到对返回的结果集进行限制的目的。实例 15.3 中的函数就是一个类似视图但是带参数的函数，应用于系统数据库 pubs 中。

实例 15.3　内嵌表值函数的创建。

```
USE pubs
GO
CREATE FUNCTION SalesByStore (@storeid varchar(30))
RETURNS TABLE
AS
RETURN (SELECT title, qty
    FROM sales s, titles t
    WHERE s.stor_id = @storeid AND
    t.title_id = s.title_id)
```

15.2.2　调用内嵌表值函数

可以在 SELECT 语句的 FROM 子句中调用实例 15.3 中的内嵌表值函数。

扫一扫，看视频

```
USE pubs
GO
SELECT* FROM SalesByStore(234)
GO
```

代码说明如下：

SalesByStore(234)中 SalesByStore 一定要带参数。

如同调用存储过程一样，当第一次调用函数时，性能会有明显的下降。因为系统需要编译函数的代码，并将编译的结果存放在内存中。一旦完成这一工作，此后对函数进行调用时的执行速度就会很快。

15.3　多语句表值函数

多语句表值函数既可以像标量函数那样使用复杂的代码，也可以像内嵌表值函数那样返回一个结果集。这类函数会创建一个表变量，并使用代码对它进行填充。然后，它会将这个表变量返回，以便在 SELECT 语句中使用它。

多语句表值函数的主要优点是，可以用代码产生复杂的结果集，然后方便地在 SELECT 语句中使用它。因此，可以使用这些函数替代返回结果集的存储过程。

15.3.1　创建多语句表值函数

创建多语句表值函数的语法格式如下：

```
CREATE FUNCTION  函数名称
    (输入参数)
RETURNS @TableName Table (字段)
AS
BEGIN
    RETURN
END
```

假设一个表有以下层次关系：

```
CREATE TABLE employees (empid nchar(5) PRIMARY KEY,
    empname nvarchar(50),
    mgrid nchar(5) REFERENCES employees(empid),
    title nvarchar(30)
    )
```

实例 15.4 的多语句表值函数 fn_FindReports(@InEmpId)有一个给定职员 ID，它返回所有直接或间接向给定职员报告的职员表。该逻辑无法在单个查询中表现出来，不过可以通过用户自定义函数实现。

实例 15.4　多语句表值函数的创建。

```
CREATE FUNCTION fn_FindReports (@InEmpId nchar(5))
RETURNS @retFindReports TABLE (empid nchar(5) PRIMARY KEY,
    empname nvarchar(50) NOT NULL,
    mgrid nchar(5),
    title nvarchar(30))
/*返回所有直接或间接向给定职员报告的职员表*/
AS
BEGIN
    DECLARE @RowsAdded int
-- 声明变量计算数量
    DECLARE @reports TABLE (empid nchar(5) PRIMARY KEY,
        empname nvarchar(50) NOT NULL,
        mgrid nchar(5),
        title nvarchar(30),
        processed tinyint default 0)
-- 创建 @reports 定义直接向职员报告的表
    INSERT @reports
    SELECT empid, empname, mgrid, title, 0
    FROM employees
    WHERE empid = @InEmpId
    SET @RowsAdded = @@rowcount
```

```
    -- 当在之前的迭代中添加了新员工
    WHILE @RowsAdded > 0
    BEGIN
        UPDATE @reports
        SET processed = 1
        WHERE processed = 0
        -- 插入向标记为 1 的员工报告的员工
        INSERT @reports
        SELECT e.empid, e.empname, e.mgrid, e.title, 0
        FROM employees e, @reports r
        WHERE e.mgrid=r.empid and e.mgrid <> e.empid and r.processed = 1
        SET @RowsAdded = @@rowcount
        UPDATE @reports
        SET processed = 2
        WHERE processed = 1
    END
        -- 将结果输出
    INSERT @retFindReports
    SELECT empid, empname, mgrid, title
    FROM @reports
    RETURN
END
GO
```

15.3.2 调用多语句表值函数

可以在 SELECT 语句的 FROM 子句中调用该函数。下面的代码向 fn_FindReports()函数传递了参数并执行了查询。

```
SELECT *
FROM fn_FindReports('11234')
GO
```

15.4 小结

用户自定义函数扩展了 SQL Server 对象的能力，并为表达式和 SELECT 语句提供了更大的灵活性。标量函数返回单个值，而且必须具有确定性。内嵌表值函数类似于视图，它会返回单个 SELECT 语句的结果集。多语句表值函数使用代码填充表变量，随后将它返回。关于用户自定义函数的应用需要读者在实际的工作中不断探索和总结。

15.5 习题

一、填空题

1．可以接收多个参数进行计算，然后返回单个值的函数是＿＿＿＿＿。

2．类似于视图，并包含一条 SELECT 语句的函数是＿＿＿＿＿。

3．具有视图的全部优点，而且包含视图没有的两个新优点的函数是＿＿＿＿＿。

4．可以像标量函数那样使用复杂的代码，也可以像内嵌表值函数那样返回一个结果集的函数是＿＿＿＿＿＿。

二、简答题

常见的用户自定义函数有哪些？

第 *16* 章

事务

与数据有关的任何操作都发生在事务中。对于数据库，数据库产品处理事务的策略和方法是至关重要的。本章主要介绍 SQL Server 是如何实现事务完整性的。

16.1 事务概述

　　事务是由一系列任务组成的逻辑工作单元，这个逻辑工作单元中，所有任务必须作为一个整体，要么全都完成，要么全都失败。例如，张三通过银行给李四汇款 1000 元，在数据库中的实现流程如下：首先张三账户减少 1000 元，李四账户增加 1000 元。这两个任务形成一个完整的转账流程。如果突然断电，银行系统在为张三账户减去 1000 元的同时，没有给李四账户增加 1000 元，则会造成数据的丢失，如图 16.1 所示。事务将这些任务封装在一起，形成一个完整的逻辑工作单元。如果操作过程中出现突发情况，则整个事务无效，所有的操作作废，如图 16.2 所示。

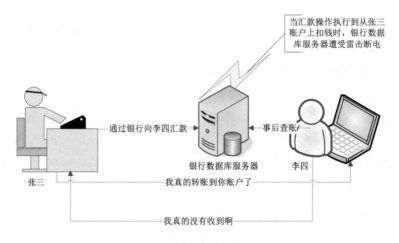

图 16.1　不存在事务的情况下

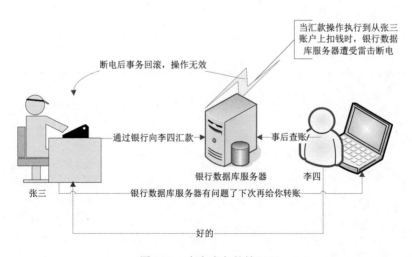

图 16.2　存在事务的情况下

一个数据库产品的优劣是通过它所提供的事务处理机制对 ACID 特性的支持程度来衡量的。ACID 是这 4 个特性的英文单词首字母的缩写（即原子性、一致性、隔离性、持续性）。SQL Server 的大部分架构都是基于这 4 个特性的。所以，理解事务的 ACID 特性是理解 SQL Server 事务的前提。

- ➥ 原子性：事务必须是原子的。换句话说，在事务结束时，事务中的操作要么都完成，要么都失败。例如，事务中某些操作被写入磁盘，而另外一些没有被写入，就违反了原子性。
- ➥ 一致性：事务必须保证一致性。这意味着，在事务执行前数据库应处于一致性状态，在事务结束后，数据库又会回到一致性状态。从 ACID 特性的目的来看，一致性意味着数据库中的每行和每列必须与其描述的现实保持一致，而且要满足所有约束的要求。如果把订单行写入磁盘，却没有写入相应的订单明细，则订单表和订单明细表之间的一致性就会被破坏。
- ➥ 隔离性：事务必须与其他事务产生的结果隔离。不管是否有其他事务正在执行，事务都必须使用在开始运行时的数据集执行。隔离性是两个事务之间的屏障，检验隔离性的方法之一是看数据库是否具有这样的能力，当在相同的初始数据集上多次重复执行一组特定的事务集时，每一次都能得到相同的结果。例如，假设张三正在更新 100 行数据，当张三的事务正在执行时，李四要删除该数据集中的一行，如果删除真的发生了，那就说明张三的事务与李四的事务不满足隔离性。相对于单用户数据库，隔离性在多用户数据库中更为重要。
- ➥ 持续性：事务的持续性是指不管系统是否发生了故障，事务处理的结果都是永久的。一旦事务被提交后，它就一直处于已提交的状态。数据库产品必须保证，即使存放数据的驱动器发生故障，它也能将数据恢复到驱动器发生故障前，恢复至最后一个事务提交时的瞬间状态。

对事务完整性的威胁来自并发，即多个用户同时对数据进行检索或修改。隔离性是否满足对小型数据库来说影响不大，但对有数千用户的生产系统来说，并发直接威胁事务完整性。用户必须仔细地平衡两者，否则，要么无法保证数据完整性，要么无法保证数据库的性能。

如果开发人员理解 ACID 特性，在开发数据库应用时充分利用了 SQL Server 的性能，而且数据库管理员又实现了能良好恢复 SQL Server 的架构，则其完全可以满足所有事务完整性的 ACID 特性要求。要做到这一点，需要硬件、数据库设计，编码，数据库恢复计划及数据维护计划的共同协作。当开发人员和数据库管理员紧密协同，努力去完成上述各个方面的工作时，数据库的性能既会达到极优，也会具有较高的事务完整性级别。

16.2　使用事务

SQL Server 的事务分为 3 种，分别为自动提交事务、显式事务和隐式事务。下面依次进行讲解。

16.2.1 自动提交事务

实际上，SQL Server 的每个 Transact-SQL 语句都是一个事务。执行时，这个语句要么被成功完成，要么被完全放弃。为了说明这一点，可以观察如图 16.3 所示的两个表。

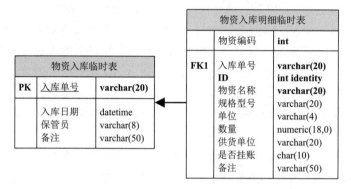

图 16.3 存在关系的两个表

如果使用以下语句删除物资入库临时表：

```
USE
WZGL
GO
SELECT count(*) FROM 物资入库临时表
DELETE FROM 物资入库临时表
SELECT count(*) FROM 物资入库临时表
GO
```

执行结果如图 16.4 所示。

图 16.4 执行结果

由于存在外键约束，DELETE 语句出现了异常，中止执行。但 DELETE 语句执行前后的记录数是相同的，这就确认了 DELETE 语句的所有更改都被取消了。如果未出现错误，则 SQL Server 会自动将 Transact-SQL 语句封装在事务里。这种行为就是自动提交事务。

16.2.2 使用显式事务

最流行、最简单的使用事务的方法就是给出一个启动或结束该事务的显式命令，以这种方法启动的事务就是所谓的显式事务。在 Transact-SQL 中，使用显式事务的语法格式如下：

```
BEGIN TRANSACTION
    Transact-SQL 语句
ROLLBACK TRANSACTION
    Transact-SQL 语句
COMMIT TRANSACTION
    Transact-SQL 语句
```

代码说明如下：

❯ BEGIN TRANSACTION 表示开始事务。

❯ ROLLBACK TRANSACTION 表示回滚事务，即从 BEGIN TRANSACTION 开始的代码无效。

❯ COMMIT TRANSACTION 表示结束事务。

具体应用如实例 16.1 所示。

实例 16.1　显式事务的应用。

```
USE
WZGL
GO
BEGIN TRANSACTION
    INSERT INTO 物资库存记录 1 SELECT * FROM 物资库存记录
    DELETE FROM 物资库存记录
    IF @@error<>0
        GOTO label1
COMMIT TRANSACTION
    print'成功'
label1:
    print'失败'
    ROLLBACK TRANSACTION
GO
```

代码说明如下：

在实际处理前，BEGIN TRANSACTION 语句通知 SQL Server，将后续的操作看作一个单一的事务，即后面的 INSERT 语句和 DELETE 语句。如果在更新期间没有错误，则所有更改将在 SQL Server 处理 COMMIT TRANSACTION 语句时提交给数据库。如果在更新期间出现了错误，则 IF 语句会检测到这种错误，然后将从 label1 标签行执行下去，向用户提示错误后，SQL Server 将回滚处理期间进行的所有更改。

扫一扫，看视频

16.2.3　使用隐式事务

第 3 种事务模式就是所谓的隐式事务。当将 IMPLICIT_TRANSACTIONS 设置为 ON 时，则会将连接设置为隐式事务模式；当将其设置为 OFF 时，则使连接返回到自动提交事务模式。当连接是隐式事务模式，且当前不在事务中时，执行下列语句将启动事务：

- ➘ ALTER TABLE
- ➘ FETCH
- ➘ REVOKE
- ➘ CREATE
- ➘ GRANT
- ➘ SELECT
- ➘ DELETE
- ➘ INSERT
- ➘ TRUNCATE TABLE
- ➘ DROP
- ➘ OPEN
- ➘ UPDATE

使用隐式事务时注意以下几点：

- ➘ 如果连接已经在打开的事务中，则上述语句不启动新事务。
- ➘ 对于因为将 IMPLICIT_TRANSACTIONS 设置为 ON 而自动打开的事务，用户必须在该事务结束时将其显式提交或回滚。否则，当用户断开连接时，事务及其包含的所有数据更改将回滚。在事务提交后，执行上述任一语句即可启动新事务。
- ➘ 隐式事务模式将保持有效，直到连接执行 SET IMPLICIT_TRANSACTIONS OFF 语句使连接返回到自动提交事务模式。在自动提交事务模式下，如果各个语句成功完成则提交。

具体应用如实例 16.2 所示。

实例 16.2　隐式事务的应用。

```
USE WZGL
GO

CREATE TABLE t1 (a int)
GO
INSERT INTO t1 VALUES (1)
GO
```

```
print '使用显式事务的例子'
BEGIN TRAN
INSERT INTO t1 VALUES (2)
SELECT '当前连接的活动事务数'= @@TRANCOUNT
COMMIT TRAN
SELECT '当前连接的活动事务数'= @@TRANCOUNT
GO

print '设置 IMPLICIT_TRANSACTIONS ON'
GO
SET IMPLICIT_TRANSACTIONS ON
GO

print '使用隐式事务的例子'
GO
-- 不需要事务的开始
INSERT INTO t1 VALUES (4)
SELECT '当前连接的活动事务数'= @@TRANCOUNT
COMMIT TRAN
SELECT '当前连接的活动事务数'= @@TRANCOUNT
GO

print '在 IMPLICIT_TRANSACTIONS ON 状况下使用显式事务'
GO
BEGIN TRAN
INSERT INTO t1 VALUES (5)
SELECT '当前连接的活动事务数'= @@TRANCOUNT
COMMIT TRAN
SELECT '当前连接的活动事务数'= @@TRANCOUNT
GO

SELECT * FROM t1
GO

-- 需要结束事务
DROP TABLE t1
COMMIT TRAN
GO
```

代码说明如下：

@@TRANCOUNT 表示返回事务连接数。

执行结果如图 16.5 所示。

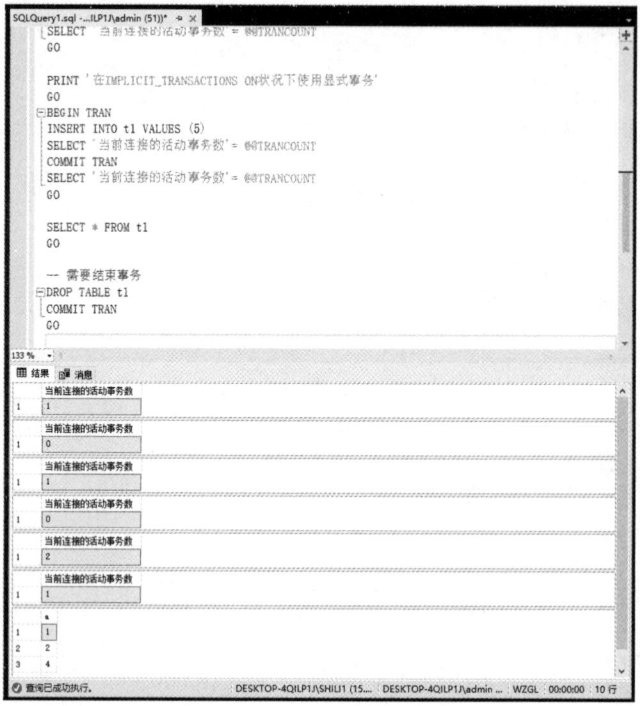

图 16.5　实例 16.2 执行结果

扫一扫，看视频

16.2.4　事务的嵌套

SQL Server 允许事务进行嵌套，也就是说允许在一个事务没有完成时启动另一个新的事务。这些事务既可以从事务中已有的进程中调用，也可以从没有活动事务的进程中调用。事务的嵌套的语法格式如下：

```
BEGIN TRANSACTION
    BEGIN TRANSACTION
        Transact-SQL 语句
    ROLLBACK TRANSACTION
    COMMIT TRANSACTION
ROLLBACK TRANSACTION
    Transact-SQL 语句
COMMIT TRANSACTION
    Transact-SQL 语句
```

具体应用如实例 16.3 所示。

实例 16.3　嵌套事务的应用。

```
SET QUOTED_IDENTIFIER OFF
GO
```

```
SET NOCOUNT on
GO
USE WZGL
GO
CREATE TABLE TestTrans(Cola int PRIMARY KEY,
            Colb CHAR(3) NOT NULL)
GO
CREATE PROCEDURE TransProc @PriKey int, @CharCol char(3) AS
BEGIN TRANSACTION InProc
INSERT INTO TestTrans VALUES (@PriKey, @CharCol)
INSERT INTO TestTrans VALUES (@PriKey + 1, @CharCol)
COMMIT TRANSACTION InProc
GO
/* 开始一个新的事务并嵌套使用 TransProc */
BEGIN TRANSACTION OutOfProc
GO
EXEC TransProc 1, 'aaa'
GO

ROLLBACK TRANSACTION OutOfProc
GO
EXECUTE TransProc 3,'bbb'
GO
SELECT * FROM TestTrans
GO
```

代码说明如下：

事务的命名必须符合命名规则。

16.3　小结

扫一扫，看视频

在 SQL Server 中，事务是一个逻辑工作单元。本章主要介绍了什么是事务、为什么要使用事务、使用事务的时机，以及常用的使用事务的方法。在 SQL Server 的实际开发中，使用比较多的是显式事务。合理地使用显式事务能够很好地维护数据的完整性，实现实际的业务逻辑，为减少数据库出现突发故障提供了有力保障。

16.4　习题

填空题

1. ACID 是 4 个特性的英文单词首字母的缩写，这 4 个特性的中文全称是_____、_____、

_____和_____。

2．对事务完整性的威胁来自并发，即多个用户_____对数据进行检索或修改。

3．在 SQL Server 中，事务分为 3 种，分别为_____、_____和_____。

4．SQL Server 的每个 Transact-SQL 语句都是一个_____。执行时，这个语句要么被成功完成，要么被完全放弃。

5．BEGIN TRANSACTION 是指_____。ROLLBACK TRANSACTION 是指_____，即从 BEGIN TRANSACTION 开始的代码无效。COMMIT TRANSACTION 是指_____。

6．当将 IMPLICIT_TRANSACTIONS 设置为_____时，会将连接设置为隐式事务模式；当将其设置为_____时，则使连接返回到自动提交事务模式。

第 17 章

数据库安全

数据库的安全性是每个数据库管理人员和开发人员必须考虑的问题。SQL Server 为维护数据库的安全性提供了完善的管理机制和简单的操作方法。本章主要介绍 SQL Server 数据库的安全性机制。在实际应用中，用户可以参考本章，为不同的系统应用构建合理的安全体系。

扫一扫，看视频

17.1 SQL Server 的安全性机制

SQL Server 服务器要运行在一定的软硬件环境中。所以，SQL Server 以下几个方面的安全性机制需要考虑：

- ❯ 硬件环境的安全性。
- ❯ 客户端操作系统的安全性。
- ❯ SQL Server 登录的安全性。
- ❯ 数据库的使用安全性。
- ❯ 数据库对象的使用安全性。

图 17.1 和图 17.2 分别列出了 C/S 模式和 B/S 模式下的安全体系。对照这两幅图可以看出，无论是 C/S 模式还是 B/S 模式的系统应用，用户都不允许直接访问和操作数据库对象，而是要经过一道道关卡。如果配置不当，则有可能让入侵者访问到数据库对象，容易出现数据丢失或数据被破坏的情况。

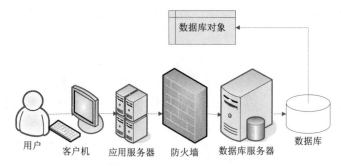

图 17.1 C/S 模式下的安全体系

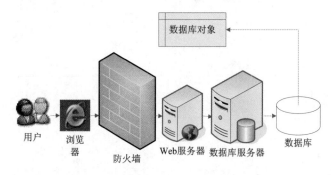

图 17.2 B/S 模式下的安全体系

扫一扫，看视频

17.1.1 硬件环境与操作系统的安全性

在相对比较大的 SQL Server 数据库应用体系中，用户都是通过网络访问数据库的。因此，网络中应该适当配置网关和防火墙,开放必要的网络端口,关闭极少用到的端口,对数据进行过滤。有关网络防火墙的内容不是本书讨论的重点,如果用户感兴趣,可以参考关于防火墙的书籍。

当用户使用客户计算机通过网络对 SQL Server 服务器访问时,用户首先要获得客户计算机操作系统的使用权。一般来说,在能够实现网络互连的前提下,用户没有必要在运行 SQL Server 服务器的主机进行登录,除非 SQL Server 服务器就运行在本地计算机上。SQL Server 可以直接监听和使用网络端口,所以可以实现对 Windows NT 安全体系以外的服务器及其数据库的访问。

操作系统安全性的管理是操作系统管理员的任务。由于 SQL Server 采用了集成 Windows NT 网络安全性的机制,所以使操作系统安全性的地位得到提高,但同时加大了管理数据库系统安全性和灵活性的难度。

17.1.2　SQL Server 服务器的安全性

扫一扫,看视频

SQL Server 服务器的安全性建立在控制服务器登录的基础上。SQL Server 采用了标准 SQL Server 登录和集成 Windows NT 登录两种方式。无论使用哪种登录方式,用户在登录时提供的账号和密码,决定了用户能否获得 SQL Server 的访问权,以及在获得访问权以后,用户在访问 SQL Server 进程时可以拥有的权利。管理和设计合理的登录方式是 SQL Server DBA 的重要任务,也是 SQL Server 安全体系中,DBA 可以发挥主动性的第一道防线。

　　在大多数情况下,客户操作系统安全性的管理是操作系统管理员的任务。

SQL Server 设计实现了许多固定服务器角色,用来为具有服务器管理员权限的用户分配对应的使用权利。拥有固定服务器角色的用户可以拥有服务器级的管理权限。

　　SQL Server 在服务器和数据库级的安全级别上都设置了角色,角色是用户分配权限的单位。SQL Server 允许用户在数据库级别上建立新的角色,然后为角色赋予多个权限,再通过角色将权限赋予 SQL Server 的用户。但 SQL Server 不允许用户建立服务器级别的角色。

17.1.3　SQL Server 数据库的安全性

扫一扫,看视频

在用户通过了 SQL Server 服务器的安全性检验以后,将直接面对不同的数据库入口。这是用户接受的第三次安全性检验。

在建立用户的登录账号信息时,SQL Server 会提示用户选择默认的数据库。以后用户每次连接服务器后,都会自动转到默认的数据库。对任何人来说,master 数据库的门总是打开的。如果在设置登录账号时没有指定默认的数据库,则用户的权限将局限在 master 数据库以内。

默认情况下,数据库的拥有者可以访问该数据库的对象,可以分配访问权限给别的用户,以便让别的用户也拥有针对该数据库的访问权利。在 SQL Server 中,并不是所有的权利都可以自由转让和分配的。

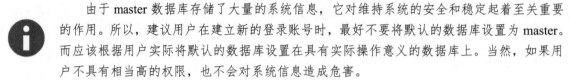

由于 master 数据库存储了大量的系统信息，它对维持系统的安全和稳定起着至关重要的作用。所以，建议用户在建立新的登录账号时，最好不要将默认的数据库设置为 master。而应该根据用户实际将默认的数据库设置在具有实际操作意义的数据库上。当然，如果用户不具有相当高的权限，也不会对系统信息造成危害。

17.1.4 SQL Server 数据库对象的安全性

数据库对象的安全性是核查用户权限的最后一个安全等级。在创建数据库对象时，SQL Server 将自动把该数据库对象的拥有权赋予该对象的创建者。对象的拥有者可以实现该对象的完全控制。

默认情况下，只有数据库的拥有者可以在该数据库下进行操作。当一个非数据库的拥有者想访问数据库里的对象时，必须事先由数据库的拥有者赋予该用户对指定对象执行特定操作的权限。例如，一个用户想访问 WZGL 数据库里物资信息表中的信息，则它必须在成为数据库合法用户的前提下，获得由 WZGL 数据库的拥有者分配的针对物资信息表的访问权限。

一般来说，为了减少管理的开销，在对象级安全管理上应该在大多数场合赋予数据库用户广泛的权限，然后再针对实际情况在某些敏感的数据上实施具体的访问限制。

17.2 服务器安全管理

SQL Server 使用以下两种方法识别用户：
- Windows NT 用户登录。
- SQL Server 用户登录。

登录 SQL Server 的过程如图 17.3 所示。

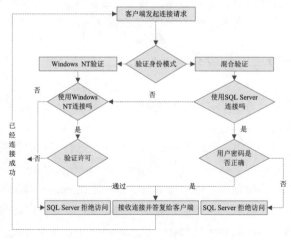

图 17.3　登录 SQL Server 的过程

扫一扫，看视频

17.2.1　更改 SQL Server 2019 的验证模式

在第 2 章安装 SQL Server 2019 时，需要设置验证模式，其中：

→ Windows 验证模式，只进行 Windows 验证。

→ 混合模式，同时使用 Windows 验证和 SQL Server 2019 的用户验证。

安装后，用户还可以使用 SQL Server Management Studio 和系统存储过程 xp_loginconfig 查看与修改验证模式。

1. 在 SQL Server Management Studio 中更改 SQL Server 2019 的验证模式

（1）在 SQL Server Management Studio 的管理树中，选中要管理的服务器，右击该服务器，执行【属性】命令，打开【服务器属性】对话框。选择【安全性】选项，如图 17.4 所示。

图 17.4　安全性

（2）在该对话框中，选中要更改的身份验证模式。

（3）单击【确定】按钮，弹出确认对话框，如图 17.5 所示。单击【确定】按钮，确认重新启动 SQL Server 服务，以更改应用。

图 17.5　确认对话框

2. 使用系统存储过程 xp_loginconfig 查看登录模式

使用系统存储过程 xp_loginconfig 查看登录模式的语法格式如下：

```
xp_loginconfig 'login mode'
```

执行结果如图 17.6 所示。

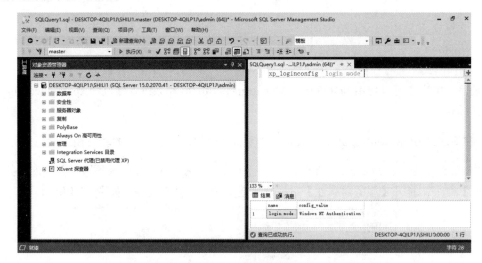

图 17.6　执行结果

图 17.6 中的 config_value 的值代表登录模式，它有两种值，分别具有以下含义：

➥ Windows NT Authentication 表示 Windows 身份验证。

➥ Mixed 表示混合验证。

扫一扫，看视频

17.2.2　管理 Windows 用户

Windows 验证功能强大而稳定，它不仅可以验证 Windows 用户，还可以验证 Windows 用户组。当把 Windows 用户组用于 SQL Server 的登录时，组中所有的用户都可以用于 SQL Server 2019 的验证。用户可以为 Windows 用户组分配角色、权限，然后应用于组中所有的用户。

1. 使用 SQL Server Management Studio 管理 Windows 用户组

在 SQL Server Management Studio 中，新建一个 SQL Server 的 Windows 登录。其具体操作步骤如下：

（1）展开服务器组，然后展开服务器。

（2）展开【安全性】节点，右击【登录名】节点，在弹出的快捷菜单中执行【新建登录名】命令，弹出【登录名-新建】对话框，如图 17.7 所示。

（3）单击【登录名】文本框后的【搜索】按钮，弹出【选择用户或组】对话框，如图 17.8 所示。

（4）单击【高级】按钮，显示搜索选项。单击【立即查找】按钮，在【搜索结果】列表中会展示搜索结果，如图 17.9 所示。

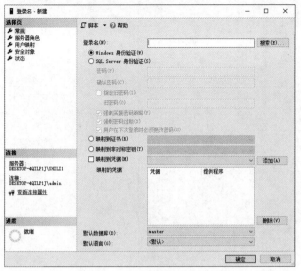

图 17.7　【登录名-新建】对话框

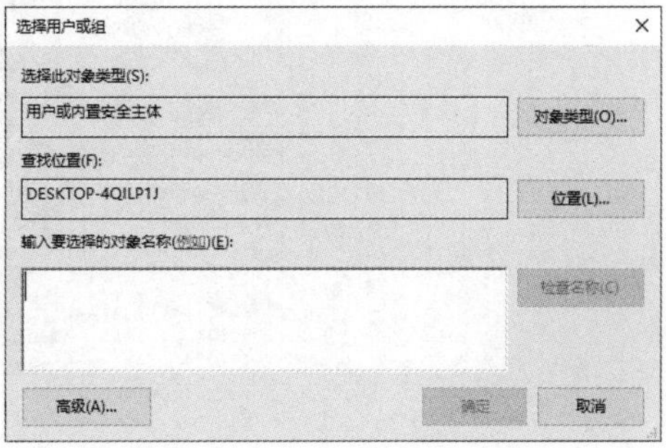

图 17.8　【选择用户或组】对话框

图 17.9　展示搜索结果

（5）选中一个用户或用户组，然后单击【确定】按钮，关闭当前搜索选项。再次单击【确定】按钮，关闭【选择用户或组】对话框，完成登录名的添加，如图 17.10 所示。单击【确定】按钮，新建 SQL Server 的 Windows 登录完成。

图 17.10　登录名添加完成

在 SQL Server Management Studio 中，也可以对 SQL Server 的 Windows 登录进行配置。其具体操作步骤如下：

（1）展开服务器组，然后展开服务器。

（2）展开【安全性】节点，右击【登录】节点。在用户列表中，右击要设置的用户，在弹出的快捷菜单中执行【属性】命令，弹出【登录属性】对话框，如图 17.11 所示。

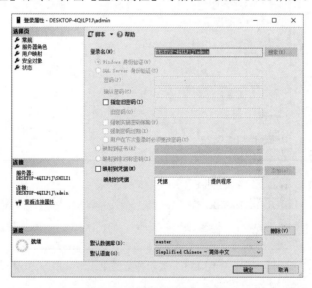

图 17.11　【登录属性】对话框

（3）在【常规】选项中，需要选择允许访问还是拒绝访问。在【用户映射】选项中，选择允许访问问的数据库，如图 17.12 所示。然后单击【确定】按钮，保存设置。

图 17.12　数据库访问

如果要删除用户，右击选中的用户，执行【删除】命令。

2. 使用 Transact-SQL 语句管理 Windows 用户

使用 sp_grantlogin 存储过程添加 Windows 用户的命令如下：

```
EXEC sp_grantlogin 'OFFICE\WZGL'
```

代码说明如下：

➥ OFFICE 指定主机域名。

➥ WZGL 指定 Windows 用户名。

如果要从 SQL Server 中删除 Windows 用户或用户组，可以使用系统存储过程 xp_revokelogin。如果被删除的 Windows 用户仍旧存在于 Windows 操作系统中，只是 SQL Server 2019 不再识别它们。对应的命令如下：

```
EXEC xp_revokelogin 'OFFICE\WZGL'
```

如果要从 SQL Server 中拒绝 Windows 用户或用户组，可以使用系统存储过程 sp_denylogin。如果被拒绝的 Windows 用户在 SQL Server 中并不存在，sp_denylogin 存储过程会首先添加该用户或用户组，然后拒绝。对应的命令如下：

```
EXEC sp_denylogin 'OFFICE\WZGL'
```

为了安全，SQL Server 拒绝权限的优先级大于允许权限。例如，SQL Server 允许"仓库管理用户"组访问数据库服务器，同时拒绝"财务管理"组访问数据库服务器。而用户"会计"既属于"仓库管理用户"组也属于"财务管理"组，那么"会计"无法访问数据库服务器。

扫一扫，看视频

17.2.3　管理 SQL Server 用户

如果不便使用 Windows 登录或 Windows 用户不能登录时，可以使用 SQL Server 用户登录。下面介绍如何管理 SQL Server 用户。

1．使用 SQL Server Management Studio 管理 SQL Server 用户

使用 SQL Server Management Studio 创建 SQL Server 登录账户的具体操作步骤如下：

（1）展开服务器组，然后展开服务器。

（2）展开【安全性】节点，右击【登录名】节点，在弹出的快捷菜单中执行【新建登录名】命令，弹出【登录名-新建】对话框，如图 17.13 所示。

（3）选中【SQL Server 身份验证】单选按钮，然后填写登录名、选择默认的数据库及默认的语言等。

（4）打开【服务器角色】选项，如图 17.14 所示。在该页面中，选择分配给登录账户的固定服务器角色。

图 17.13　新建登录

图 17.14　选择服务器角色

（5）打开【用户映射】选项，如图 17.15 所示。在该页面中，选择允许该登录账户访问的数据库，以及分配给登录账户的数据库角色。

（6）单击【确定】按钮，创建完成。

在 SQL Server Management Studio 中配置和删除一个 SQL Server 用户与在 SQL Server Management Studio 中配置一个 Windows 用户的方法基本相同，这里不再赘述。只是在配置用户时，在【常规】选项中不能对【Windows 身份验证】一项进行设置，如图 17.16 所示。

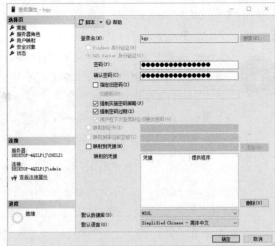

图 17.15　数据库访问　　　　　　　　　　图 17.16　登录属性

2. 使用 Transact-SQL 语句管理 SQL Server 用户

创建登录用户的语法格式如下：

```
sp_addlogin [ @loginame = ] 'login'
    [ , [ @passwd = ] 'password' ]
    [ , [ @defdb = ] 'database' ]
    [ , [ @deflanguage = ] 'language' ]
    [ , [ @sid = ] sid ]
    [ , [ @encryptopt = ] 'encryption_option' ]
```

代码说明如下：

- @loginame 表示登录账户名，在同一个服务器上用户的账户名必须唯一。
- @passwd 表示账户的密码。
- @defdb 表示新建立账户的默认数据库，如果不设置，则默认值为 master 数据库。
- @deflanguage 表示默认的语言。
- @sid 表示用户唯一标识符。用户唯一标识符是一个 varbinary(16) 的变量，默认值为 NULL。如果用户不设置或设置用户唯一标识符为 NULL，则 SQL Server 服务器会自动为新建的账户设置一个从未使用过的非 NULL 的唯一标识符。
- @encryptopt 用户选择是否对存储在系统表中的密码进行加密，这是一个类型为 varchar(20) 的变量，有 3 个值。
  - NULL，默认选项，对密码进行加密。
  - Skip_encryption，不对密码进行加密。
  - Skip_encryption_old，不对密码进行加密。对提供的密码使用较早版本的 SQL Server 方式进行加密。

SQL Server 的登录账户、用户、角色以及密码长度为 1~128，可以是字母、符号和数字，如 Tom-Jones、14$%89ui 等。Windows NT 和早期 Windows 版本的用户都可以用作 SQL Server 的账户名。但如果是使用 Transact-SQL 实施建立操作，当给定的登录账户、用户、角色以及密码以空格开始，或者包含空格，或者以@或$作为开头字母时用户必须使用定界符 " " 或[]将输入的字符括起来。在使用 SQL Server Management Studio 创建时，则没有这个限制。除此以外，SQL Server 的登录账户、用户、角色以及密码不允许包含反斜杠（\），不许为 NULL，不许为空字符串。

下面的命令创建了一个登录账户。

```
EXEC sp_addlogin 'david', 'lyb', 'WZGL'
GO
```

代码说明如下：

创建了一个名叫 david，密码是 lyb，默认数据库为 WZGL 的账户。

又例如下面的命令：

```
--在默认实例创建的账户
EXEC sp_addlogin xueer , asd
GO
```

查询所有账户信息：

```
SELECT name FROM syslogins GO
```

查询结果如下：

```
name
----------------------------------------------------------------------------------
sa
##MS_SQLResourceSigningCertificate##
##MS_SQLReplicationSigningCertificate##
##MS_SQLAuthenticatorCertificate##
##MS_PolicySigningCertificate##
##MS_SmoExtendedSigningCertificate##
##MS_PolicyTsqlExecutionLogin##
DESKTOP-4QILP1J\admin
NT SERVICE\SQLWriter
NT SERVICE\Winmgmt
NT Service\MSSQL$SHILI1
NT AUTHORITY\SYSTEM
NT SERVICE\SQLAgent$SHILI1
NT SERVICE\SQLTELEMETRY$SHILI1
##MS_PolicyEventProcessingLogin##
##MS_AgentSigningCertificate##
bgy
david
```

```
xueer
distributor_admin
DESKTOP-4QILP1J\repl_snapshot
a
xueer2
Margaret
```

(所影响的行数为 24 行)

完成时间：2020-11-04T20:20:43.7449479+08:00

对于建立好的账户信息，用户还可以进行修改。这时，可以使用系统存储过程 sp_defaultdb、sp_defaultlanguage 修改登录账户的默认数据库和默认语言。代码如下：

```
EXEC sp_defaultdb davidpubs
Exec sp_defaultlanguage zhx French
GO
```

返回的结果如下：

```
Default database changed.
Zhx'sdefault language is changed to French.
```

用户可以使用系统存储过程 sp_password 修改 SQL Server 的账户密码，语法格式如下：

```
sp_password '旧密码','新密码','用户名称'
```

代码如下：

```
EXEC sp_password 'lyb','hx','david'
GO
```

这个例子修改了 david 的账户密码。

建议用户至少一个月修改一次自己的密码，以确保系统的安全性。

如果要删除 SQL Server 标准登录账户，则可以使用系统存储过程 sp_droplogin。代码如下：

```
EXEC sp_droplogin david
GO
```

在 SQL Server 中删除账户信息时，有许多限制。例如，已经映射到数据库用户上的账户不允许被删除；系统账户 sa 不能被删除；正在使用的账户不能被删除；拥有数据库的账户不能被删除等。这里介绍的所有存储过程，以及在后面章节中讲到的存储过程，包括使用 SQL Server Management Studio 进行的有关登录账户、密码、角色、权限的操作，都只有被赋予 sysadmin 或 securityadmin 固定服务器角色的用户才可以使用。

17.2.4 特殊账户 sa

在完成 SQL Server 安装以后，SQL Server 就建立了一个特殊账户 sa。sa 账户拥有服务器和所有的系统数据库，也包括所有由 SQL Server 账户创建的数据库。不管 SQL Server 实际的数据库所有权如何，sa 账户默认是任何用户数据库的主人。所以，sa 拥有最高的管理权限，可以执行服务器范围内的所有操作。

在刚完成 SQL Server 安装时，sa 账户没有密码，或者使用了弱密码（如 1234），这是相当危险的。

 sa 是 sysadmin 的固定角色。每当黑客扫描到 SQL Server 时，都会尝试暴力破解 sa 的密码。尽管使用强口令会加固 SQL Server 的安全，但最有效的方法是禁用 sa，然后新建一个其他用户，添加到 sysadmin 的固定角色中，从而代替 sa。

17.3 数据库安全性

一旦用户获得 SQL Server 服务器的权限后，就可以设置用户访问单个数据库的权限了。相对于服务器权限设置，数据库的权限设置则比较复杂。

17.3.1 添加数据库用户

用户可以使用 SQL Server Management Studio 或 Transact-SQL 语句添加数据库用户。

1. 使用 SQL Server Management Studio 添加数据库用户

要给数据库添加用户，可以在服务器的【安全性】节点下，右击特定用户节点，在弹出的快捷菜单中执行【属性】命令，打开【登录属性】对话框。选择【用户映射】选项，在允许访问的数据库前面的【映射】列中选中复选框，如图 17.17 所示。

用户还可以在指定数据库节点下的【用户】节点下，新建数据库用户。具体操作步骤如下：

（1）展开服务器节点。

（2）展开【数据库】节点。

（3）展开【安全性】节点。

（4）右击【用户】节点，在弹出的快捷菜单中执行【新建用户】命令，弹出【数据库用户-新建】对话框，如图 17.18 所示。

（5）用户可以根据自己的需求依次填写相应属性，然后单击【确定】按钮完成新用户的添加。

如果要删除某数据库用户，则重复上述步骤的前 3 步，然后展开【用户】节点，选择指定的数据库用户并右击，再从弹出的快捷菜单中执行【删除】命令。

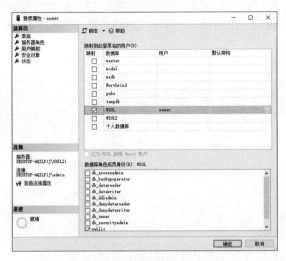 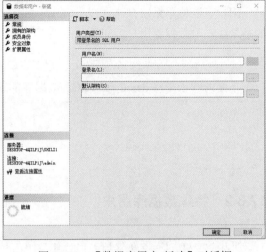

图 17.17 【登录属性】对话框　　　　图 17.18 【数据库用户-新建】对话框

2. 使用 Transact-SQL 语句添加数据库用户

添加数据库用户可以用系统存储过程 sp_grantdbaccess 实现，语法格式如下：

```
Sp_grantdbaccess [@loginame =] 'login'
    [,[@name_in_db =] 'name_in_db'  ]
```

代码说明如下：

➥ @loginame 表示 SQL Server 的登录账户名称，账户名称可以是 SQL Server 标准的账户名称，也可以是 Windows NT 集成模式下的 Windows NT 工作组名称或 Windows NT 用户名称。

➥ @name_in_db 表示该账户在该数据库下的用户名称，如果不指定@name_in_db，则默认使用登录账户名称代替。

下面的例子是建立了一个 SQL Server 的标准登录账户，并将该账户添加为 WZGL 数据库的用户。

```
EXEC sp_addlogin david, xueer, WZGL
GO
USE WZGL
EXEC sp_grantdbaccess  david
```

下面的例子是将 BUILTIN\Administrator 映射为 WZGL 数据库的用户，并使用 devor 的名称。

```
USE WZGL
EXEC sp_grantdbaccess  [BUILTIN\Administrator] , devor
```

以前的 SQL Server 版本用 sp_adduser 系统存储过程执行同样的操作。SQL Server 2019 保留了 sp_adduser 系统存储过程的用法，但建议用户使用 sp_grantdbaccess 系统存储过程完成添加数据库用户的操作。所有与数据库级别权限的设置、修改等有关的操作，包括系统存储过程的调用和使用 SQL Server Management Studio 进行的操作，都只有被分配了 db_accessadmin 或 db_owner 固定服务器角色的用户才可以执行。

用户可以使用系统存储过程 sp_revokedbaccess 删除数据库用户，更确切地说是断开 SQL Server 的登录账户与数据库用户之间的对应关系。其语法格式如下：

```
sp_revokedbaccess [ @name_in_db = ] 'name'
```

下面的例子是将 david 与 WZGL 数据库的连接断开。

```
USE WZGL
GO
EXEC sp_revokedbaccess  david
GO
```

17.3.2　特殊数据库用户

SQL Server 的数据库级别上也存在着两个特殊的数据库用户，分别是 dbo 和 guest。

➥ dbo 是数据库的拥有者，在安装 SQL Server 时，被设置到 model 数据库中，而且不能被删除，所以 dbo 在每个数据库中都存在。dbo 拥有数据库的最高权限，可以在数据库范围内执行一切操作。dbo 用户对应于创建该数据库的登录账户，所有系统数据库的 dbo 都对应于 sa 账户。

➥ guest 用户可以是任何已经登录到 SQL Server 服务器的用户，它有访问数据库的权限。除 model 数据库，所有的系统数据库都有 guest 用户，而所有新建的数据库都没有这个用户。如果要添加 guest 用户，则必须使用系统存储过程 sp_grantdbaccess 明确地建立这个用户。代码如下：

```
USE WZGL
GO
EXECUTE sp_grantdbaccess guest
```

该示例为 WZGL 数据库添加了 guest 用户；意味着所有登录 SQL Server 服务器的用户都可以访问该数据库，即使它还没有成为本数据库的用户。

　　不能在 master 和 tempdb 数据库中添加/删除 guest，在这两个数据库中它必须始终存在。

17.4　角色

角色管理是数据库中强大的功能，通过它可以对用户的权限进行集中管理。数据库管理人员可以建立一个角色代表数据库中的一类用户组，然后给这个角色授予适当的权限。当用户开始负责该数据库相关工作时，只需将他们添加为该角色成员。当他们不再从事该数据库相关工作时，将他们从该角色中删除，而不必在每个人开始和结束相关工作时，反复授予、拒绝和废除其权限。

17.4.1　SQL Server 的固定服务器角色

固定服务器角色是 SQL Server 在安装时就创建好的用于分配服务器级别管理权限的实体。固定服务器角色对应的权限见表 17.1。

表 17.1　固定服务器角色对应的权限

固定服务器角色	描　　述
sysadmin	可以在 SQL Server 中执行任何活动
serveradmin	可以设置服务器范围的配置选项，关闭服务器
setupadmin	可以管理连接服务器和启动过程
securityadmin	可以管理登录和 CREATE DATABASE 权限，还可以读取错误日志和更改密码
processadmin	可以管理在 SQL Server 中运行的进程
dbcreator	可以创建、更改和删除数据库
diskadmin	可以管理磁盘文件
bulkadmin	可以执行 BULK INSERT 语句
public	每个 SQL Server 登录名都属于 public 服务器角色。如果未向某个服务器主体授予或拒绝对某个安全对象的特定权限，该用户将继承授予该对象的 public 角色的权限

1. 使用 SQL Server Management Studio 管理服务器角色

使用 SQL Server Management Studio 可以实现固定服务器角色的管理，具体操作步骤如下：

（1）在管理树里展开指定的服务器节点。

（2）展开该服务器节点下的【安全性】节点。

（3）展开【服务器角色】节点，则在目录树中将列出所有的服务器角色。

（4）右击指定的固定服务器角色，在弹出的快捷菜单中执行【属性】命令，弹出【服务器角色属性】对话框，如图 17.19 所示。该对话框显示了所有分配了该固定服务器角色的登录账户。

（5）单击【添加】按钮，弹出【选择服务器登录名或角色】对话框，如图 17.20 所示。用户也可以选择某个登录账户，单击【删除】按钮，断开该登录账户与固定服务器角色的映射关系。

2. 使用 Transact-SQL 语句管理服务器角色

系统存储过程 sp_addsrvrolemember 用于添加服务器角色，而系统存储过程 sp_dropsrvrolemember 的功能是收回分配给某个登录账户的指定固定服务器角色。例如，为登录账户 xueer 添加固定服务器角色 sysadmin 的代码如下：

```
EXEC sp_addsrvrolemember 'xueer', 'sysadmin'
```

回收分配给登录账户 xueer 的固定服务器角色 sysadmin，代码如下：

```
EXEC sp_dropsrvrolemember 'xueer', 'sysadmin'
```

图 17.19 【服务器角色属性】对话框

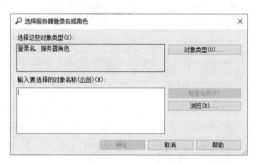

图 17.20 添加成员

扫一扫，看视频

17.4.2 SQL Server 的固定数据库角色

SQL Server 在数据库级别设置了固定数据库角色，提供了最基本的数据库权限的综合管理。固定数据库角色对应的权限见表 17.2。

表 17.2 固定数据库角色对应的权限

固定数据库角色	描　　述
db_owner	在数据库中有全部权限
db_accessadmin	可以添加或删除用户 ID
db_securityadmin	可以管理全部权限、对象所有权、角色和角色成员资格
db_ddladmin	可以发出 ALL DDL，但不能发出 GRANT、REVOKE 或 DENY 语句
db_backupoperator	可以发出 DBCC、CHECKPOINT 和 BACKUP 语句
db_datareader	可以选择数据库内任何用户表中的所有数据
db_datawriter	可以更改数据库内任何用户表中的所有数据
db_denydatareader	不能选择数据库内任何用户表中的任何数据
db_denydatawriter	不能更改数据库内任何用户表中的任何数据

1. 使用 SQL Server Management Studio 管理数据库角色

使用 SQL Server Management Studio 管理数据库角色的具体操作步骤如下：

（1）在管理树里展开指定的服务器节点。

（2）展开该服务器节点下的【数据库】子节点下的 WZGL 数据库。

（3）依次展开【安全性】|【角色】|【数据库角色】节点，在目录树下将列出所有的数据库角色。

（4）右击指定的数据库角色，在弹出的快捷菜单中执行【属性】命令，弹出【数据库角色属性】对话框，如图 17.21 所示。该对话框显示了所有分配了该数据库角色的登录账户。

图 17.21　【数据库角色属性】对话框

（5）单击【添加】按钮，从弹出的对话框中选取登录账户添加到该数据库角色，如图 17.22 所示。

（6）在【此角色拥有的架构】选项框中，通过选中复选框来设置角色拥有的架构，如图 17.23 所示。

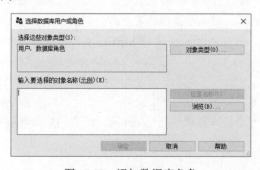

图 17.22　添加数据库角色

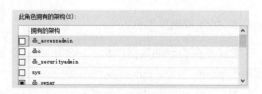

图 17.23　角色属性

（7）返回【数据库角色属性】对话框，在【此角色的成员】列表框中，选中对应角色成员，单击【删除】按钮，可以删除对应的角色成员。

（8）单击【确定】按钮，完成有关数据库角色的管理工作。

在所有数据库用户中，特殊用户 dbo 具有最高的管理权限，它被认为是所有数据库对象的拥有者，可以访问所有的数据库对象，在数据库范围内执行一切操作。在固定服务器角色和特殊用户 dbo 之间有着一种奇特的对应关系。任何被赋予 sysadmin 固定服务器角色的用户都映射特殊用户 dbo。所有由 sysadmin 成员创建的数据库对象都自动将拥有者设置为 dbo。

例如，如果用户 lyb 是一个 sysadmin 固定服务器角色成员，而且在 WZGL 数据库中创建了一个"物资信息表"，则该表属于 WZGL 数据库的用户 dbo，应该表示为"dbo.物资信息表"，而不是"lyb.物资信息表"。相反，如果 lyb 不是一个 sysadmin 固定服务器角色成员，而是一个 db_owner 固定数据库角色成员，那么由 lyb 创建的表格"物资信息表"属于 lyb，应该表示为"lyb.物资信息表"。

只有由 sysadmin 固定服务器角色成员创建的数据库对象属于 dbo，而由任何其他用户（包括 db_owner 固定数据库角色成员）创建的对象数据的用户不属于 dbo。如果数据库设有 guest 数据库用户，则任何连接上 SQL Server 服务器，但不是本地数据库成员，也不是 sysadmin 固定服务器角色成员的用户创建的数据库对象属于用户 guest。

2. 使用 Transact-SQL 语句管理数据库角色

使用系统存储过程 sp_addrolemember 将某个登录账户加入某个固定数据库角色，从而使该账户拥有指定固定数据库角色拥有的所有权限。

例如，将 SQL Server 用户 hanxue 添加到当前数据库中的 db_owner 角色中，代码如下：

```
EXEC sp_addrolemember 'db_owner', ' hanxue '
```

代码执行后将使登录账户 hanxue 也具有数据库拥有者的权限。

使用系统存储过程 sp_droprolemember 可以从某个固定数据库角色中删除指定的登录账户，从而回收分配给该登录账户的权限。例如，将用户 hanxue 从 db_owner 角色中删除，代码如下：

```
EXEC sp_droprolemember 'db_owner', ' hanxue '
```

在执行该操作前，必须保证指定的登录账户已经映射为该数据库的账户，系统存储过程 sp_droprolemember 和 sp_addrolemember 只能对本数据库的用户进行控制。所以上述两个例子执行成功的前提是使用系统存储过程 sp_grantdbaccess 将 hanxue 变为数据库的合法用户。

3. 特殊数据库角色

除了前面提到的数据库角色，SQL Server 还有一个特殊数据库角色 public。所有的数据库用户都属于 public 角色。public 角色的特点如下：

- ↘ 替数据库用户获取所有的数据库默认权限。
- ↘ 不能将 public 角色分配给任何用户、工作组，因为所有的用户都默认属于该角色。
- ↘ public 角色存在每个数据库中，包括系统数据库和用户建立的数据库。
- ↘ 不允许被删除。

17.4.3　创建数据库角色

1．使用 SQL Server Management Studio 创建数据库角色

用户可以使用 SQL Server Management Studio 完成数据库角色的创建、删除与授权，具体操作步骤如下：

（1）在管理树中展开指定的服务器节点。

（2）展开该服务器节点下的【数据库】子节点下的 WZGL 数据库。

（3）依次展开【安全性】|【角色】|【数据库角色】节点，在目录树下将列出所有的数据库角色。

（4）右击指定的数据库角色，在弹出的快捷菜单中执行【新建数据库角色】命令，弹出【数据库角色-新建】对话框，如图 17.24 所示。

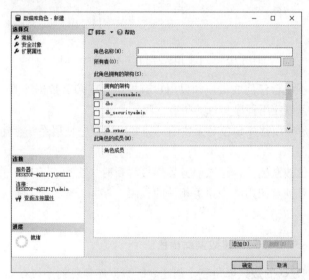

图 17.24　【数据库角色-新建】对话框

（5）用户可以在【角色名称】文本框中输入数据库角色的名称，如"保管员"，也可以单击【添加】按钮添加数据库用户，还可以将用户自己创建的数据库角色添加到【此角色的成员】列表框中。这样，新建的数据库角色就集成了原数据库角色的所有权限。

（6）单击【确定】按钮，完成数据库角色的创建。用户也可以重复步骤（1）和步骤（2），然后展开【安全性】节点，展开【角色】节点。右击【应用程序角色】节点，在弹出的快捷菜单中执行【新建应用程序】命令，弹出【应用程序角色-新建】对话框。在这里，可以创建应用程序角色，创建时要求用户输入密码，如图 17.25 所示。

这里需要对应用程序角色进行说明：

➴　应用程序角色是一种特殊的数据库角色。在数据量超级大或数据库的关系较为复杂时，或考虑到安全性，只允许应用程序角色使用特定的软件访问数据库应用程序角色，以约束用户的操作。

图 17.25　【应用程序角色-新建】对话框

- 应用程序角色不包含任何成员。如果用户有权运行连接上数据库服务器的指定应用程序，则用户就获得了该应用程序角色的所有权限。
- 在默认情况下，应用程序角色是无效的，需要应用程序使用系统存储过程 sp_setapprole 并提供密码激活它。
- 当应用程序角色被激活后，这次服务器连接将暂时失去所有应用于登录账户、数据库用户等的权限，而只拥有应用程序角色相关的权限。在断开本次连接以后，应用程序角色将失去作用。

2. 使用 Transact-SQL 语句创建数据库角色

SQL Server 允许创建新的数据库角色，创建新的数据库角色的系统存储过程是 sp_addrole，示例代码如下：

```
USE WZGL
EXEC sp_addrole '管理员'
GO
```

使用系统存储过程 sp_droprole 可以删除指定的数据库角色，示例代码如下：

```
USE WZGL
EXEC sp_droprole '管理员'
GO
```

执行代码后删除了刚才建立的数据库角色。

删除数据库角色有许多限制，只有用户建立的标准数据库角色可以被删除，固定数据库角色和 public 角色则无法被删除。当该数据库角色上有用户存在时，必须先使用系统存储过程 sp_droprolemember 删除用户，再删除指定的数据库角色。

17.5　权限

在数据库内部，SQL Server 将提供权限作为访问权设置的最后一道关卡。当数据库对象创建成功后，只有拥有者可以访问该数据库对象。任何其他用户想访问对象，必须首先获得拥有者授予他们的权限。拥有者可以将权限授予指定的数据库用户。

17.5.1　数据库对象的权限管理

使用 SQL Server Management Studio 管理数据库对象权限的具体操作步骤如下：

（1）在管理树里展开指定的服务器节点。

（2）展开【数据库】节点。

（3）展开指定的数据库节点。

（4）展开【表】节点。

（5）右击指定的表，在弹出的快捷菜单中执行【属性】命令。

（6）系统弹出指定表的属性窗口，然后单击【权限】按钮，系统弹出【表属性】对话框。单击【搜索】按钮，在弹出的对话框中添加用户，然后单击【确定】按钮。最后在属性对话框中选中用户后，可以选中对应权限的复选框，如图 17.26 所示。

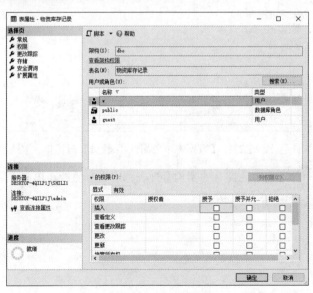

图 17.26　对象属性

（7）单击【确定】按钮，完成数据库对象权限的管理。

扫一扫，看视频

其他对象的管理方法都大同小异。用户也可以按照上面的步骤，浏览不同对象上可供管理的权限，在图 17.6 中可以对对象的权限进行添加或删除，然后单击【确定】按钮即可。

17.5.2 使用 SQL Server Management Studio 对数据库用户或角色进行权限管理

在 SQL Server Management Studio 中还可以针对数据库用户或角色进行权限管理，具体操作步骤如下：

（1）在管理树里展开指定的服务器节点。

（2）展开该服务器节点下的【数据库】子节点下的 WZGL 数据库。

（3）依次展开【安全性】|【角色】|【数据库角色】节点，在目录树下将列出所有的数据库角色。

（4）右击指定的数据库角色，在弹出的快捷菜单中单击【属性】命令，则系统弹出如图 17.27 所示的对话框。

图 17.27　【数据库角色属性-保管员】对话框

（5）在该对话框中的【此角色拥有的架构】列表框中进行更改，单击【确定】按钮完成对数据库权限的管理。

扫一扫，看视频

17.6　小结

本章讲解了数据库安全的重要概念，介绍了 SQL Server 如何在服务器级别、数据库级别及数据库对象级别上实施安全性的管理。SQL Server 提供了各种方式控制用户对数据的访问。在每个级别上实施安全性的程度应该根据具体情况确定。在对象级别，一般情况下，应该授予范围较大的访问权限，然后再根据实际要求限制或拒绝某些用户的权限。良好的安全性管理机制，能够在有效控制用户访问的基础上，相对容易地实现管理数据库。

17.7　习题

一、填空题

1．网络中应该适当配置＿＿＿＿和＿＿＿＿，开放必要的网络端口，关闭极少用到的端口，对数据进行过滤。

2．SQL Server 的服务器级别安全性建立在控制服务器＿＿＿＿和＿＿＿＿的基础上。

3．SQL Server 使用了＿＿＿＿登录和＿＿＿＿登录两种方式。

4．查看登录模式可以使用的系统存储过程为＿＿＿＿。

5．如果要删除 SQL Server 标准登录账户，可以使用系统存储过程＿＿＿＿。

6．添加数据库用户可以用系统存储过程＿＿＿＿实现。

7．用户可以使用系统存储过程＿＿＿＿删除数据库用户，更确切地说是断开 SQL Server 的登录账户与数据库用户之间的对应关系。

8．SQL Server 的数据库级别上也存在着两个特殊的数据库用户。他们分别是＿＿＿＿和＿＿＿＿。

9．对用户的权限进行集中管理的工具是＿＿＿＿。

10．SQL Server 在安装时就是创建好的、用于分配服务器级别管理权限的实体是＿＿＿＿。

11．用于添加服务器角色的系统存储过程是＿＿＿＿，用来收回分配给某个登录账户的指定固定服务器角色的系统存储过程是＿＿＿＿。

12．SQL Server 在数据库级别设置了＿＿＿＿提供最基本的数据库权限的综合管理。

13．SQL Server 中所有的数据库用户都属于＿＿＿＿角色。

14．SQL Server 允许创建新的数据库角色，创建新的数据库角色的系统存储过程是＿＿＿＿。

二、简答题

SQL Server 的安全性机制需要从哪几个方面进行考虑？

三、代码练习题

使用代码创建 SQL Server 登录账户：账户为 A，密码为 123456，数据库为成绩表。

第 *18* 章

数据库的备份与恢复

在实际应用中，数据库可能会出现各种各样的故障。这就需要经常对数据库进行备份，一旦遇到故障可以及时地恢复数据库，将意外损失减少到最小。本章讲解如何对 SQL Server 数据库进行备份和恢复。

18.1 数据库备份的概念

数据对用户来说是非常宝贵的资产。数据存放在计算机上，但即使是最可靠的硬件和软件，也会出现系统故障或产品故障。所以，应该在意外未发生前做好充分的准备工作，以便意外发生后有相应的补救措施，能快速地恢复数据库的运行，使丢失的数据量或造成的损失减少到最小。

18.1.1 实施数据库备份的原因

扫一扫，看视频

造成数据库损失的原因很多，具体如下：

- 断电导致数据库服务运行中止，并导致数据库文件损坏。
- 存放数据库的磁盘损坏。如果保存数据库文件的磁盘驱动器彻底损坏，而用户又不曾进行过数据库备份，则可能导致数据的彻底丢失。
- 用户的错误操作。如果用户无意或错误地给用户分配了不当权限，导致用户在数据库上进行了大量的非法操作，如删除了某些重要的数据，损坏数据表，甚至删除了整个数据库等，使数据库系统处于难以使用和管理的混乱局面。
- 服务器的彻底崩溃。因为火灾或其他非正常原因造成了服务器的彻底崩溃，如果没有对数据库进行备份，数据就无可挽回地丢失了。
- 数据库服务器遭受入侵、攻击。如果黑客入侵数据库，对数据进行了大量的修改，甚至删除，就需要备份的数据库文件恢复数据库。

如果数据库受到损坏导致不能正常使用，用户应该首先分析数据库日志，查看造成数据库损坏的原因；其次删除受损的数据库；最后再从备份的文件中进行数据库重建，从而恢复数据库服务。总之，在数据库应用中，如果有一个良好的备份恢复规划并严格执行，就能够确保数据库应用系统的正常运行。

18.1.2 数据库备份的类型

扫一扫，看视频

对数据库的备份，并不是简单地将当前数据库复制出一个副本。例如，在数据量较大时，如一个数据库的数据库文件和日志文件共有10GB。如果每天将数据库文件和日志文件复制出一个副本，那么保存一个月的文件就需要300GB的存储空间，这显然是不现实的。

针对不同数据库系统的实际情况，SQL Server给出了4种主要的备份类型，分别为只备份数据库、备份数据库和事务日志、增量备份以及文件和文件组备份。

1. 只备份数据库

只备份数据库是指仅仅对数据库文件进行备份，而不对数据库日志文件进行备份。这样，当数据库出现意外后，用户最多能够把数据库恢复到最近一次备份操作结束时的状态。自上次备份结束以后的所有数据库修改将会丢失。

只备份数据库的最大优点在于其操作和规划简单。备份成了一个定期执行的单一操作，在恢复时只需一步就可以将数据库恢复到以前的状态。

只备份数据库的备份策略一般仅用在数据重要性不是太高，或数据更新缓慢的数据库系统中。在实际数据库应用中最好不要使用这种方法，但在应用系统的开发测试中可以使用。

2. 备份数据库和事务日志

备份数据库和事务日志是指对数据库和数据库的日志进行完全备份，备份数据库和事务日志可以在意外发生时有效地恢复数据库数据。所有在意外发生前对数据库的操作数据都将被恢复。在意外发生时，还没有提交的操作数据会丢失。所以，使用这种策略可以将数据库恢复到意外发生前的状态，从而将数据损失减少到最小甚至减到零。

在下面的情况下建议使用备份数据库和事务日志的方法：

- ↳ 数据极其重要，数据库任何数据的丢失都会造成巨大的影响，如银行存取款系统。
- ↳ 当可以备份数据库的资源相对有限，难以满足用户需求的情况下（如数据库庞大），但可供备份的存储设备相对有限等。
- ↳ 对数据库的恢复要求很高，如要恢复到执行某一项操作前，要求将数据库恢复到意外发生前 30 分钟的状态。
- ↳ 对数据库中的数据操作极其频繁的情况，如超市的销售系统。

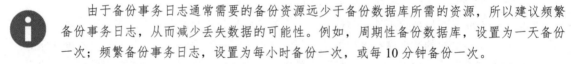

由于备份事务日志通常需要的备份资源远少于备份数据库所需的资源，所以建议频繁备份事务日志，从而减少丢失数据的可能性。例如，周期性备份数据库，设置为一天备份一次；频繁备份事务日志，设置为每小时备份一次，或每 10 分钟备份一次。

下面是利用备份数据库和备份事务日志恢复数据库的一般过程：

（1）备份最近的事务日志。
（2）恢复最近的数据库备份。
（3）按备份事务日志的顺序，将事务日志一一恢复。
（4）恢复步骤（1）最近备份的事务日志。
（5）手动添加未提交的事务日志。

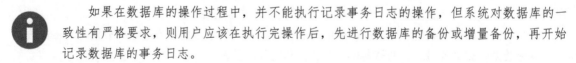

如果在数据库的操作过程中，并不能执行记录事务日志的操作，但系统对数据库的一致性有严格要求，则用户应该在执行完操作后，先进行数据库的备份或增量备份，再开始记录数据库的事务日志。

3. 增量备份

增量备份是一种增加备份速度，减少备份时间和备份所需的存储空间的方式。增量备份同全面备份不同，增量备份只备份自上次全面备份以来，数据库又发生的一系列新变化，它在备份的数据规模和花费的时间方面都远远优于全面备份。因此，维护人员可以相对频繁地执行增量备份，从而减少数据丢失的风险。

增量备份与备份数据库日志也有所不同。增量备份无法将数据库恢复到出现意外前某一指定的时刻，它只能将数据库恢复到上一次增量备份结束的时刻。

4．文件和文件组备份

文件和文件组备份一般应用在将数据库文件存储在多个磁盘驱动器上的情况。当磁盘发生故障时可以部分挽回损失。

　　　　　一般来说，为了减少数据损失，建议用户在两次增量备份的间隔内执行事务日志的备份。

18.1.3　数据库备份的设备

数据库备份的设备类型包括磁盘、磁带和命名管道。

1．磁盘备份设备

磁盘备份设备通常是硬盘类或其他磁盘类存储介质，一般按照普通的操作系统文件进行管理。磁盘备份设备既可以定义在数据库服务器的本地磁盘上，也可以定义在通过网络连接的远程磁盘上。

如果磁盘备份设备定义在网络连接的远程磁盘上，则应该使用统一命名方式（UNC）引用该文件，如"\\服务名称\共享目录\路径\文件"。同定义在服务器本地磁盘上的数据库备份设备一样，远程设备的备份文件必须被设置为可供执行备份操作的人员进行读/写的安全模式。

　　　　　通过网络备份很容易发生故障，所以备份前应确保网络稳定。最好不要将磁盘备份设备定义在存放数据库的磁盘上。如果采用这种备份方法，一旦发生不可挽回的磁盘介质故障，则用户将同时失去数据和备份信息，从而无法挽回损失。

2．磁带备份设备

磁带备份设备一般在用户备份海量数据库时使用，磁带备份设备与磁盘备份设备的使用方式一样，但也有以下区别：

➥ 磁带备份设备必须直接物理连接在运行 SQL Server 服务器的计算机上。

➥ 磁带备份设备不支持远程设备备份。

如果磁带备份设备在备份过程中存储空间不足，但还有新的数据需要写入，则 SQL Server 会提示用户更换新的磁带，然后继续进行备份操作。

3．命名管道备份设备

命名管道备份设备为使用第三方的备份软件和设备提供了一个灵活、强大的通道。当用户使用命名管道备份设备进行备份和恢复操作时，需要在 BACKUP 语句或 RESTORE 语句中给出客户端应用程序中使用的命名管道名称。

18.1.4 物理备份设备名和逻辑备份设备名

SQL Server 通过使用物理备份设备名或逻辑备份设备名表示备份设备。

➥ 物理备份设备名主要用来供操作系统对备份设备进行引用和管理，如 C:\Backups\Accounting\Full.bak。

➥ 逻辑备份设备名是物理备份设备名的别名，通常比物理备份设备名更能简单、有效地描述备份设备的特性。逻辑备份设备名被永久保存在 SQL Server 的系统表中。使用逻辑备份设备名可以用一种相对简单的方式实现对物理逻辑设备的引用。例如，一个物理备份设备名可能为 C:\Backups\WZGL\Full.bak，但使用逻辑备份设备名则可以缩写为 WZGL_Backup。

18.2 数据库备份

做好数据库备份的准备工作后，可以使用 SQL Server Management Studio 或 Transact-SQL 对数据库进行备份。

扫一扫，看视频

18.2.1 数据库备份前的准备工作

数据库备份前要做好以下准备工作：

➥ 选择备份时机，备份数据库时应确保当前使用数据库的用户最少，如午夜。

➥ 选择备份设备，选择好备份设备，同时也确保备份设备是安全的，不存在病毒或其他影响到备份安全的因素。

➥ 在 SQL Server 中创建备份设备。

以创建磁盘备份设备为例，其操作步骤如下：

（1）在 SQL Server Management Studio 的管理树中，展开指定的服务器节点。

（2）展开【服务器对象】节点。

（3）右击【备份设备】节点，执行【新建备份设备】命令，弹出【备份设备】对话框，如图 18.1 所示。

（4）在【设备名称】文本框中输入 WZGL.bak，然后单击【…】按钮确定设备位置，如图 18.2 所示。

（5）确定好备份设备的位置后，在【备份设备】对话框中单击【确定】按钮，完成新设备的创建。

图 18.1　【备份设备】对话框

图 18.2　备份设备的位置

以上操作步骤还可以使用 Transact-SQL 实现，具体示例代码如下：

```
USE master
GO
EXEC sp_addumpdevice 'disk', 'WZGLBAK', ' E:\ACKUP\WZGLbak.BAK'
GO
```

代码说明如下：

- disk 表示磁盘设备。如果是命名管道备份设备，则参数为 pipe；如果是磁带备份设备，则参数为 tape。
- WZGLBAK 和 E:\ACKUP\WZGLbak.BAK 分别表示设备名称和设备目录。

　　　　　如果为网络设备，则格式为 "\\服务名称\共享目录\路径\文件"。

18.2.2　使用 SQL Server Management Studio 对数据库进行备份

扫一扫，看视频

使用 SQL Server Management Studio 备份数据库的具体操作步骤如下：

（1）在 SQL Server Management Studio 管理树中展开指定的服务器节点。

（2）展开【数据库】节点。

（3）右击该节点，在弹出的快捷菜单中执行【任务】|【备份】命令，弹出【备份数据库-WZGL】对话框，如图 18.3 所示。

（4）在【数据库】下拉列表框中选择要实施备份的数据库，然后选择备份的类型。切换到【备份选项】选项，在【名称】文本框中输入备份文件的文件名称 WZGL20201105FULL，在【说明】文本框中输入对备份的描述，如 "第一次完整备份"。在【备份集过期时间】选项中，指定一个过期日期以指明其他备份可以覆盖该备份集的时间，如图 18.4 所示。

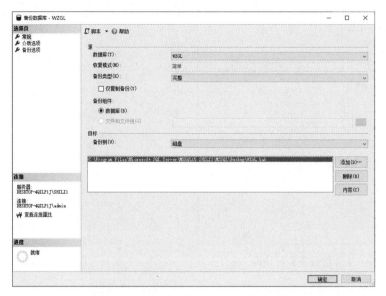

图 18.3　【备份数据库-WZGL】对话框

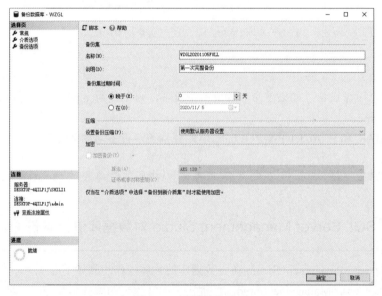

图 18.4　设置备份选项

　　　　根据经验，建议备份文件的名称包含要备份的数据库名称、备份时间、备份类型，如 WZGL20201105FULL。

（5）在图 18.3 中，单击【添加】按钮，选择备份设备，如图 18.5 所示。在该对话框中，用户也可以创建新的备份设备。用户可以一次选择多个设备，表示同时将数据库备份到多个设备上。在【备份数据库-WZGL】对话框中，选中某个备份设备后，单击【内容】按钮，可以浏览在这个设备中已经有的备份文件，如图 18.6 所示。

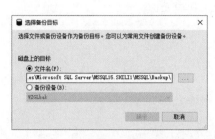

图 18.5 【选择备份目标】对话框

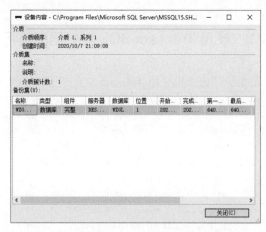

图 18.6 已经有的备份文件

（6）在【介质选项】选项页中，可以设置覆盖介质的方式。默认的【追加到现有备份集】选项可以将新的备份追加已有备份文件的后面（不影响原来的备份），也可以选中【覆盖所有现有备份集】单选按钮，用新的备份文件覆盖原来的备份文件，如图 18.7 所示。

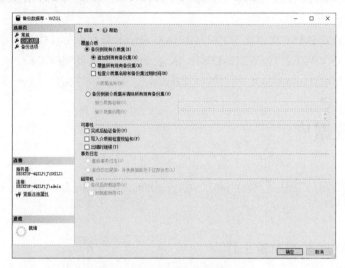

图 18.7 设置覆盖介质的方式

（7）在【备份数据库-WZGL】对话框中，单击【确定】按钮，开始备份操作，完成后会弹出提示对话框，如图 18.8 所示。单击【确定】按钮，完成备份。

图 18.8 提示对话框

18.2.3 使用 Transact-SQL 对数据库进行备份

备份操作也可以使用 Transact-SQL 完成。SQL Server 针对不同的备份操作给出了不同的备份语句，18.2.2 小节中对 WZGL 数据库的备份可以通过执行以下代码实现：

```
-- 目的：对 WZGL 数据库进行备份
USE master
EXEC sp_addumpdevice 'disk', 'WZGLBAK', ' E:\ACKUP\WZGLbak.DAT'
USE master
EXEC sp_addumpdevice 'disk', 'WZGLLOGBAK', ' E:\ACKUP\WZGLLOGbakDAT'
BACKUP DATABASE WZGL TO WZGLBAK
BACKUP LOG WZGL TO WZGLLOGBAK
```

代码说明如下：

- ↘ EXEC sp_addumpdevice 'disk', 'WZGLBAK', ' E:\ACKUP\WZGLbak.DAT'表示创建数据库的备份设备。
- ↘ EXEC sp_addumpdevice 'disk', 'WZGLLOGBAK', ' E:\ACKUP\WZGLLOGbakDAT'表示创建日志的备份设备。
- ↘ BACKUP DATABASE WZGL TO WZGLBAK 表示对数据库文件实施备份。
- ↘ BACKUP LOG WZGL TO WZGLLOGBAK 表示对日志文件实施备份。

要想了解更多使用 Transact-SQL 备份数据库的语法，可以参阅 SQL Server 联机帮助丛书。

18.3　恢复数据库

如果数据库受到损坏，则可以使用 SQL Server Management Studio 或 Transact-SQL 对数据库实施恢复操作。

18.3.1　恢复数据库前的准备工作

恢复数据库前应做好以下准备工作：

（1）恢复数据库的备份文件。

（2）对数据库的现有状态进行备份。

（3）关闭任何调用此数据库的应用程序。

（4）如果允许，要断开数据库服务器的网络。

（5）确保数据库处于单用户状态。

（6）重新启动数据库服务器。

18.3.2　使用 SQL Server Management Studio 对数据库进行恢复

扫一扫，看视频

使用 SQL Server Management Studio 可以很方便地实现数据库的恢复，具体操作步骤如下：

（1）在 SQL Server Management Studio 管理树中展开指定的服务器节点。

（2）展开【数据库】节点，选中要恢复的数据库节点。

（3）右击该节点，在弹出的快捷菜单中执行【任务】|【还原】|【数据库】命令，弹出【还原数据库-WZGL】对话框，如图 18.9 所示。

（4）在【目标】（确认是目标，还是源）选项区域的【数据库】下拉列表框中选择要还原的数据库。这里选择 18.2 节备份的 WZGL 数据库。在【选项】选项页中，选中【覆盖现有数据库】复选框，如图 18.10 所示。

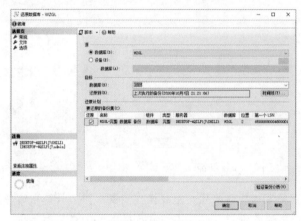

图 18.9　【还原数据库-WZGL】对话框

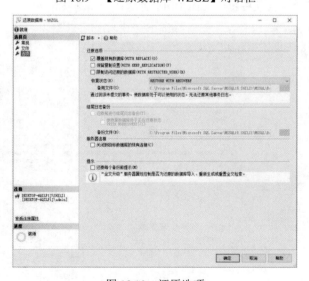

图 18.10　还原选项

（5）在【常规】选项的【源】选项区域中，可以选中【数据库】和【设备】两种单选按钮。这里选中默认的【数据库】单选按钮，根据实际情况可以选中【设备】单选按钮。

（6）选择要恢复的备份后，单击【确定】按钮，开始恢复，如图 18.11 所示。

（7）恢复完毕，弹出提示对话框，如图 18.12 所示。单击【确定】按钮，完成恢复。

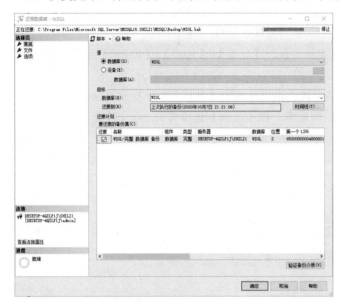

图 18.11 恢复过程

图 18.12 提示对话框

差异恢复数据库的操作步骤与上述操作步骤相同。只是在选择数据库时，一定要选择要恢复的差异数据库备份，可以在【还原数据库-WZGL】对话框中选中要恢复的数据库，然后查看其是否是差异备份，如图 18.13 所示。

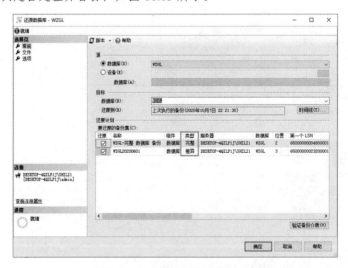

图 18.13 查看是否是差异备份

18.3.3 使用 Transact-SQL 对数据库进行恢复

恢复数据库的操作也可以使用 Transact-SQL 完成。SQL Server 针对不同的恢复操作给出了不同的恢复语句，18.3.2 小节中对 WZGL 数据库的恢复可以通过执行以下代码实现：

```
-- 目的：完全恢复 WZGL 数据库后恢复它的增量备份
USE master
GO
RESTORE DATABASE WZGL FROM WZGLBAT
    WITH NORECOVERY
RESTORE DATABASE WZGL FROM WZGLBAT1
    WITH NORECOVERY
RESTORE LOG WZGL FROM WZGLLOGBAT
    WITH RECOVERY,STOPAT = 'MAY 1,2006,10:00 AM'
GO
```

代码说明如下：

➥ RESTORE DATABASE WZGL FROM WZGLBAT 表示从 WZGLBAT 增量恢复数据库 WZGL。

➥ RESTORE DATABASE WZGL FROM WZGLBAT1 表示从 WZGLBAT1 增量恢复数据库 WZGL。

➥ WITH NORECOVERY 表示只是还原操作不回滚任何未提交的事务。

➥ WITH RECOVERY,STOPAT = 'MAY 1,2006,10:00 AM'表示指定恢复的时间状态。

以上只简单分析了恢复数据库的常用参数，限于篇幅不再一一赘述。要想了解更多使用 Transact-SQL 恢复数据库的语法和参数，可以参阅 SQL Server 联机帮助丛书。

18.4 实施备份恢复计划

本节以案例数据库 WZGL 为例介绍如何规划一个数据库的备份恢复工作。

18.4.1 分析 WZGL 数据库的运行情况

WZGL 数据库的运行情况如下：

➥ 数据量的大小。运行的单表最大数据量约为 100000 条，但是随着 WZGL 系统的深入使用，每年年底会将当年的数据归档到历史表中，所以历史表的数量会逐年增大。

➥ 数据库访问的频繁程度。更新最为频繁的就是出库信息，更新频率要维持在每小时不超过 10 次。周末 WZGL 数据库的访问量几乎为 0。

➥ 硬件设备情况。数据库服务器的硬盘容量为 18.3GB，但是服务器带有一个刻录机。

扫一扫，看视频

18.4.2 制定 WZGL 数据库的备份与恢复方案

综合 18.4.1 小节所述，可以针对 WZGL 数据库运用数据库全面备份、增量备份和事务日志备份策略以提高数据库系统的安全性，将丢失数据的风险降到最小。下面是综合使用这 3 种策略的备份与恢复方案。

1. 进行数据库备份

➥ 根据系统运行的实际情况，周期性进行数据库全面备份，如在每周五晚上进行数据库全面备份。

➥ 间歇性进行数据库的增量备份，如每天备份一次。

➥ 建议在每两次增量备份之间进行事务日志备份，如每半天备份一次。

➥ 每周五下午将所有的备份文件刻录成光盘。

2. 数据库恢复

➥ 利用最近的数据库全面备份文件恢复数据库。

➥ 利用最近的数据库增量备份文件恢复数据库。

➥ 利用自最近一次进行过数据库增量备份后的事务日志备份文件恢复数据库。

扫一扫，看视频

18.5 小结

数据库的备份和恢复是数据库日常管理中最基本的操作。本章主要介绍了 SQL Server 数据库的备份和恢复，详细介绍了 SQL Server 提供的执行备份与恢复操作的工具，包括可视化的 SQL Server Management Studio，以及 Transact-SQL。最后以 WZGL 数据库为例，针对常见的数据库应用环境提供了可行的实施方案。

18.6 习题

一、填空题

1. 针对不同数据库系统的实际情况，SQL Server 给出了 4 种主要的备份类型，分别为_____、_____、_____和_____。

2. 数据库备份的设备类型包括_____、_____和_____。

3. 在代码中，如果是磁盘备份设备，则参数为_____；如果是命名管道备份设备，则参数为

_____；如果是磁带备份设备，则参数为_____。

二、简答题

1. 可能造成数据库损失的原因有哪些？
2. 数据库备份前要做好哪些准备工作？

第 *19* 章

复制

对于地域分散的大型企业组织来说，在构建具有典型的分布式计算特征的大型企业管理信息系统时，总要解决一个很棘手的问题：如何在多个数据库服务器之间，保证共享数据的完整性、安全性和可用性？之所以有这样的疑问，是因为企业组织存在不同的数据处理要求。例如，在不同的地点对具有相同结构的本地数据库的数据进行修改，但要保证所有数据库修改后的结果相同。其实质就是将对本地数据库的修改体现在其他具有相同结构的远程数据库中。为了解决这个问题，包括 SQL Server 在内的大多数数据库产品都采用复制技术。本章主要介绍 SQL Server 中如何使用复制技术。

19.1 复制概述

SQL Server 内置了复制组件，该组件并不是附加产品，而是核心引擎的一部分。在复制这一支持分布式数据库数据处理的重要技术帮助下，用户可以在跨局域网、广域网或互联网的不同数据库服务器上维护数据的多个副本，从而自动地以同步或异步的方式保证多个数据副本之间数据的一致性。从本质上讲，复制就是一种从一个源数据库向多个目标数据库进行数据复制的技术。

19.1.1 复制模型

复制模型由以下几种对象组成：

- 发布服务器。发布服务器是提供数据以便复制到其他服务器的服务器。发布服务器可以具有一个或多个发布，每个发布代表一组逻辑相关的数据。除了指定其中哪些数据需要复制，发布服务器还检测事务复制期间发生更改的数据，并将这些变化发布到其他服务器上。
- 分发服务器。分发服务器是作为分发数据库宿主并存储历史数据和/或事务以及元数据的服务器。
- 订阅服务器。订阅服务器是接收复制数据的服务器。订阅服务器订阅的是发布而不是发布中分离的项目；并且订阅服务器只订阅其需要的发布，而不是发布服务器上所有可用的发布。根据复制的类型和选择的复制选项，订阅服务器还可以将数据更改传回发布服务器或将数据重新发布到其他订阅服务器。
- 发布。发布是数据库的一个或多个项目的集合。这种多个项目的分组使指定逻辑相关的一组数据和数据库对象的一起复制变得更容易。
- 项目（发布数据库）。项目是指定要复制的数据表、数据分区或数据库对象。项目可以是完整的表、某几列数据（使用垂直筛选）、某几行记录（使用水平筛选）、存储过程或视图的定义、存储过程的执行、视图、索引视图或用户自定义函数。
- 订阅。订阅是对数据或数据库对象的复制的请求。订阅定义将要接收的发布和接收的时间、地点。订阅的同步或数据分发可以由发布服务器（强制订阅）或订阅服务器（请求订阅）请求。发布可以使用混合强制订阅和请求订阅。

发布服务器、分发服务器、订阅服务器实际上并不一定是指相互独立的服务器，它们只是对 SQL Server 数据库在复制过程中扮演的不同角色的描述。SQL Server 数据库允许同一个 SQL Server 服务器扮演不同的角色。例如，一个发布服务器既可以发布项目，也可以作为分发服务器存储和传送快照复制与事务复制。当然，一个订阅服务器也可以同时作为其他订阅服务器的发布服务器，只不过这种情况很少见。在实际应用中，是否决定让一个服务器扮演一个或多个角色，在很大程度上要基于复制系统性能考虑。例如，为了提高从分发服务器的数据库向订阅服务器的数据库复制项目的效率，同时降低发布服务器的负载，通常不允许某 SQL Server 服务器既扮演发布服务器，又扮演分发服务器，而是使用另外的服务器专门承担分发服务器的任务，从而提高发布服务器和分发服务器的性能。

发布服务器、分发服务器和订阅服务器之间的关系如图 19.1 所示。

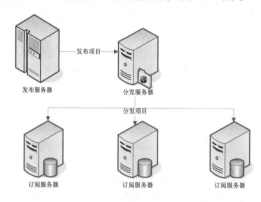

图 19.1　发布服务器、分发服务器和订阅服务器之间的关系

扫一扫，看视频

19.1.2　复制的分类

SQL Server 提供以下 4 种复制类型：

- 快照复制。快照复制是指在某一时刻给发布数据库中的数据照相，然后将数据复制到订阅服务器。快照复制的实现较为简单，其复制的只是某一时刻数据库的瞬时数据，复制的成功与否并不影响本地数据库的一致性。快照复制常在数据变化较少的应用环境中使用，如复制不经常被修改的静态表。

- 事务复制。与快照复制不同，事务复制的内容不是数据，而是多条 DELETE、UPDATE、INSERT 语句或存储过程。在使用事务复制时，修改总是发生在分发服务器上，订阅服务器只以读取数据的方式将修改反映到订阅数据库，所以能够避免复制冲突。如果数据更新频率较大且希望修改尽快复制到订阅服务器时，常使用事务复制。

- 对等复制。对等复制支持多主复制。发布服务器会将事务流式传输到拓扑中的所有对等方。所有对等节点可以读取和写入更改，且所有更改将传播到拓扑中的所有节点。

- 合并复制。合并复制允许订阅服务器对项目进行修改，并将修改合并到目标数据库。各个节点可以独立工作而不必相互连接，可以对项目进行任何操作而不必考虑事务的一致性。如果在合并修改时发生冲突，则复制按照一定的规则或自定义冲突解决策略对冲突进行分析，并接收冲突发生的修改。

19.2 配置复制

在执行复制前，必须对系统的复制选项进行配置。这些配置主要包括发布服务器、分发服务器和订阅服务器。下面对它们分别进行介绍。

19.2.1 创建服务器角色和分发服务器

创建服务器角色是指确定作为发布服务器、分发服务器和订阅服务器的具体数据库。一旦在那个数据库上创建了分发服务器（项目），那么该数据库就会自动扮演分发服务器角色。创建分发服务器的具体操作步骤如下：

（1）在创建发布前，运行 SQL Server 代理。在 SQL Server Management Studio 中展开服务器目录树，右击【SQL Serve 代理】节点，然后单击【启动】按钮，在弹出的对话框中单击【是】按钮，启动 SQL Server 代理。如果该步骤未启动代理，则需要从 SQL Server 配置管理器中手动启动。

（2）在对象资源管理器中，展开【复制】节点，右击【本地发布】节点，在弹出的快捷菜单中执行【创建发布】命令，弹出【新建发布向导】对话框，如图 19.2 所示。

（3）单击【下一步】按钮，弹出【分发服务器】向导页面，如图 19.3 所示。

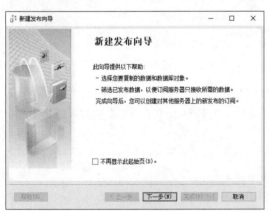

图 19.2 【新建发布向导】对话框

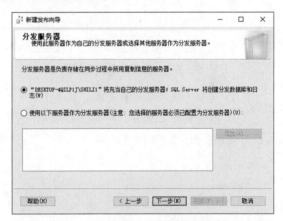

图 19.3 【分发服务器】向导页面

（4）单击【下一步】按钮，弹出【启动 SQL Server 代理】向导页面，如图 19.4 所示。

（5）选中【是，将 SQL Server 代理服务配置为自动启动】单选按钮，单击【下一步】按钮，弹出【快照文件夹】向导页面，如图 19.5 所示。

（6）单击【下一步】按钮，弹出【发布数据库】向导页面，如图 19.6 所示。

（7）在【数据库】列表框中选择要发布的数据库，这里选择 WZGL 数据库。单击【下一步】按钮，弹出【发布类型】向导页面，如图 19.7 所示。

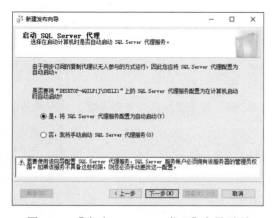

图 19.4 【启动 SQL Server 代理】向导页面

图 19.5 【快照文件夹】向导页面

图 19.6 【发布数据库】向导页面

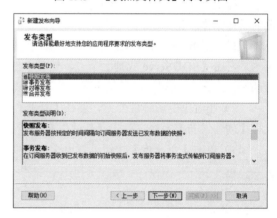

图 19.7 【发布类型】向导页面

（8）选中【快照发布】选项，单击【下一步】按钮，弹出【项目】向导页面，如图 19.8 所示。

（9）根据实际情况选中要发布的对象，这里全部选中，然后单击【下一步】按钮，弹出【项目问题】向导页面，如图 19.9 所示。

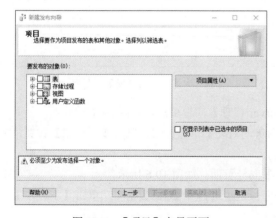

图 19.8 【项目】向导页面

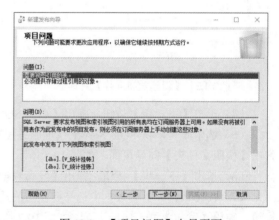

图 19.9 【项目问题】向导页面

（10）【项目问题】向导页面罗列出创建发布时可能会遇到的问题。单击【下一步】按钮，弹出【筛选表行】向导页面，如图 19.10 所示。

（11）单击【添加】按钮，弹出【添加筛选器】对话框，如图 19.11 所示。

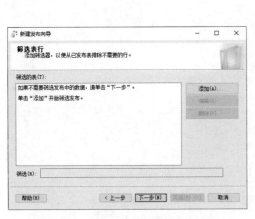

图 19.10　【筛选表行】向导页面　　　　　　图 19.11　【添加筛选器】对话框

（12）在【选择要筛选的表】下拉列表框中选择【物资库存记录（dbo）】选项；在【列】列表框中选择【数量（varchar）】字段，然后单击 按钮；在【筛选语句】文本框中输入以下语句，如图 19.12 所示。

```
SELECT <published_columns> FROM [dbo].[物资库存记录] WHERE [数量] <50
```

（13）单击【确定】按钮，回到【筛选表行】向导页面。然后单击【下一步】按钮，弹出【快照代理】向导页面，如图 19.13 所示。

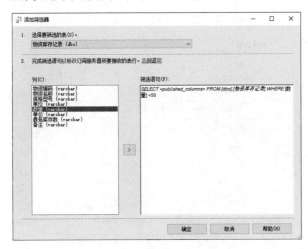

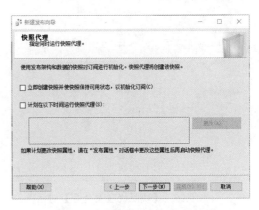

图 19.12　添加筛选语句　　　　　　　　图 19.13　【快照代理】向导页面

（14）在【快照代理】向导页面中，选中【计划在以下时间运行快照代理】复选框。然后单击【更改】按钮，弹出【新建作业计划】对话框，如图 19.14 所示。根据实际情况设置作业调度数据后，单击【确定】按钮，回到【快照代理】向导页面。

（15）单击【下一步】按钮，弹出【代理安全性】向导页面，如图 19.15 所示。

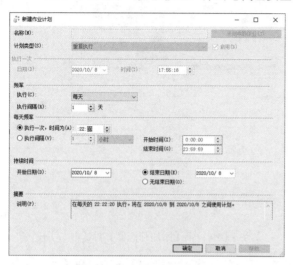

图 19.14　设置运行时间

图 19.15　【代理安全性】向导页面

（16）单击【安全设置】按钮，弹出【快照代理安全性】对话框。在该对话框中填写进程账户、密码、确认密码，如图 19.16 所示。这里的进程账户格式为"计算机名\用户名"。

（17）单击【确定】按钮，返回【代理安全性】向导页面。然后单击【下一步】按钮，弹出【向导操作】向导页面，如图 19.17 所示。

图 19.16　【快照代理安全性】对话框

图 19.17　【向导操作】向导页面

（18）单击【下一步】按钮，弹出【完成向导】向导页面，如图 19.18 所示。

图 19.18　【完成向导】向导页面

（19）在【发布名称】文本框中填写 WZGL。单击【完成】按钮，弹出【正在创建发布】向导页面，如图 19.19 所示。

（20）创建完成，提示成功信息，如图 19.20 所示。单击【关闭】按钮，完成创建。

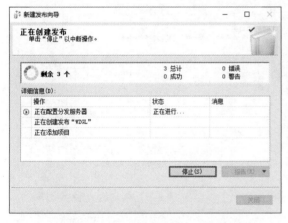

图 19.19　【正在创建发布】向导页面

图 19.20　创建完成页面

19.2.2　配置订阅服务器

扫一扫，看视频

一个订阅服务器可以向不同发布服务器请求多个订阅。订阅的内容包括消息、状态变化等。在 SQL Server Management Studio 中，创建订阅服务器的具体操作步骤如下：

（1）在 SQL Server Management Studio 的管理树中，依次展开【数据库】|【复制】|【本地订阅】节点，右击【本地订阅】节点，执行【新建订阅】命令，弹出【新建订阅向导】对话框，如图 19.21 所示。

（2）单击【下一步】按钮，弹出【发布】向导页面，如图 19.22 所示。

图 19.21 【新建订阅向导】对话框

图 19.22 【发布】向导页面

（3）单击【下一步】按钮，弹出【分发代理位置】向导页面，如图 19.23 所示。

（4）单击【下一步】按钮，弹出【订阅服务器】向导页面，如图 19.24 所示。

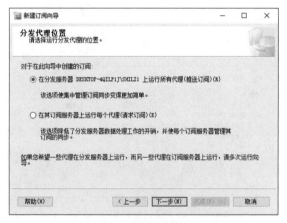

图 19.23 【分发代理位置】向导页面

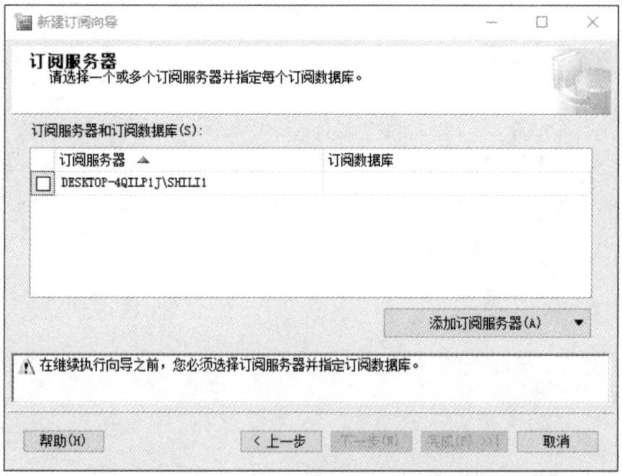

图 19.24 【订阅服务器】向导页面

（5）单击【添加订阅服务器】下拉菜单，选择【添加 SQL Server 订阅服务器】选项，弹出【连接到服务器】对话框。选择好服务器后，单击【连接】按钮，对应服务器会添加到窗口中。这里，添加了 DESKTOP-4QILP1J\SHILI20177 服务器，该服务器会显示在【订阅服务器和订阅数据库】表格中。

（6）在【订阅服务器和订阅数据库】表格中选中 DESKTOP-4QILP1J\SHILI20177，在【订阅数据库】表格列中选择电话簿，如图 19.25 所示。

（7）单击【下一步】按钮，弹出【分发代理安全性】向导页面，如图 19.26 所示。

（8）单击右侧的⋯按钮，弹出账号信息对话框。在这里，填写进程账户等信息，如图 19.27 所示。单击【确定】按钮，返回【分发代理安全性】向导页面。

图 19.25　选择服务器与数据库

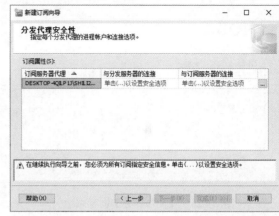

图 19.26　【分发代理安全性】向导页面

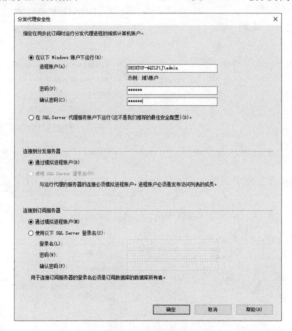

图 19.27　填写账户密码

　　（9）在【分发代理安全性】向导页面中，单击【下一步】按钮，弹出【同步计划】向导页面，如图 19.28 所示。

　　（10）单击【下一步】按钮，弹出【初始化订阅】向导页面，如图 19.29 所示。

　　（11）单击【下一步】按钮，弹出【向导操作】向导页面，如图 19.30 所示。

　　（12）单击【下一步】按钮，弹出【完成向导】向导页面，如图 19.31 所示。

　　（13）单击【完成】按钮，弹出【正在创建订阅...】向导页面，如图 19.32 所示。

　　（14）创建完成后，显示成功信息，如图 19.33 所示。单击【关闭】按钮，完成订阅服务器创建。

图 19.28 【同步计划】向导页面

图 19.29 【初始化订阅】向导页面

图 19.30 【向导操作】向导页面

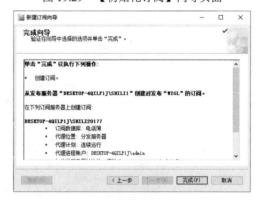

图 19.31 【完成向导】向导页面

图 19.32 【正在创建订阅...】向导页面

图 19.33 创建完成页面

扫一扫，看视频

19.3 复制监视器

复制监视器是 SQL Server Management Studio 的一个组件，用来查看复制代理程序的状态和解决分发服务器上的潜在问题。用户可以使用复制监视器执行以下任务：

➦ 查看发布服务器列表，包括发布以及对分发服务器支持的发布的订阅。

➦ 查看已调度的复制代理程序，并监视每个代理程序的实时状态和历史记录。

➦ 设置并监视与复制事件相关的警报。

➦ 管理代理程序和订阅，包括启动和停止代理程序以及重新初始化订阅。

使用复制监视器查看复制活动情况，可以参考以下操作步骤：

（1）在 SQL Server Management Studio 中，展开要查看复制监视器所在的数据库服务器。

（2）展开【复制】节点。

（3）展开【本地发布】节点。

（4）右击要查看的代理程序，在弹出的快捷菜单中执行【启动复制监视器】命令，弹出【复制监视器】对话框，如图 19.34 所示。

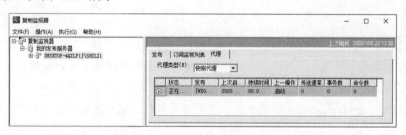

图 19.34　【复制监视器】对话框

（5）双击要查看的操作，弹出【wzgl 的快照代理】对话框，如图 19.35 所示。在该对话框中，用户能了解到快照代理都执行了哪些操作，以及运行的起止时间等信息。

图 19.35　快照代理程序的最新历史记录

19.4 小结

本章主要讲述了 SQL Server 最为重要的内置组件——复制，内容涉及复制的基本概念、术语、复制的拓扑结构。本章详细介绍了如何创建服务器角色、配置分发数据库和配置订阅数据库服务器，并在最后介绍了复制监视器的使用方法。

19.5 习题

填空题

1．复制模型由_____、_____、_____、发布、项目和订阅 6 个对象组成。

2．SQL Server 提供的 4 种复制类型为_____、_____、_____和_____。

3．在 SQL Server Management Studio 中，用来查看复制代理程序的状态和解决分发服务器上的潜在问题的是_____。

第 *20* 章

SQL Server 自动化管理

为了减少 SQL Server 管理的工作量，同时实现多服务器管理的规范化和简单化，SQL Server 提供了自动化管理机制。本章主要介绍该机制。

扫一扫，看视频

20.1 SQL Server 自动化管理概述

所谓自动化管理，实际上是对预测到的服务器事件或必须按时执行的管理任务，根据已经制定好的计划让 SQL Server 自动执行。例如，在服务器出现异常事件时，自动发出通知，以便让操作人员及时获得信息，并做出处理。再如，希望在每个工作日结束后，备份公司的所有服务器，那么可以创建一个作业执行该任务。调度该作业在特定时间运行。当执行作业时遇到问题，SQL Server 代理程序能够记录该事件并发出提醒。

要实现 SQL Server 自动化管理，需要让操作人员及时获得信息，需要完成以下 3 件事情：

- ➥ 确定哪些管理职责或服务器事件需要定期执行或处理，并可以通过编程方式进行管理。
- ➥ 使用 SQL Server Management Studio、Transact-SQL 或 SQL-DMO 对象定义一组作业、警报和操作员。
- ➥ 运行 SQL Server 代理服务。

为了解决多服务器管理的问题，SQL Server 在多服务器管理中也引入了自动化管理机制。在配置多个服务器的自动化管理时，SQL Server 要求至少有一个主服务器和一个目标服务器。主服务器负责将定义好的作业分发给目标服务器，接收从目标服务器通过网络传送过来的事件信息，并存储关于作业的最新定义。目标服务器定期连接主服务器，以更新作业版本。如果有新的作业产生，则目标服务器会自动从主服务器上下载最新的作业。当目标服务器完成作业后，会再次连接主服务器报告作业执行的情况。

扫一扫，看视频

20.2 配置 SQL Server 代理

在 SQL Server Management Studio 中，配置 SQL Server 代理的具体操作步骤如下：

（1）在 SQL Server Management Studio 中，展开要配置的 SQL Server 代理的数据库服务器。右击【SQL Server 代理】节点，在弹出的快捷菜单中执行【启动】命令，如图 20.1 所示。弹出启动提示对话框，如图 20.2 所示。单击【是】按钮，启动代理。

（2）右击【SQL Server 代理】节点，在弹出的快捷菜单中执行【属性】命令，弹出【SQL Server 代理属性】对话框，如图 20.3 所示。在【常规】选项中，可以查看代理服务的服务状态，并在意外停止后进行重启，以及将错误日志放入指定的文件中。

（3）切换到【高级】选项，如图 20.4 所示。可以在这里指定是否将事件转发到其他服务器，并定义 CPU 的空闲条件。

图 20.1　启动 SQL Server 2019 代理

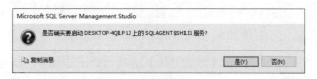

图 20.2　启动提示对话框

图 20.3　【SQL Server 代理属性】对话框　　　　图 20.4　【高级】选项

　　（4）切换到【警报系统】选项，如图 20.5 所示。在这里设置收件人的邮箱地址，一旦系统出现问题，警报系统就会将警报内容发送到收件人邮箱。

　　（5）切换到【作业系统】选项，如图 20.6 所示。这里使用默认设置即可。

　　（6）切换到【连接】选项，如图 20.7 所示。在这里，根据实际情况设置 SQL Server 的连接方式。

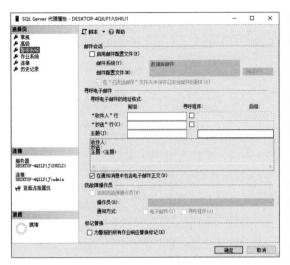

图 20.5 【警报系统】选项

图 20.6 【作业系统】选项

（7）切换到【历史记录】选项，如图 20.8 所示。在这里，可以设置历史记录日志的大小页行数等属性。

图 20.7 【连接】选项

图 20.8 【历史记录】选项

（8）单击【确定】按钮，保存设置。

扫一扫，看视频

20.3 创建操作员

操作员是指接收由 SQL Server 代理发送的消息的对象。在 SQL Server 中，可以通过邮件或网络传送把警报消息通知给操作员，从而让其了解系统处于哪种状态或出现了什么事件。创建操作员的具体操作步骤如下：

（1）在 SQL Server Management Studio 管理树中展开服务器。

（2）展开【SQL Server 代理】节点。

（3）右击【操作员】节点，在弹出的快捷菜单中执行【新建操作员】命令，弹出【新建操作员】对话框，如图 20.9 所示。

（4）在【姓名】文本框中输入操作员的姓名，如 xueer。在【电子邮件名称】与【寻呼电子邮件名称】文本框中输入操作员的邮箱地址。

（5）切换到【通知】选项，如图 20.10 所示。在这里，选择要通知操作员的警报名称以及通知方式。

（6）单击【确定】按钮，完成设置。

图 20.9　【新建操作员】对话框　　　　　　　图 20.10　【通知】选项

20.4　设置警报

扫一扫，看视频

如果没有警报发出，则操作员将无法发挥应有的作用。使用 SQL Server Management Studio 设置警报的具体操作步骤如下：

（1）在 SQL Server Management Studio 管理树中展开服务器。

（2）展开【SQL Server 代理】节点。

（3）右击【警报】节点，在弹出的快捷菜单中执行【新建警报】命令，弹出【新建警报】对话框，如图 20.11 所示。

（4）在【名称】文本框中可以输入报警的名称。在【类型】下拉列表框中，用户可以选择 SQL

Server 警报的类型，还可以在事件警报定义中自定义警报，并可以指定警报所属的数据库。然后切换到【响应】选项，用户可以指定要响应警报的操作员以及通知方式，如图 20.12 所示。

图 20.11　【新建警报】对话框　　　　　　　图 20.12　【响应】选项

（5）切换到【选项】选项，在这里，用户可以设置警报错误文本发送方式、要发送的其他通知、两次响应之间的延迟时间，如图 20.13 所示。

图 20.13　【选项】选项

（6）单击【确定】按钮，完成警报的设置。

扫一扫，看视频

20.5　创建作业

作业是指被定义的多步执行的任务。每步都是可能执行的 Transact-SQL 语句，代表一个任务。作业是典型的规划任务和自动执行任务。数据库的备份和恢复、数据的复制、数据的导入/导出等都可以被定义成作业，然后在规划的时间由 SQL Server 代理自动完成。

使用 SQL Server Management Studio 创建作业的具体操作步骤如下：

（1）在 SQL Server Management Studio 管理树中展开服务器。

（2）展开【SQL Server 代理】节点。

（3）右击【作业】节点，在弹出的快捷菜单中执行【新建作业】命令，弹出【新建作业】对话框，如图 20.14 所示。用户可以输入作业的名称、所有者、类别和说明等信息。

（4）切换到【步骤】选项，如图 20.15 所示。每个作业可以由一个或多个作业步骤组成，步骤可以是一组 Transact-SQL 语句，也可以是一个 Windows 系统命令等。

图 20.14　【新建作业】对话框

图 20.15　【步骤】选项

（5）单击【新建】按钮，弹出【新建作业步骤】对话框，如图 20.16 所示。在【步骤名称】文本框中输入步骤的名称；在【类型】下拉列表框中选择作业的类型；在【数据库】下拉列表框中选择作业操作的数据库。例如，在【类型】下拉列表框中选择【Transact-SQL 脚本（T-SQL）】选项，在【命令】文本框中输入 Transact-SQL 语句。

（6）切换到【计划】选项，如图 20.17 所示。在这里，可以为作业设置执行的时间表。

（7）单击【新建】按钮，弹出【新建作业计划】对话框，如图 20.18 所示。在这里，可以设置新的作业计划。设置完成后，单击【确定】按钮，关闭该对话框。

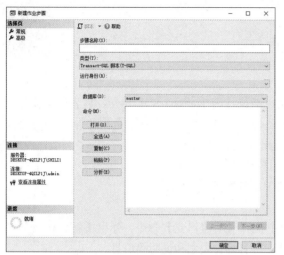 

图 20.16　【新建作业步骤】对话框　　　　　　图 20.17　【计划】选项

（8）切换到【警报】选项，如图 20.19 所示。用户可以在这个对话框中添加警报，并展示警报的名称、启用状态及类型。

图 20.18　【新建作业计划】对话框　　　　　　图 20.19　【警报】选项

（9）切换到【通知】选项，如图 20.20 所示。用户可以在这个对话框中设置当作业失败时，以什么样的方式通知哪个操作员。

（10）切换到【目标】选项，如图 20.21 所示。用户可以在这个对话框中设置目标为本地服务器或多个服务器。

（11）单击【确定】按钮，完成作业的创建。

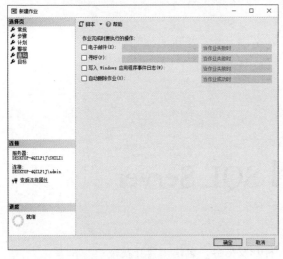

图 20.20　【通知】选项

图 20.21　【目标】选项

扫一扫，看视频

20.6　小结

本章主要介绍了 SQL Server 自动化管理的基本机制与实现方法，如何配置管理 SQL Server 的代理服务器，如何利用企业管理完成作业、警报、操作员的创建，以及如何将这些要素集合在一起完成服务器的自动化管理的任务。通过本章的学习，读者可以对如何实现 SQL Server 自动化管理以及提高 SQL Server 管理效率有比较清楚的认知。

20.7　习题

填空题

1.　_____是指接收由 SQL Server 代理发送来的消息的对象。

2.　在 SQL Server 中，可以通过_____或_____把警报消息通知给操作员，从而让其了解系统处于哪种状态或发生了什么事件。

3.　_____是指被定义的多步执行的任务。每步都是可能执行的 Transact-SQL 语句，代表一个任务。

4.　作业是典型的_____和_____。

5.　_____、_____和_____等都可以被定义成作业，然后在规划的时间由 SQL Server 代理自动完成。

第 21 章

使用 .NET 访问 SQL Server

.NET 是 Microsoft 提供的一种开发平台，也是一套开发技术。其中，ADO.NET 技术是一种新的数据库访问技术。本章将依次讲解 ADO.NET 简介、.NET 中的数据组件，以及使用 C#语言通过 ADO.NET 访问 SQL Server 数据库的相关内容。

21.1　ADO.NET 简介

21.1.1　ADO.NET 概述

扫一扫，看视频

　　为了解决 Web 应用程序和分布式应用程序访问数据库的问题，微软公司设计了 ADO.NET。ADO.NET 是 Microsoft .NET Framework 的一个组成部分。

　　Web 应用程序和分布式应用程序的运行环境是非连接的。首先，在初始化客户连接时，数据库会与客户端应用程序进行短暂连接，一旦客户端应用程序从数据库中检索完请求的数据，连接就立即关闭。其次，由客户端应用程序独立维护这些数据。当客户端应用程序发生修改后，将数据传回数据库服务器时，会再次建立短暂连接。在客户端应用程序将修改用一个更新批处理命令发送给数据库后，再次断开连接。这种非连接机制把系统的开销降到了最低，提高了应用程序的吞吐量和可伸缩性。

　　ADO.NET 为这种非连接机制提供了很好的支持。ADO.NET 有一个 DataSet 组件，它本质上是一个可以存在于内存中的微型数据库，能独立于后端数据库并由客户端应用程序维护。DataSet 组件的对象（以下简称 DataSet 对象）通过表组织数据，使这些表与后端的数据源之间不存在连接。而客户端应用程序与数据源存在连接，这是为了将数据库的数据传送到 DataSet 对象中，或者将 DataSet 对象中确认修改的数据传回数据库，完成后断开连接。在这种情况下，对 DataSet 对象中的数据进行的操作将不直接影响后端数据库，只有在需要将修改的数据更新到数据库时才会再次连接数据库。这种非连接机制意味着数据库支持 100 个用户的性能表现与只支持 10 个用户的性能表现一致。

　　下面介绍 ADO.NET 的对象模型。

21.1.2　ADO.NET 的对象模型

扫一扫，看视频

　　ADO.NET 的对象模型分为 DataSet 对象和数据提供程序两类。其中，DataSet 对象用来满足客户端应用程序的数据需求，它可以包含一个或多个数据表；数据提供程序则由 Connection 对象、DataReader 对象、DataAdapter 对象和 Command 对象组成。

1. DataSet 对象

　　DataSet 对象处于 ADO.NET 体系的核心位置。它是一个位于内存中、存放从数据库中检索出来的数据的缓冲区。DataSet 对象可以看作一个内存中的数据库，它包含表、列、行、约束和关系等对象，这些对象称为 DataTable、DataColumn、DataRow、Constraint 等。DataSet 对象使非连接的应用程序能够同连接的应用程序一样运行。DataSet 对象可以获得一系列不同数据库表中的数据，并能将相关的信息组合在一起呈现给用户。例如，要检索学生的姓名和成绩，应用程序需要访问学生表和成绩表，并将这两个表中的相关信息组合到 DataSet 对象中，以供访问处理。当应用程序修改数据后，DataSet 对象会同时保存原始数据和当前更新后的数据。如果数据库中的行与该原始数据匹配，则 DataAdapter 对象会按照要求进行更新处理，否则返回一条错误信息。

2．DataTable 对象

DataTable 对象可以代表在 DataSet 对象中的所有数据表。通过 DataSet 对象的 Tables 属性可以访问 DataTable 对象的集合。类似地，通过 DataSet 对象的 Relations 属性可以访问到所有已经建立的数据集关系。

3．DataColumn 对象、DataRow 对象和 Constraint 对象

DataColumn 对象代表 DataTable 对象中的列，用来实现对列的操作；DataRow 对象代表 DataTable 对象中的一行数据，用来对 DataTable 对象执行插入、更新和删除行操作；Constraint 对象代表可应用于 DataColumn 对象的一套数据完整性约束。

4．Connection 对象

Connection 对象代表与 SQL Server 数据库的连接。在创建 Connection 对象时，可以把连接字符串指定为构造函数的一个参数。如果没有在构造函数中设置它，可以使用 Connection 对象的 ConnectionString 属性指定。连接字符串应包含连接数据库时需要的所有信息，包括服务器名、数据库名、用户名和密码等。

5．DataReader 对象

DataReader 对象用于从连接的数据源上返回一个只向前的数据流。也就是说，DataReader 对象的游标只能向前移动，快速地检索本地数据，而不能对其进行更新操作。特别地，DataReader 对象会阻塞 DataAdapter 对象和其他相关的连接对象，所以在用完 DataReader 对象后应立即将其关闭。

6．DataAdapter 对象

DataAdapter 对象的基本任务是在 DataSet 对象和 Connection 对象代表的数据源之间建立连接，并在发送数据后关闭连接。DataAdapter 对象负责将数据写入 DataSet 对象，也负责把在 DataSet 对象中修改的数据传回数据源。例如，DataAdapter 对象的 SelectCommand 属性用于把 SQL Server 数据库中的数据写入 DataSet 对象；而 InsertCommand 属性用于把 DataSet 对象中的新数据插入数据库；UpdateCommand 属性用于更新数据库中 DataSet 对象修改的数据；DeleteCommand 属性用于从数据库中删除数据。

7．Command 对象

Command 对象用于在数据库中执行一条 SQL 命令或一个存储过程。这条命令一般是查询、插入、更新或删除。它可以包含 Parameter 对象表示的参数，也可以不包含。

本节对 ADO.NET 的连接机制和对象进行了简单介绍。21.2 节将对.NET 中的数据组件进行详细介绍。

21.2 .NET 中的数据组件

在 Microsoft Visual Studio .NET（简称.NET）中使用 ADO.NET 技术访问 SQL Server 的数据组件有 SQLConnection、SQLCommand、SQLDataAdapter 和 DataSet 等。下面详细说明这些组件的属性、操作方法及事件。

21.2.1 SQLConnection 组件

SQLConnection 组件的主要属性、操作方法和事件说明如下：

📧 ConnectionString 属性，用来获取或设置要读取数据库的连接字符串。例如，一个使用混合模式登录 SQL Server 数据库的连接字符串的如下：

```
workstation id=HGL;packet size=4096;user id=sa;data source=HGL;
persist security info=True;initial catalog=个人数据;password=1234
```

其中，参数 workstation id 表示要连接的 SQL Server 服务器名称，默认值是计算机名称；packet size 表示用来与 SQL Server 通信的网络数据包大小，单位为 Byte；user id 表示设置登录 SQL Server 的账户名；data source 表示要连接的服务器名称或 IP 地址；persist security info 表示在成功连接后，是否把有关安全的敏感信息（如登录信息）返回给应用程序，默认值为 False；initial catalog 表示设置连接的数据库名称；password 表示设置登录 SQL Server 账户的密码。

下面是使用 Windows 身份验证登录 SQL Server 数据库的连接字符串。

```
workstation id=HGL;packet size=4096;integrated security=SSPI;data source=HGL;
persist security info=False;initial catalog=个人数据
```

其中，当参数 integrated security 的值为 SSPI 或 True 时，表示使用 Windows 身份验证登录 SQL Server 数据库；当参数 integrated security 的值为 False 时，表示使用混合模式或 SQL Server 验证模式登录数据库。参数说明如下：

📧 open()方法，用来打开数据库连接。ConnectionString 属性并不能真正打开数据库连接，必须使用 open()方法打开。

📧 close()方法，用来关闭数据库。注意，数据库使用后必须关闭。

📧 ChangeDatabase(Database)，用来将当前连接的数据库更改为 Database 参数指定的数据库。

📧 StateChange 事件，当数据库的连接状态发生变化时，触发此事件，如打开、关闭数据库。

21.2.2 SQLCommand 组件

SQLCommand 组件主要用来执行插入、更新或删除的 Transact-SQL 命令。

📧 Connecton 属性：用于连接一个 SQLConnection 对象。示例代码如下：

```
myCommand.Connection = myConnection
```

➲ CommandText 属性：用于设置对数据库执行的 SQL 命令、存储过程或数据表名称。例如，赋给 CommandText 属性一条查询命令：

```
myCommand.CommandText = "SELECT * FROM a_book"
```

➲ CommandType 属性：设置 SQLCommand 对象的 CommandText 属性对应的是 SQL 命令、存储过程还是数据表，三者对应的值分别为 Text、StoredProcedure 和 TableDirect。该属性默认为 Text。

➲ ExecuteNonQuery()方法：用于执行 CommandText 属性指定的内容，并返回被影响的列数。此方法主要用来执行 Update、Insert 和 Delete 命令。

➲ ExecuteReader()方法：用于执行 CommandText 属性指定的内容，并创建 DataReader 对象，返回一个结果集。

➲ ExecuteScalar()方法：用于执行 CommandText 属性指定的内容，它执行的主要是返回单个值的存储过程或 SQL 查询结果。

扫一扫，看视频

21.2.3　SQLDataAdapter 组件

SQLDataAdapter 组件用于桥接 DataSet 对象和 SQL Server 数据库，可以检索和保存数据。

➲ SelectCommand 属性：用于把 SQL Server 数据库中的数据填充到 DataSet 对象中。可以指定一个现有的 SelectCommand 对象，也可以新建一个。作为 SQLDataAdapter 组件属性的 SelectCommand，其对象也有自己的属性，使用方法与正常属性的使用方法相同。

➲ DeleteCommand 属性：获取或设置从 SQL Server 数据库中删除数据的 SQL 命令。与 SelectCommand 属性的使用方法一样。

➲ UpdateCommand 属性：获取或设置从 SQL Server 数据库中更新数据的 SQL 命令。与 SelectCommand 属性的使用方法一样。

➲ InsertCommand 属性：获取或设置从 SQL Server 数据库中插入数据的 SQL 命令。与 SelectCommand 属性的使用方法一样。

➲ Fill(dataSet, srcTable)方法：将 SelectCommand 属性指定的 SQL 命令的执行结果填入 DataSet 对象，返回值是填入数据的记录数。dataSet 是欲填入数据的 DataSet 对象，参数 srcTable 是源数据表的名称。

➲ FillError 事件：当执行 Fill()方法发生错误时，触发此事件。

扫一扫，看视频

21.2.4　DataSet 组件

DataSet 组件是.NET 数据库访问组件的核心，主要用于支持 ADO.NET 的不连贯连接及数据分布。

➲ Tables 属性：用来表示 DataSet 对象中数据表的集合的属性。

➲ CaseSensitive 属性：设置在 DataTable 对象中比较字符串时是否区分字母大小写，默认为 False。

- AcceptChanges()方法：将所有变动过的数据更新到 DataSet 对象。
- Clear()方法：清除 DataSet 对象的数据，此方法会删除 DataSet 对象中所有表的数据。
- Clone()方法：复制 DataSet 对象的结构。
- Copy()方法：复制 DataSet 对象。
- GetChanges({Added, Deleted, Detached, Modified, Unchanged})方法：返回上次调用 AcceptChanges()方法后，Added / Deleted / Detached / Modified / Unchanged 过的数据。

21.3 使用 ADO.NET 访问 SQL Server 数据库（C#语言环境）

C#是.NET Framework 提供的一个新的程序语言，是 C/C++语言家族中第一个面向组件也面向对象的程序语言。具有 Visual Basic 的易用性和 Visual C++语言的强大功能。C#语言对数据库的访问也是通过 ADO.NET 进行的。下面通过一个实例学习在 C#语言中使用 ADO.NET 访问 SQL Server 数据库的方法。

扫一扫，看视频

21.3.1 设计窗体

C#语言使用 ADO.NET 访问 SQL Server 数据库需要基于 C#语言的应用，在这里创建一个 Windows 窗体应用。具体操作步骤如下：

（1）启动 Microsoft Visual Studio 2019，新建一个项目，项目类型选择 Visual C#项目，模板选择 Windows 窗体应用，如图 21.1 所示。单击【下一步】按钮，设置【项目名称】为 WApp_sqlconnection，如图 21.2 所示。

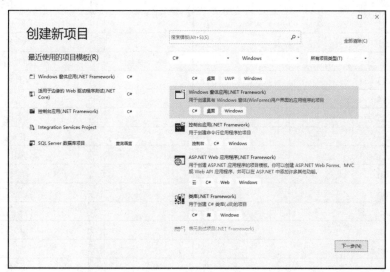

图 21.1 新建项目

图 21.2　设置项目名称

（2）单击【创建】按钮，进入窗体设计界面。在窗体中加入表 21.1 所列的控件。结构布局如图 21.3 所示。

表 21.1　控件属性描述

控 件 名	属 性	属 性 值
groupBox1	Dock	Top
	Text	编辑区
groupBox2	Dock	Fill
	Text	浏览区
groupBox3	Dock	Bottom
	Text	操作区
Label1	Text	姓名
Label2	Text	性别
Label3	Text	年龄
Label4	Text	电话
Label5	Text	住址
Label6	Text	ID
DataGrid	Dock	Fill
Button	Text	首行
Button	Text	上行
Button	Text	下行
Button	Text	末行
Button	Text	删除
Button	Text	保存
comboBox1	Items	男、女

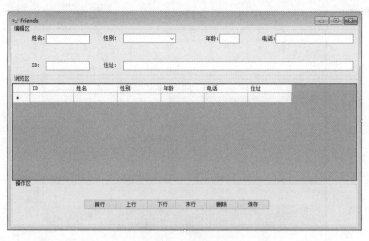

图 21.3　结构布局

21.3.2　使用 SQLConnection 对象连接 SQL Server 数据库

扫一扫，看视频

在工具箱中，双击 SQLConnection 对象，该对象会被添加到窗体下方，显示为 sqlConnection1，如图 21.4 所示。

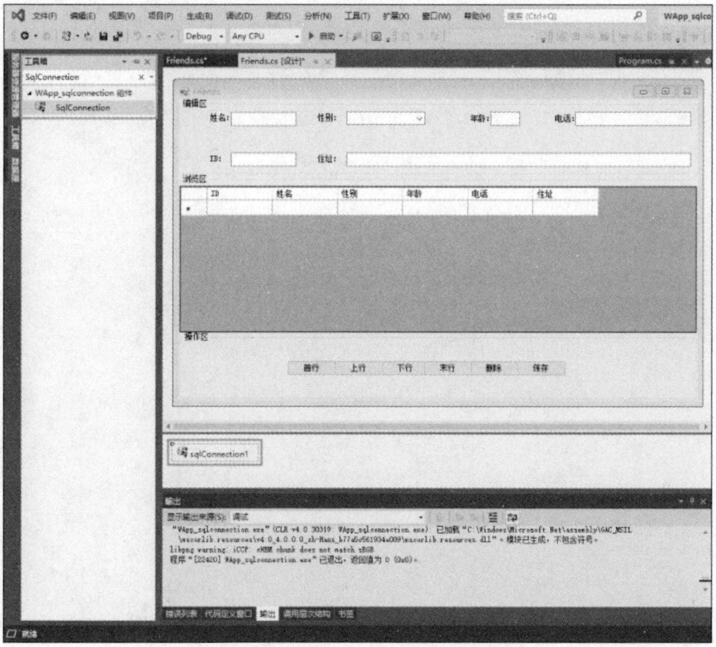

图 21.4　SQLConnection 对象

选中 sqlConnection1，单击属性页框中 ConnectionString 属性右侧的下拉按钮，选择【<新建连接...>】，如图 21.5 所示。

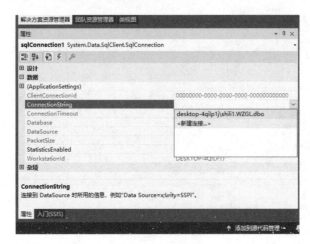

图 21.5　新建连接

在弹出的【添加连接】对话框中，输入服务器名、用户名和密码等。单击【测试连接】按钮，进行测试。连接成功后如图 21.6 所示。

图 21.6　连接成功

扫一扫，看视频

21.3.3　配置数据适配器

数据适配器可以支持应用与数据库之间的数据传输。在使用数据适配器时首先需要对它进行配置。配置的具体操作步骤如下：

（1）在工具箱中，双击添加一个 **SQLDataAdapter** 对象，弹出【数据适配器配置向导】对话框。单击【下一步】按钮，进入【选择你的数据连接】向导页面。在这里，可以选择现有的数据连接，也可以新建一个数据连接，如图 21.7 所示。

（2）选择使用 **SQLConnection** 对象建立的数据连接。单击【下一步】按钮，进入【选择命令类型】向导页面，如图 21.8 所示。

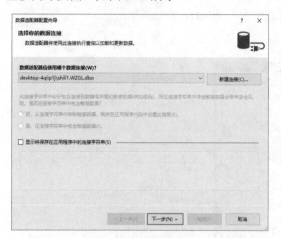

图 21.7 【选择你的数据连接】向导页面

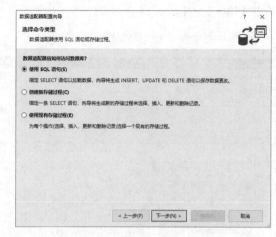

图 21.8 【选择命令类型】向导页面

（3）选中【使用 SQL 语句】单选按钮，单击【下一步】按钮，进入【生成 SQL 语句】向导页面，如图 21.9 所示。

（4）单击【查询生成器】按钮。在弹出的【查询生成器】对话框中添加 a_friends 表，如图 21.10 所示。

图 21.9 【生成 SQL 语句】向导页面

图 21.10 添加数据表

（5）添加完需要访问的表和相应的字段后，单击【确定】按钮，然后按默认设置即可。

数据适配器配置完成后，此时已经连通 SQL Server 数据库，下面的工作是让数据能够在界面上显示出来。单击设计器下方 sqlDataAdapter1 的黑色箭头按钮，在弹出的快捷菜单中执行【生成数据集】命令，如图 21.11 所示。

在弹出的【生成数据集】对话框中选择新建数据集，名称为默认的 DataSet1，如图 21.12 所示。单击【确定】按钮，系统会在设计器下方生成一个名称为 DataSet11 的数据集。

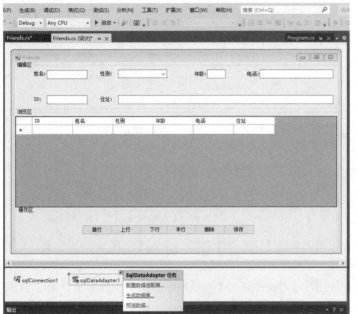

图 21.11　生成数据集

图 21.12　【生成数据集】对话框

扫一扫，看视频

21.3.4　绑定数据源

要在窗体中展示具体的数据表，需要使用 DataSource 属性绑定具体的数据源。具体操作步骤如下：

（1）将 DataGrid 控件的 DataSource 属性设置为 DataSet11，DataMember 属性设置为 a_friends。

（2）在 Form1 的构造函数中添加以下代码，使程序启动后能在窗口中立即显示数据。

```
sqlDataAdapter1.Fill (dataSet11 ) ;
```

此时程序运行界面如图 21.13 所示。

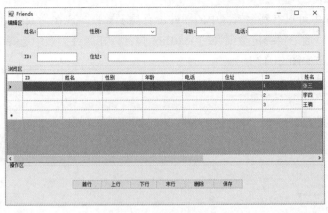

图 21.13　程序运行界面 1

（3）从图 21.13 中可以看到，手动添加的无数据源的列并没有数据，而添加了数据源的列会显示数据。所以，这里还需要对列进行编辑。右击 DataGrid 控件，在弹出快捷的菜单中执行【编辑列】命令，弹出【编辑列】对话框，如图 21.14 所示。在这里，将没有显示数据的列移除即可。

（4）移除多余列后的【编辑列】对话框如图 21.15 所示。再次运行程序，结果如图 21.16 所示。

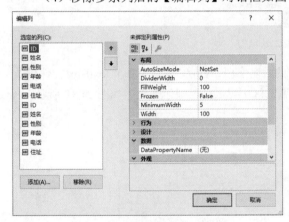

图 21.14　【编辑列】对话框

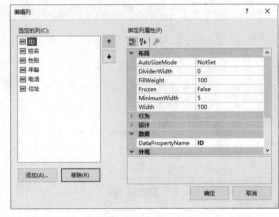

图 21.15　移除多余列后的【编辑列】对话框

图 21.16　运行结果

（5）从图 21.16 中可以看到编辑区中的控件没有显示数据。现在为 textBox 控件绑定数据源，让控件能够显示数据。选中要绑定数据源的 textBox 控件，在属性列表中选择 DataBindings 属性，设置其要绑定的字段，如图 21.17 所示。

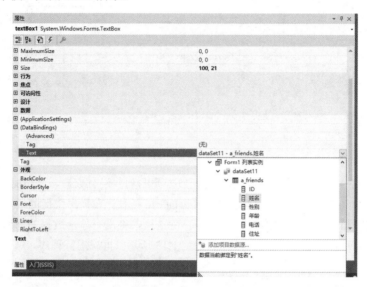

图 21.17　绑定数据源

这里是为姓名 textBox 控件绑定 a_friends 表中的姓名字段。然后，分别为各个 textBox 控件以及 comboBox 控件绑定数据源。运行程序，可以看到编辑区中已经能够显示数据，如图 21.18 所示。

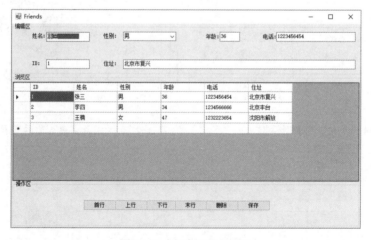

图 21.18　程序运行界面 2

扫一扫，看视频

21.3.5　编写数据操作按钮的代码

本小节介绍编写数据操作按钮的代码。

➘ "首行"按钮，代码如下：

```
private void button_first_Click(object sender, System.EventArgs e)
        {
                this.BindingContext[dataSet11,"a_friends"].Position=0;
        }
```

➘ "上行"按钮，代码如下：

```
private void button2_Click(object sender, System.EventArgs e)
        {
                if (this.BindingContext[dataSet11,"a_friends"].Position!=0)
                {
                    this.BindingContext[dataSet11,"a_friends"].Position=
                        this.BindingContext[dataSet11,"a_friends"].Position-1;
                }
        }
```

➘ "下行"按钮，代码如下：

```
private void button_next_Click(object sender, System.EventArgs e)
        {
                if (this.BindingContext[dataSet11,"a_friends"].Position!=
                    this.BindingContext[dataSet11,"a_friends"].Count1)
                {
                    this.BindingContext[dataSet11,"a_friends"].Position=
                        this.BindingContext[dataSet11,"a_friends"].Position+1;
                }
        }
```

➘ "末行"按钮，代码如下：

```
private void button_last_Click(object sender, System.EventArgs e)
        {
                this.BindingContext[dataSet11,"a_friends"].Position=
                  this.BindingContext[dataSet11,"a_friends"].Count-1;
        }
```

➘ "删除"按钮，代码如下：

```
private void button_delete_Click(object sender, System.EventArgs e)
        {
                if (MessageBox.Show("确认删除记录？",
                "提示",MessageBoxButtons.OKCancel,MessageBoxIcon.Information)
                ==DialogResult.OK)
                {
                    try
                    {
                        this.dataSet24.Tables["a_friends"].Rows[this.BindingContext [dataSet11,
```

```
                        "a_friends"].Position].Delete();
                        sqlDataAdapter1.Update(dataSet11);
                    }
                    catch (Exception error)
                    {
                        MessageBox.Show("删除记录发生错误:"+error.Message,
                        "警告",MessageBoxButtons.OK,MessageBoxIcon.Warning);
                    }
                }
            }
```

➥ "保存"按钮，代码如下：

```
private void button_update_Click(object sender, System.EventArgs e)
        {
            try
            {
                sqlDataAdapter1.Update(dataSet11);
            }
            catch (Exception error)
            {
                MessageBox.Show("保存数据发生错误，请检查！",
                "警告",MessageBoxButtons.OK,MessageBoxIcon.Warning);
            }
        }
```

此时，就可以对数据进行操作了。

21.4　小结

　　ADO.NET 是微软开发的新一代数据访问技术，为 Web 应用程序和分布式应用程序访问数据库提供了一种非连接式的访问方法，很好地解决了松耦合的多层次应用程序中出现的多用户访问问题。本章首先简单介绍了 ADO.NET；其次介绍了 Microsoft Visual Studio .NET 中的数据组件及其应用；最后通过 ADO.NET 在 C#语言环境中的实际应用讲解 ADO.NET 是如何访问 SQL Server 数据库的。

21.5　习题

填空题

　　1. ADO.NET 有一个组件，它本质上是一个在内存中的微型数据库，能独立于后端数据库由客户端进行维护。这个组件是_____。

2. DataSet 对象通过_____组织数据。

3. ADO.NET 的对象模型分为_____和_____两类。

4. 数据提供程序由_____、_____、_____和_____组成。

5. 在 ADO.NET 中，能够代表 DataSet 对象内的所有数据表的对象是_____。

6. 提供与 SQL Server 数据库连接的对象是_____。

7. 用于从连接的数据源上返回一个只向前的数据流的对象是_____。该对象的游标只能向前移动，以快速地检索本地数据，而不能对其进行更新操作。

8. 在 ADO.NET 中，有一个对象的基本任务是在 DataSet 对象和 Connection 对象代表的数据源之间建立连接，并在发送数据后关闭连接。该对象是_____。

9. 用于对数据源执行一条 SQL 命令或一个存储过程的对象是_____。其中，命令可以是查询、插入、更新或删除。

第 22 章

创建成绩查询系统（C#语言环境）

考试结束，我们可以通过成绩查询系统对自己的分数进行查询，而相关工作人员也可以将分数上传至成绩查询系统。本章将介绍如何使用 SQL Server 2019 和 C#语言创建成绩查询系统。本章内容基于读者对 C#语言有初步了解的前提。

22.1 需求分析

22.1.1 成绩查询系统的由来

扫一扫，看视频

在参加完高考或社会性考试后，当学生要查询成绩时，通过面对面查询成绩会有很大的局限性。例如，有些学生忙于工作而没有时间，还有些学生离查询成绩的地点过远等。

22.1.2 用户需求

扫一扫，看视频

由于面对面查询成绩不方便，希望能解决地域及时间上的限制问题，方便学生随时随地通过网络查询成绩，也方便老师可以通过网络登记与查询学生成绩。

22.1.3 系统功能

根据用户需求可以得知，整个系统要实现以下功能：
- 用户登录。用户分为学生和老师两种。
- 验证账户、密码。老师或学生输入账户与密码进行验证。
- 学生查询成绩。学生登录成功后可以获取自己的成绩，包括各科成绩以及总分。
- 老师登记与查询所有学生成绩。老师登录成功后可以登记新的学生的成绩以及查询所有的学生成绩。

22.2 系统设计

从上面介绍的情况可以看出，通过网络查询成绩是可行的，也是十分方便的。下面在 Visual Studio 2019 中，通过 WinForm 组件使用 C#语言连接 SQL Server 2019 数据库实现成绩查询系统。

22.2.1 数据库设计

扫一扫，看视频

成绩查询系统的数据库需要以下表：
- 学生列表，用于存放学生的姓名与密码。
- 老师列表，用于存放老师的姓名与密码。
- 学生成绩表，用于存放所有学生的各科成绩以及总分。
该系统的数据库表结构如图 22.1 所示。

DESKTOP-4QIL...绩表 - dbo.老师列表

列名	数据类型	允许 Null 值
姓名	varchar(MAX)	☑
密码	nvarchar(50)	☑
		☐

DESKTOP-4QIL...绩表 - dbo.学生列表

列名	数据类型	允许 Null 值
姓名	varchar(50)	☑
密码	varchar(50)	☑
		☐

DESKTOP-4QIL...表 - dbo.学生成绩表

列名	数据类型	允许 Null 值
姓名	nchar(10)	☑
语文	nchar(10)	☑
数学	nchar(10)	☑
英语	nchar(10)	☑
总分	nchar(10)	☑
		☐

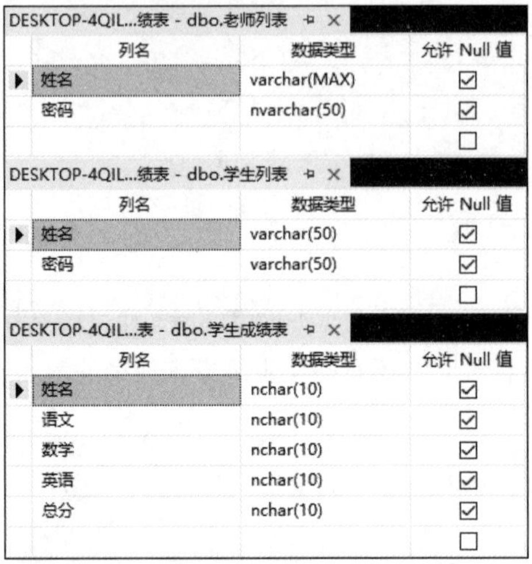

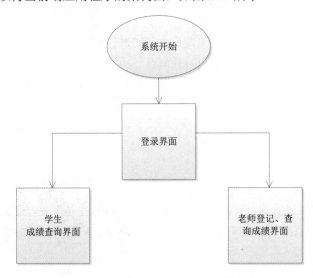

图 22.1　成绩查询系统的数据库表结构

22.2.2　前端程序设计

扫一扫，看视频

根据需求分析可以得出前端应用程序的架构图，如图 22.2 所示。

图 22.2　前端应用程序的架构图

22.3　系统实现

本节具体介绍如何实现一个成绩查询系统，详细介绍各个界面的实现过程以及对应代码的编写。

22.3.1 登录界面设计

在 Visual Studio 2019 中，新建 Windows 窗体应用，如图 22.3 所示。

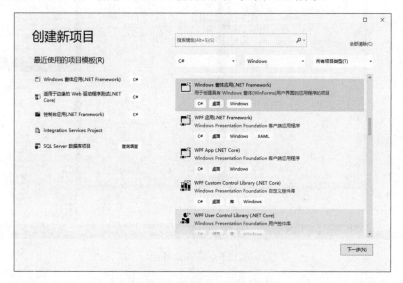

图 22.3 Windows 窗体应用

单击【下一步】按钮，在弹出的【配置新项目】对话框中，设置项目名称与位置，如图 22.4 所示。

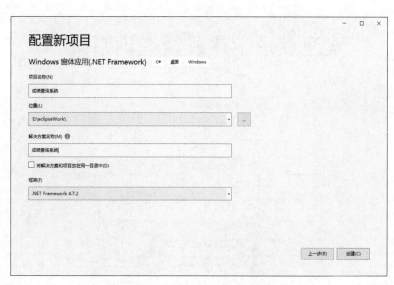

图 22.4 设置项目名称与位置

单击【创建】按钮，创建对应的项目。在打开的项目设计器中，使用工具栏的工具设计应用的界面。在编辑器中编写具体的代码，如图 22.5 所示。

图 22.5　编辑器界面

　　项目设计器中会提供一个 Form1 主窗体。在该窗体中，添加第 1 个 groupBox 控件，并在 groupBox 控件中添加 Label 控件、textBox 控件，实现一个系统欢迎界面，如图 22.6 所示。在此模块要实现用户登录，并对用户输入的姓名、密码及身份进行验证。

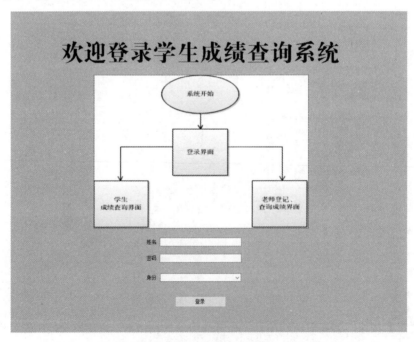

图 22.6　系统欢迎界面

groupBox 控件要设置以下两个属性值：

↘ Dock 为 Fill。

↘ BackColor 为 ActiveCaption。

在设计界面中，双击【登录】按钮控件，添加以下代码：

```
private void button1_Click(object sender, EventArgs e)
    {
        string User = textBox1.Text;
        string Pwd = textBox2.Text;
        conn.ConnectionString = "Data Source=DESKTOP-4QILP1J\\SHILI1;Initial Catalog = 成
        绩表;User ID = sa; Password =  123456";
        //判断学生身份的用户输入的密码是否正确
        if (comboBox1.Text == "学生")
        {
            try
            {
                conn.Open();
                SqlCommand comm = conn.CreateCommand();
                comm.CommandText = "select * from dbo.学生列表 where 姓名 ='" + User + "'";

                SqlDataReader reader = comm.ExecuteReader();
                if (reader.Read())
                {
                    string password = reader.GetString(reader.GetOrdinal("密码"));
                    if (Pwd == password)
                    {
                        groupBox1.Hide();
                        groupBox2.Show();
                    }
                    else
                    {
                        MessageBox.Show("密码错误! ");
                    }
                }
                else
                {
                    MessageBox.Show("没有该用户");
                }
            }
            catch (Exception ex)
            {
                MessageBox.Show(ex.Message, "操作数据库出错");
            }
            finally
            {
                conn.Close();
```

```
            }
        //单击登录按钮后根据用户名获取对应的成绩映射到学生成绩查询界面
        SqlConnection cnn = new SqlConnection();//实例化一个连接
        cnn.ConnectionString = "Data Source=DESKTOP-4QILP1J\\SHILI1;Initial Catalog
        = 成绩表;User ID = sa; Password  123456";//设置连接字符串
        cnn.Open();//打开数据库连接
        SqlDataAdapter da = new SqlDataAdapter();//实例化 SqlDataAdapter
        SqlCommand cmd1 = new SqlCommand("select * from dbo.学生成绩表 where 姓名 ='" +
        User + "'", cnn);//SQL 语句
        da.SelectCommand = cmd1;//设置为已实例化 SqlDataAdapter 的查询命令
        DataSet ds1 = new DataSet();//实例化 DataSet
        da.Fill(ds1);//把数据填充到 ds1
        dataGridView1.DataSource = ds1.Tables[0];
    }
else
{
    //判断老师身份的用户输入的密码是否正确
    conn.ConnectionString = "Data Source=DESKTOP-4QILP1J\\SHILI1;Initial Catalog
    = 成绩表;User ID = sa; Password  123456";
    try
    {
        conn.Open();
        SqlCommand comm = conn.CreateCommand();
        comm.CommandText = "select * from dbo.老师列表 where 姓名 ='" + User + "'";

        SqlDataReader reader = comm.ExecuteReader();
        if (reader.Read())
        {
            string password = reader.GetString(reader.GetOrdinal("密码"));
            if (Pwd == password)
            {
                groupBox1.Hide();
                groupBox3.Show();
            }
            else
            {
                MessageBox.Show("密码错误！");
            }
        }
        else
        {
            MessageBox.Show("没有该用户");
        }
    }
    catch (Exception ex)
    {
```

```
        MessageBox.Show(ex.Message, "操作数据库出错");
    }
    finally
    {
        conn.Close();
    }
}
```

代码中第 1 个 if 语句判断学生身份的用户输入的密码是否正确，如果正确，则进入学生成绩查询界面。与第 1 个 if 语句对应的 else 语句判断老师身份的用户输入的密码是否正确，如果正确，则进入老师登记、查询成绩界面。

部分代码说明如下：

- DataSource=DESKTOP-4QILP1J\\SHILI1 表示连接实例服务器 DESKTOP-4QILP1J\\SHILI1。
- "Initial Catalog = 成绩表"表示数据库的名称是"成绩表"。
- User ID = sa 表示数据库服务器的用户名是 sa。
- Password = 123456 表示数据库服务器的密码是 123456。
- conn.Open 表示打开对应表。

扫一扫，看视频

22.3.2　学生成绩查询界面设计

学生成绩查询界面以第 2 个 groupBox 控件为主，并使用 Label 控件与 dataGridView 控件组成，如图 22.7 所示。该界面的 dataGridView 控件会根据登录用户的名称展示对应的学生成绩。

图 22.7　学生成绩查询界面

groupBox 控件属性设置如下：

- Dock 为 Fill。
- BackColor 为 ActiveCaption。

扫一扫，看视频

22.3.3　老师登记、查询成绩界面设计

老师登记、查询成绩界面以第 3 个 groupBox 控件为主，由 Label 控件、textBox 控件、Button

控件与 dataGridView 控件组成，如图 22.8 所示。老师可以在该界面填入要增加的成绩信息，然后单击【添加】按钮，添加到学生成绩表中。单击【查询】按钮可以在 dataGridView 控件中展示学生成绩表中的所有数据。

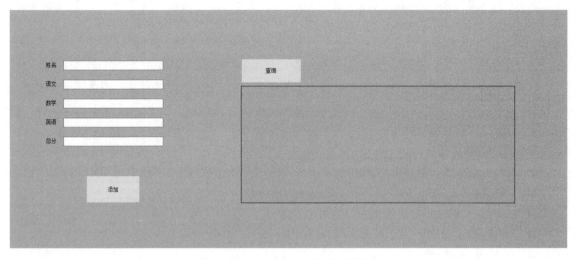

图 22.8　老师登记、查询成绩界面

groupBox 控件属性设置如下：

🢒 Dock 为 Fill。

🢒 BackColor 为 ActiveCaption。

在设计界面中，双击【添加】按钮控件，添加以下代码。

```
private void button2_Click(object sender, EventArgs e)
    {
        string User = textBox3.Text;
        string YU = textBox4.Text;
        string SHU = textBox5.Text;
        string WAI = textBox6.Text;
        string ZONG = textBox7.Text;
        conn.ConnectionString = "Data Source=DESKTOP-4QILP1J\\SHILI1;Initial Catalog = 成
        绩表;User ID = sa; Password =  123456";
        try
        {
            string insertCommand = "insert into 学生成绩表 (姓名,语文,数学,英语,总分) " +
            "values ('" + User + "','" + YU + "','" + SHU + "','" + WAI + "','" + ZONG + "')";
            conn.Open();
            Console.WriteLine("open database successfully!!!");
            SqlCommand command = new SqlCommand(insertCommand, conn);
            command.ExecuteNonQuery();
            MessageBox.Show("添加成功");
```

```
    }
    catch (Exception ex)
    {
        MessageBox.Show(ex.Message, "操作数据库出错");
    }
    finally
    {
        conn.Close();
    }
}
```

在代码中，首先获取 textBox 控件输入的文本内容，然后将其依次添加到学生成绩表中。

在设计界面中，双击【查询】按钮控件，添加以下代码：

```
private void button3_Click(object sender, EventArgs e)
    {
        SqlConnection cnn = new SqlConnection();//实例化一个连接
        cnn.ConnectionString = "Data Source=DESKTOP-4QILP1J\\SHILI1;Initial Catalog = 成
        绩表;User ID = sa; Password =  123456";//设置连接字符串
        cnn.Open();//打开数据库连接
        SqlDataAdapter da = new SqlDataAdapter();//实例化 SqlDataAdapter
        SqlCommand cmd1 = new SqlCommand("select * from 学生成绩表", cnn);//SQL 语句
        da.SelectCommand = cmd1;//设置为已实例化 SqlDataAdapter 的查询命令
        DataSet ds1 = new DataSet();//实例化 DataSet
        da.Fill(ds1);//把数据填充到 ds1
        dataGridView3.DataSource = ds1.Tables[0];
    }
```

在代码中，通过将学生成绩表设置为源文件，然后使用 dataGridView 控件进行展示。

22.3.4　界面切换原理

扫一扫，看视频

在成绩查询系统中，通过在一个 Form 窗体中显示或隐藏 groupBox 控件实现不同内容的展示。
当在欢迎登录界面时，显示的是 groupBox1 控件，代码如下：

```
public Form1()
{
    InitializeComponent();
    groupBox1.Show();        //显示 groupBox1 控件
    groupBox2.Hide();        //隐藏 groupBox2 控件
    groupBox3.Hide();        //隐藏 groupBox3 控件
    conn = new SqlConnection();
}
```

在学生成绩查询界面时，需要显示 groupBox2 控件，并隐藏 groupBox1 控件。部分代码如下：

```
if (Pwd == password)
```

```
{
    groupBox1.Hide();
    groupBox2.Show();
}
```

同理，在老师登记、查询成绩界面时，需要显示 groupBox3 控件，并隐藏 groupBox1 控件。部分代码如下：

```
if (Pwd == password)
{
    groupBox1.Hide();
    groupBox3.Show();
}
```

扫一扫，看视频

22.4　系统测试

单击【启动】按钮，进入欢迎登录界面。输入错误的姓名，单击【登录】按钮，会提示"没有该用户"，如图 22.9 所示。

输入错误的密码，单击【登录】按钮，会提示"密码错误！"，如图 22.10 所示。

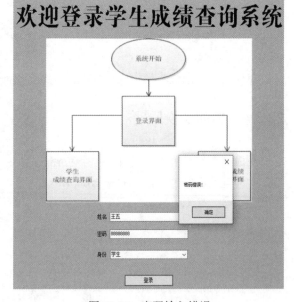

图 22.9　姓名输入错误　　　　图 22.10　密码输入错误

只有在登录界面中输入正确的姓名与密码，并选择学生身份，单击【登录】按钮后才能进入学生成绩查询界面，才会显示对应学生的成绩，如图 22.11 所示。

成绩如下：

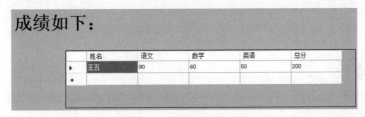

图 22.11　展示学生的成绩

在登录界面中，输入正确的姓名与密码，并选择老师身份，单击【登录】按钮，进入老师登记、查询成绩界面。在文本框中输入对应信息，单击【添加】按钮，会弹出【添加成功】对话框，如图 22.12 所示。

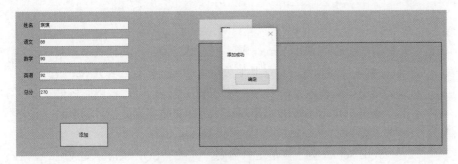

图 22.12　【添加成功】对话框

关闭该对话框，单击【查询】按钮，在右侧表格中会展示所有学生的成绩，如图 22.13 所示。

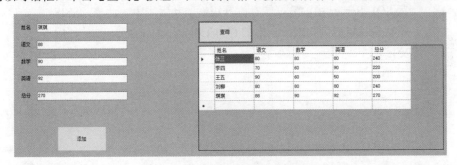

图 22.13　查询所有学生的成绩

22.5　小结

扫一扫，看视频

本章对传统面对面查询成绩的弊端进行了分析，然后设计了成绩查询系统以改善该弊端。通过本章的学习，读者可以了解如何使用 C#语言在 Visual Studio 中对 SQL Server 2019 数据库进行操作。本章重点介绍了开发流程，并详细介绍了在 Visual Studio 中如何通过 C#语言代码区操作 SQL Server 2019 数据库。

附录 A

SQL Server 数据集成服务（SSIS）

用户在使用 SQL Server 前，也许已经使用过其他数据库系统，并希望能将自己存储在其他数据库的数据转存到 SQL Server 数据库中。同理，也许因为某些特殊的需要，用户希望能将自己存储在 SQL Server 数据库系统中的数据转存到其他数据库系统中，如 Sybase、Oracle、Db2 或 Access。

SQL Server 为了满足这些需要，提供了 SQL Server 集成服务（SQL Server Integration Services，SSIS）。利用 SSIS，用户可以将数据在不同的数据源上导入、导出，也可以将存储在旧版 SQL Server 中的数据转存到升级后的新版本中。此外，SSIS 平台也可以成为构造数据库的有力工具。下面讲解 SSIS 的使用方法。

A.1　SSIS 概述

SSIS 是微软从 SQL Server 2005 开始引入的数据转换服务（DTS）的替代物。本节将讲解 SSIS 的概念和意义，以及 SSIS 开发管理工具。

A.1.1　SSIS 的概念和意义

SSIS 是用于生成企业级数据集成和数据转换解决方案的平台。使用 Integration Services 可以解决复杂的业务问题，具体表现为复制或下载文件、加载数据仓库、清除和挖掘数据以及管理 SQL Server 对象和数据。

Integration Services 可以提取和转换来自多种源（如 XML 数据文件、平面文件和关系数据源）的数据，然后将这些数据加载到一个或多个目标。

Integration Services 包括一组丰富的内置任务和转换，用于生成包的图形工具和可以在其中存储、运行和管理包的 Integration Services 目录数据库。

A.1.2　SSIS 开发管理工具

SQL Server 2019 主要提供了以下两种方式对 SSIS 进行开发与管理：

- SQL Server Management Studio，用于在生产环境中管理软件包。
- SQL Server Data Tools，是开发业务解决方案所需的 Integration Services 程序包。SQL Server Data Tools 提供了在其中创建包的 Integration Services 项目。

A.2　使用 SQL Server Management Studio 导入数据

利用数据转换服务导入向导可以从别的数据源中将数据导入 SQL Server 中，并实现数据格式的转化。例如，在本书的电话簿数据库中存有数据。为了方便开发和管理数据的统一性，可以直接使用 SQL Server 导入向导，将这些数据导入 SQL Server 的 WZGL 数据库中，具体操作步骤如实例 A.1 所示。

实例 A.1　将电话簿数据库信息迁移到 SQL Server。

（1）在 SQL Server Management Studio 的管理树中，展开指定的服务器组。

（2）选中要导入数据的 SQL Server 数据库服务器。

（3）选中要导入数据的 WZGL 数据库，右击，执行【任务】|【导入数据】命令，弹出如

图 A.1 所示的对话框。

图 A.1　【SQL Server 导入和导出向导】对话框

（4）单击【下一步】按钮，弹出【选择数据源】向导页面，如图 A.2 所示。

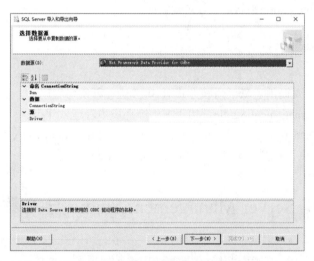

图 A.2　【选择数据源】向导页面

（5）设置要导入的数据源。单击【数据源】下拉列表框，选择 Microsoft OLE DB Driver for SQL Server，选择【服务器名称】为 DESKTOP-4QILP1J\SHILI20177，选择【数据库】为【电话簿】，如图 A.3 所示。

（6）单击【下一步】按钮，弹出【选择目标】向导页面。在这里，设置要将数据导入的目标位置。单击【目标】下拉列表框，选择 Microsoft OLE DB Driver for SQL Server，选择【服务器名称】为 DESKTOP-4QILP1J\SHILI，选择【数据库】为 WZGL，如图 A.4 所示。

（7）单击【下一步】按钮，弹出【指定表复制或查询】向导页面，如图 A.5 所示。

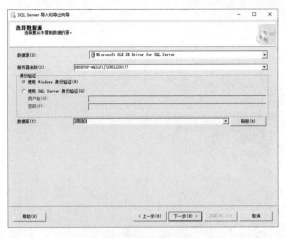

图 A.3　设置数据源

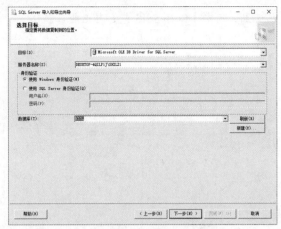

图 A.4　【选择目标】向导页面

（8）选中【复制一个或多个表或视图的数据】单选按钮。单击【下一步】按钮，弹出【选择源表和源视图】向导页面，如图 A.6 所示。

图 A.5　【指定表复制或查询】向导页面

图 A.6　【选择源表和源视图】向导页面

（9）选中要导入的表前的复选框。单击【编辑映射】按钮，弹出【列映射】对话框，如图 A.7 所示。

（10）单击【编辑 SQL】按钮，弹出【Create Table SQL 语句】对话框，如图 A.8 所示。在这里，可以对创建表的 SQL 语句进行编辑，如对新表字段的设置等。

（11）设置完成后，依次单击【确定】按钮，回到【选择源表和源视图】向导页面。单击【预览】按钮，弹出【预览数据】对话框，如图 A.9 所示。在这里，可以对要生成的表进行预览查看。

（12）设置完毕，单击【下一步】按钮，弹出【保存并运行包】向导页面，如图 A.10 所示。用户可以选择立即运行 SSIS 包，或者设置一定的时间表执行 SSIS 包，后者需要进行时间表的配置。

在这里，选中【保存 SSIS 包】复选框。

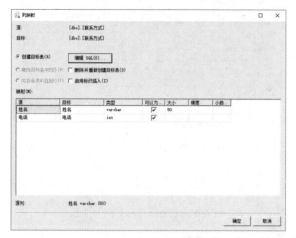

图 A.7　【列映射】对话框

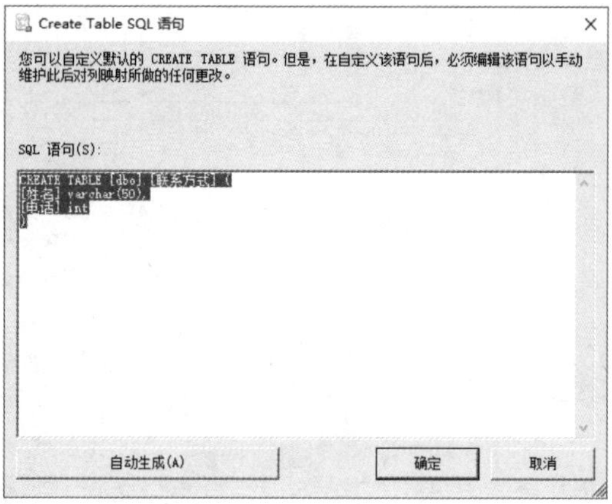

图 A.8　编辑 SQL

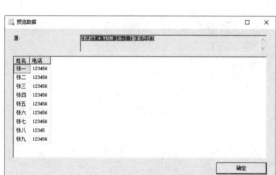

图 A.9　【预览数据】对话框

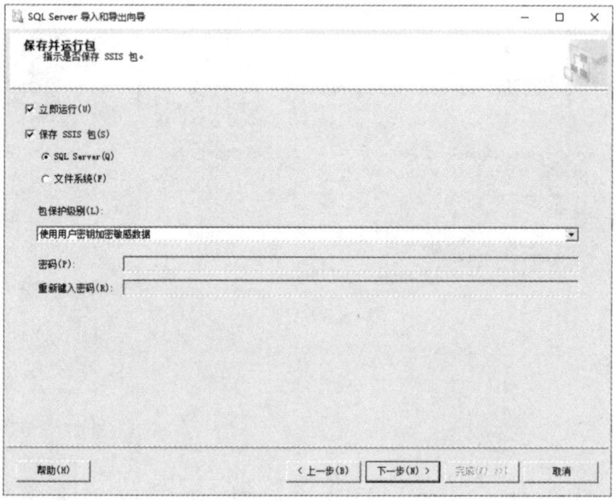

图 A.10　保存、调度和复制包

（13）单击【下一步】按钮，弹出【保存 SSIS 包】向导页面，如图 A.11 所示。在目标服务器保存一个 SSIS 包，相当于要用户在目标服务器上创建一个对象。所以，服务器将明确用户必须拥有一定的权限，命名规则必须符合 SQL Server 的对象命名规则。

（14）单击【下一步】按钮，弹出【完成向导】向导页面，如图 A.12 所示。

（15）单击【完成】按钮，弹出【正在执行操作…】向导页面，如图 A.13 所示。在这里，可以查看 SSIS 包的执行过程。如果不满意，可以取消。

完成后，可以在 SQL Server Management Studio 中查看导入表的信息。数据转换服务导出向导的使用方法与实例 A.1 相似，这里不再赘述。

图 A.11　【保存 SSIS 包】向导页面

图 A.12　【完成向导】向导页面

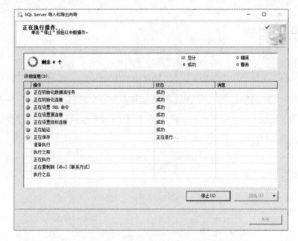

图 A.13　【正在执行操作…】向导页面

A.3　SSIS 设计器

SSIS 设计器是创建和维护 Integration Services 包的图形工具。本节主要讲解 SSIS 设计器的基本概念、安装方法以及使用方法。

A.3.1　SSIS 设计器的基本概念

SSIS 设计器作为 SSDT 项目的一部分，位于 Integration Services 中。用户可以使用 SSIS 设计器执行下列任务：

- ➥ 在包中构造控制流。
- ➥ 在包中构造数据流。
- ➥ 将事件处理程序添加到包和包对象。
- ➥ 查看包内容。
- ➥ 在运行时查看包的执行进度。

Integration Services 还有其他一些用于将功能添加到包的对话框和窗口，而 SSDT 提供用于配置开发环境及对包进行操作的窗口和对话框。

SSIS 设计器不依赖于 Integration Services 服务（即管理和监视包的服务），而且在 SSIS 设计器中创建或修改包也不需要该服务处于运行状态。但是，如果在 SSIS 设计器打开的情况下停止该服务，则无法再打开 SSIS 设计器提供的对话框，并且可能收到"RPC 服务器不可用"的错误消息。若要重置 SSIS 设计器并继续对包进行操作，就必须关闭设计器，退出 SSDT，然后重新打开 SSDT、Integration Services 项目和包。

A.3.2 安装 SSIS 设计器

SSIS 设计器作为 SSDT 项目的一部分，位于 Integration Services 中。并且，SSDT 位于 Visual Studio 中。所以，需要安装 Visual Studio、SSDT 组件与 Integration Services 扩展组件。

其中，Visual Studio 的安装在这里不进行讲解，直接讲解 SSDT 组件的安装，具体操作步骤如下：

（1）打开 Visual Studio 2019，如图 A.14 所示。

图 A.14　Visual Studio 2019

（2）单击【创建新项目】选项，然后将右侧的项目类型下拉到最下面，单击【安装多个工具和功能】选项，如图 A.15 所示。

（3）选中【数据存储和处理】选项，如图 A.16 所示。然后，单击【修改】按钮，开始安装 SQL Server Data Tools（SSDT）。等待 Visual Studio 将新增组件安装好后即可。

图 A.15　选择项目类型

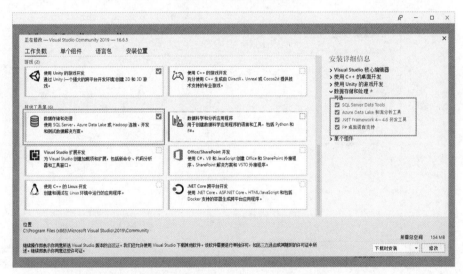

图 A.16　选择安装 SQL Server Data Tools（SSDT）组件

SSDT 组件安装完成后，需要安装 Integration Services 扩展组件，具体操作步骤如下：

（1）打开 Visual Studio 2019，单击【创建新项目】选项。在【创建新项目】对话框中，选择【SQL Server 数据库项目】模板，如图 A.17 所示。

（2）单击【下一步】按钮，进入【配置新项目】对话框，设置好项目名称与位置，如图 A.18 所示。

（3）单击【创建】按钮，进入项目界面，如图 A.19 所示。

图 A.17　选择项目类型

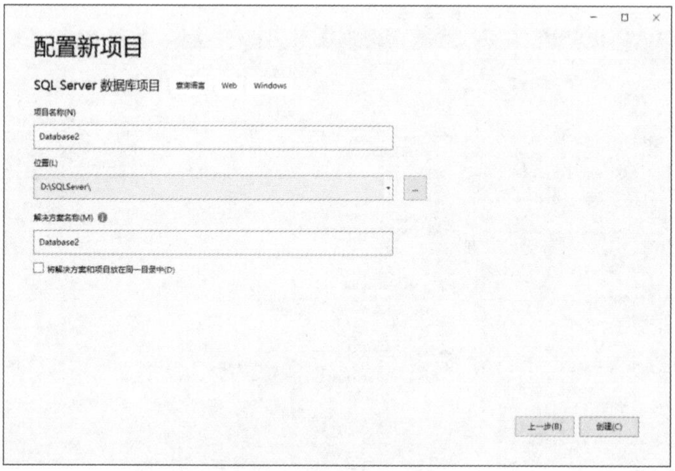

图 A.18　填写配置信息

图 A.19　进入项目界面

（4）执行【扩展】|【管理扩展】命令，弹出【管理扩展】对话框，如图 A.20 所示。

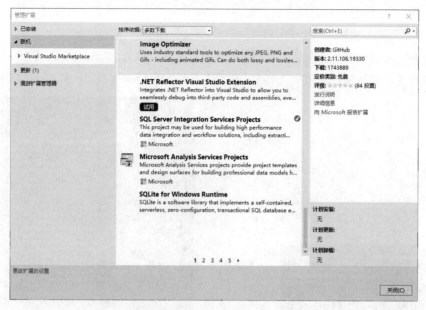

图 A.20　【管理扩展】对话框

（5）在右侧搜索框中输入 Integration Services 进行搜索。搜索结果如图 A.21 所示。

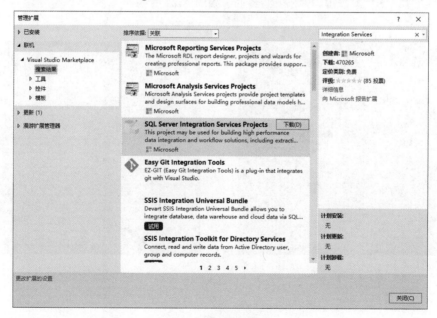

图 A.21　搜索结果

（6）选择 SQL Server Integration Services Projects 组件，然后单击【下载】按钮，开始下载。

如果觉得下载太慢可以单击详细信息，然后在弹出的网页中，使用下载工具下载。下载后的文件如果缺少扩展名，就添加.exe 后缀；如果不缺少，就直接双击该文件，这样也可以进入 Integration Services 安装界面。

（7）下载完成后，弹出设置要安装程序语言的界面，如图 A.22 所示。

（8）选择【中文简体】选项后，单击【确定】按钮，弹出欢迎界面，如图 A.23 所示。

图 A.22　选择安装程序语言　　　　　　　　图 A.23　欢迎界面

（9）单击【下一步】按钮。弹出安装界面，如图 A.24 所示。

（10）单击【安装】按钮，开始安装，如图 A.25 所示。

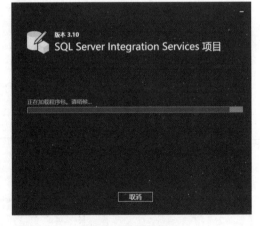

图 A.24　安装界面　　　　　　　　　　　图 A.25　开始安装

（11）安装完成后，弹出完成界面，如图 A.26 所示。单击【关闭】按钮，完成安装。

在安装 Integration Services 时，需要把 Visual Studio 与 SQL Server 相关软件全部关掉，避免发生冲突。

图 A.26 安装完成

A.3.3 SSIS 设计器使用方法简介

本小节将通过一个简单的例子介绍 SSIS 设计器的使用方法。这个例子是执行一个简单的商务操作，要完成的功能如下：

➤ 统计出 WZGL 数据库中库存数量小于 5 个的库存量。

➤ 将这个库存量导出成 Excel 文件。

具体实现如实例 A.2 所示。

实例 A.2 使用 SSIS 设计器。

（1）打开 Visual Studio 2019，创建并打开一个 Integration Services Project 项目，如图 A.27 所示。

图 A.27 Integration Services Project 项目

（2）在解决方案资源管理器中，双击 Package.dtsx，打开设计器，如图 A.28 所示。

图 A.28　DTS 设计器

（3）单击设计器右上角的 SSIS 工具箱按钮，打开工具箱，如图 A.29 所示。

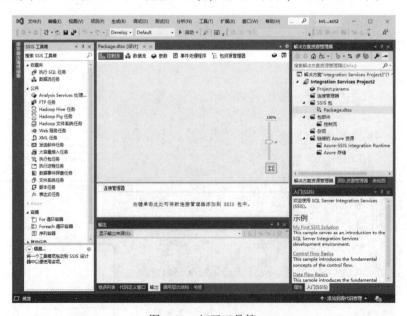

图 A.29　打开工具箱

（4）从左边的工具箱中拖动一个【数据流任务】模块到设计器界面中，如图 A.30 所示。

（5）单击设计器中的【数据流】选项卡，将左侧的【公共】分类下的【数据转换】模块、【其他源】分类下的【OLE DB 源】模块、【其他目标】分类下的【Excel 目标】模块拖到设计器界面中。将【OLE DB 源】模块的蓝线连接到【数据转换】模块，将【数据转换】模块的蓝线连接到【Excel 目标】模块，如图 A.31 所示。

图 A.30　添加数据流任务

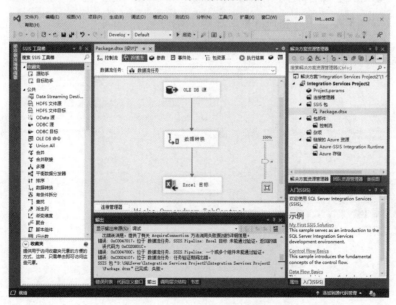

图 A.31　添加源与目标

　　（6）右击【OLE DB 源】模块，在弹出的快捷菜单中执行【编辑】命令，弹出【OLE DB 源编辑器】对话框，如图 A.32 所示。

（7）在该对话框中，单击【数据访问模式】下拉列表框，选择【SQL 命令】选项，输入以下命令：

```
SELECT * FROM 物资库存记录 WHERE 数量<5
```

（8）单击【生成查询】按钮，弹出【查询生成器】对话框，如图 A.33 所示。

图 A.32　【OLE DB 源编辑器】对话框

图 A.33　【查询生成器】对话框

（9）单击【确定】按钮，将查询语句添加到【SQL 命令文本】文本框中，如图 A.34 所示。

（10）单击【预览】按钮，预览查询到的数据，如图 A.35 所示。单击【关闭】按钮，再单击【确定】按钮，完成对【OLE DB 源】的编辑。

图 A.34　添加查询语句

图 A.35　预览查询结果

　　（11）右击【Excel 目标】模块，在弹出的快捷菜单中执行【编辑】命令，弹出【Excel 目标编辑器】对话框，如图 A.36 所示。

　　（12）单击【Excel 连接管理器】文本框后的【新建】按钮，弹出【Excel 连接管理器】对话框。单击【浏览】按钮，选择 Excel 表的位置，如图 A.37 所示。然后单击【确定】按钮，关闭该对话框。

　　图 A.36　【Excel 目标编辑器】对话框　　　　　　图 A.37　【Excel 连接管理器】对话框

　　（13）单击【数据访问模式】下拉列表框，选择【表或视图】选项，设置 Excel 表的名称为 Sheet1$，如图 A.38 所示。单击【确定】按钮，关闭该对话框。

图 A.38　连接属性

（14）右击【数据转换】模块，在弹出的快捷菜单中执行【编辑】命令，弹出【数据转换编辑器】对话框，如图 A.39 所示。

图 A.39 【数据转换编辑器】对话框

（15）选中所有列的名称，设置【数据类型】为【Unicode 字符串[DT_WSTR]】，如图 A.40 所示。单击【确定】按钮，关闭该对话框。

图 A.40 填写数据转换

（16）右击【Excel 目标】模块，在弹出的快捷菜单中执行【编辑】命令，弹出【Excel 目标编辑器】对话框。单击左侧的【映射】选项，依次设置对应关系，如图 A.41 所示。完成后，单击【确定】按钮，关闭该对话框。

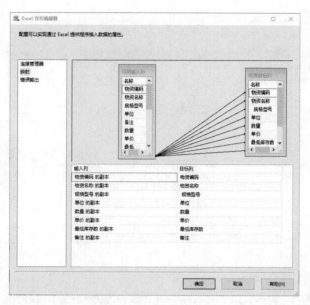

图 A.41　设置列的映射关系

（17）在【解决方案】资源管理器中，右击 Integration Services Project2 项目，在弹出的快捷菜单中执行【属性】命令，弹出【Integration Services Project2 属性页】对话框。执行【配置属性】|【调试】命令，将【调试选项】下的 Run64BitRuntime 选项设置为 False，如图 A.42 所示。单击【应用】按钮，再单击【确定】按钮，关闭该对话框。

图 A.42　【Integration Services Project2 属性页】对话框

（18）单击【启动】按钮，开始运行。运行完成后，3 个模块的右上角会显示为带有底纹的白色对钩，如图 A.43 所示。单击【进度】按钮，会展示执行的过程以及结果，如图 A.44 所示。打开 Excel 表，数据如图 A.45 所示。

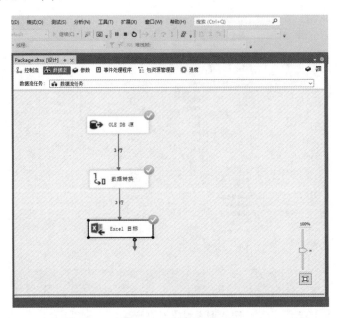

图 A.43　运行完成

图 A.44　执行结果

图 A.45　导出的 Excel 表

A.4　小结

本附录主要介绍了 SQL Server 提供的一个重要功能——数据传输服务。其内容主要包括如何使用数据导入和导出向导在不同数据库之间进行数据的传输，以及传输过程中应该注意的一些问题。本附录还介绍了 SQL Server 提供的 SSIS 包设计工具和 SSIS 设计器及其使用方法。通过本章的学习，用户应该对 SQL Server 的数据传输服务有了基本的了解，能够完成一定复杂程度的数据传输工作。

附录 B

SQL Server 与微软办公软件的集成

SQL Server 作为微软的数据库产品，与微软的其他办公软件很容易集成到一起。本附录主要介绍 SQL Server 与微软办公软件的集成，如 Word、Excel、Access 等。

B.1　在 Word 中插入数据库信息

如果想把 SQL Server 2019 中的数据库信息以表格的形式插入 Word 中，可以采用实例 B.1 的方式。

实例 B.1　在 Word 中插入物资库存记录信息。

（1）打开 Word，依次执行【文件】|【选项】命令，打开【Word 选项】对话框，如图 B.1 所示。

图 B.1　【Word 选项】对话框

（2）切换到【自定义功能区】选项，展示自定义功能区和键盘快捷键，如图 B.2 所示。

图 B.2　自定义功能区

（3）单击【从下列位置选择命令】下拉列表框，选择【不在功能区中的命令】选项。单击右下方的【新建选项卡】按钮和【新建组】按钮，分别新建选项卡和组。然后，选中【不在功能区中的命令】下的【插入数据库】选项，单击中间的【添加】按钮，将【插入数据库】选项添加到【新建组】下方，如图 B.3 所示。

图 B.3　插入数据库

（4）右击【新建选项卡】选项，重命名为【数据库】。单击【确定】按钮，关闭【Word 选项】对话框。在 Word 菜单栏中会出现【数据库】菜单项，如图 B.4 所示。

（5）单击【数据库】菜单项，然后单击【插入数据库】按钮，弹出【数据库】对话框，如图 B.5 所示。

图 B.4　【数据库】菜单项　　　　　　　　　图 B.5　【数据库】对话框

（6）单击【获取数据】按钮，弹出【选取数据源】对话框，如图 B.6 所示。在这里，可以选择已有的数据源，也可以新建数据源。在本例中，需要新建一个数据源。

（7）单击【新建源】按钮，弹出【数据连接向导】对话框，如图 B.7 所示。在这里，选择 Microsoft SQL Server 选项。

（8）单击【下一步】按钮，弹出【连接数据库服务器】向导页面，如图 B.8 所示。在【服务器名称】文本框中，填写要连接的 SQL Server 服务器名称或实例名称。

图 B.6 【选取数据源】对话框

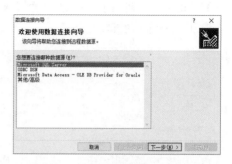

图 B.7 【数据连接向导】对话框

（9）单击【下一步】按钮，弹出【选择数据库和表】向导页面，如图 B.9 所示。在【选择包含您所需的数据的数据库】下拉列表框中，选择 WZGL 数据库。

图 B.8 输入数据库基本信息

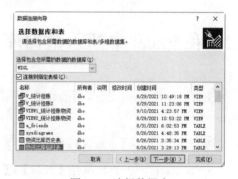

图 B.9 选择数据库

（10）在【连接到指定表格】选项区域框中，选择所需的表，本例选择"物资库存记录"。然后，单击【下一步】按钮，弹出【保存数据连接文件并完成】向导页面，如图 B.10 所示。在【文件名】文本框中为此文件命名，一般采用系统默认的命名即可。

（11）单击【完成】按钮，返回【数据库】对话框。然后，单击【查询选项】按钮，弹出【查询选项】对话框，如图 B.11 所示。在这里，分别设置【筛选记录】、【排序记录】和【选择域】选项卡。

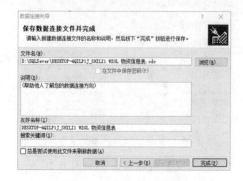

图 B.10 保存数据连接

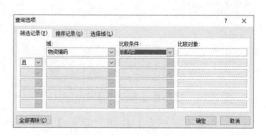

图 B.11 【查询选项】对话框

（12）单击【确定】按钮，返回【数据库】对话框。然后，单击【插入数据】按钮，弹出【插入数据】对话框，如图 B.12 所示。选中【全部】单选按钮，单击【确定】按钮。这时，Word 中就出现如图 B.13 所示的表格。

物资编码	物资名称	规格型号	单位	数量	单价	最低库存数	备注
0001	轮胎	0001	件	5	1	1	
0002	车架	0002	件	10	1	1	
0003	螺丝	0003	件	50	1	1	
0004	螺母	0004	件	7	1	1	
0005	扳手	0005	件	3	1	1	
0006	软管	0006	件	4	1	1	
0007	锁子	0007	件	4	1	1	
0008	车座	0008	件	8	1	1	

图 B.12 【插入数据】对话框 　　　　图 B.13 物资库存记录数据表

在 Word 中，对导出的数据库表格进行的任何操作都不会对数据库中的信息进行更改。

B.2 在 Excel 中插入数据库信息

如果想把 SQL Server 2019 中的数据库信息以表格的形式插入 Excel 中，可以采用实例 B.2 所示的方式。

实例 B.2 在 Excel 中插入物资库存记录信息。

（1）在 Excel 中，依次执行【数据】|【来自其他源】|【来自 SQL Server】命令，弹出【数据连接向导】对话框，如图 B.14 所示。在这里，填写服务器名称与登录凭据。

（2）单击【下一步】按钮，进入【选择数据库和表】向导页面。在这里，选择 WZGL 数据库，并选择"物资库存记录"，如图 B.15 所示。

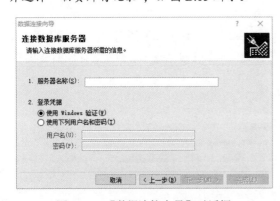

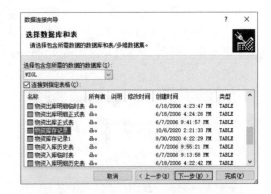

图 B.14 【数据连接向导】对话框 　　　　图 B.15 【选择数据库和表】向导页面

（3）单击【下一步】按钮，弹出【保存数据连接文件并完成】向导页面，如图 B.16 所示。在这里，保持默认选项即可。

（4）单击【完成】按钮，弹出【导入数据】对话框，如图 B.17 所示。在这里，可以选择将数据导入现有表或新建工作表。在这里，选择导入现有工作表。在【现有工作表】文本框中可以选择导入数据的起始位置。

图 B.16　【保存数据连接文件并完成】向导页面　　　　　图 B.17　【导入数据】对话框

（5）单击【确定】按钮，数据将导入 Excel 表中，如图 B.18 所示。

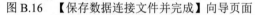

物资编码	物资名称	规格型号	单位	数量	单价	最低库存数	备注
0001	轮胎	0001	件	5	1	1	
0002	车架	0002	件	10	1	1	
0003	螺丝	0003	件	50	1	1	
0004	螺母	0004	件	7	1	1	
0005	扳手	0005	件	3	1	1	
0006	软管	0006	件	4	1	1	
0007	锁子	0007	件	4	1	1	
0008	车座	0008	件	8	1	1	

图 B.18　导入的数据

B.3　在 Access 中插入数据库信息

使用 Access 调用或访问 SQL Server 的方式比较多，可以分为以下两类：

➥　导入 mdb 文件、连接 SQL Server 数据表。

➥　使用 adp 项目访问 SQL Server 数据库。

下面分别进行介绍。

B.3.1　导入 mdb 文件、连接 SQL Server 数据表

mdb 文件是 Access 默认的数据库格式。用户可以将 SQL Server 数据表导入 Access 数据库文件。实例 B.3 介绍了如何将 SQL Server 数据表导入 Access。

实例 B.3 向 Access 导入 WZGL 数据库中所有的表。

（1）打开 Access，依次执行【创建】|【表】命令，新建一个表。在左侧对象列表中，右击【表1】，在弹出的快捷菜单中执行【导入】命令，展示支持的数据源类型，如图 B.19 所示。

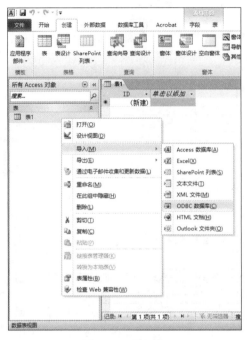

图 B.19　导入表

（2）选择【ODBC 数据库】选项，弹出【获取外部数据-ODBC 数据库】对话框，如图 B.20 所示。

图 B.20　【获取外部数据-ODBC 数据库】对话框

（3）单击【确定】按钮，弹出【选择数据源】对话框，如图 B.21 所示。

（4）切换到【机器数据源】选项卡，单击【新建】按钮，弹出【创建新数据源】对话框，如图 B.22 所示。

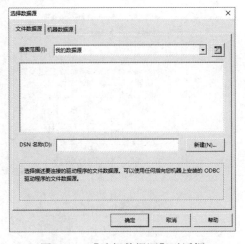

图 B.21　【选择数据源】对话框

图 B.22　【创建新数据源】对话框

（5）单击【下一步】按钮，在滚动窗口中选择 SQL Server 选项，如图 B.23 所示。

（6）单击【下一步】按钮，新数据源创建完成，如图 B.24 所示。

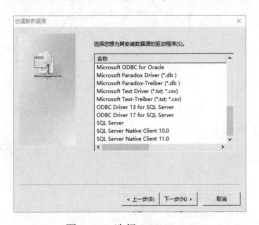

图 B.23　选择 SQL Server

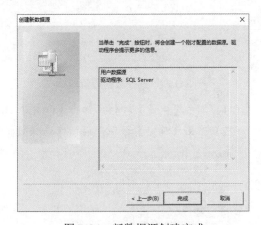

图 B.24　新数据源创建完成

（7）单击【完成】按钮，弹出【创建到 SQL Server 的新数据源】对话框。在这里，填写名称和服务器信息，如图 B.25 所示。

（8）单击【下一步】按钮，进入验证登录 ID 阶段，如图 B.26 所示。在这里，使用默认设置即可。

（9）单击【下一步】按钮，进入选择数据库阶段。选择默认数据库为 WZGL，如图 B.27 所示。

（10）单击【下一步】按钮，进入数据库属性设置阶段，如图 B.28 所示。在这里，使用默认设置即可。

图 B.25 【创建到 SQL Server 的新数据源】对话框

图 B.26 验证登录 ID 阶段

图 B.27 选择数据库阶段

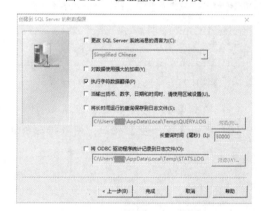

图 B.28 数据库属性设置阶段

（11）单击【完成】按钮，弹出【ODBC Microsoft SQL Server 安装】对话框，如图 B.29 所示。

（12）单击【确定】按钮，返回【选择数据源】对话框，如图 B.30 所示。

图 B.29 【ODBC Microsoft SQL Server 安装】对话框

图 B.30 【选择数据源】对话框

（13）在【机器数据源】选项卡中，选择 WZ 数据源，单击【确定】按钮，弹出【导入对象】对话框，如图 B.31 所示。

（14）选择"物资信息表"后，单击【确定】按钮，弹出【保存导入步骤】向导页面，如图 B.32 所示。

图 B.31　【导入对象】对话框

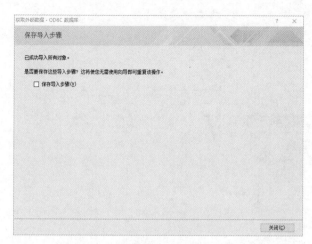

图 B.32　【保存导入步骤】向导页面

（15）单击【关闭】按钮，"物资信息表"会导入 Access，如图 B.33 所示。

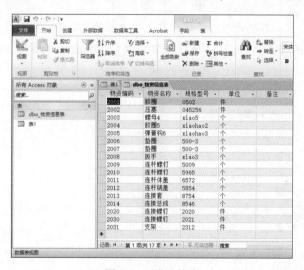

图 B.33　导入的表

B.3.2　使用 adp 项目访问 SQL Server 数据库

在 Access 中，adp 项目是把数据库前端的窗体、报表和其他应用程序对象存储在一个 adp 复合文档中。该文档不包含表和查询，仅仅是 SQL Server 的前端界面程序。

实例 B. 4 在 Access 中创建 adp 项目。

（1）打开 Access，依次执行【文件】|【新建】命令，在 Access 右侧窗格中选中【空数据库】选项，如图 B.34 所示。

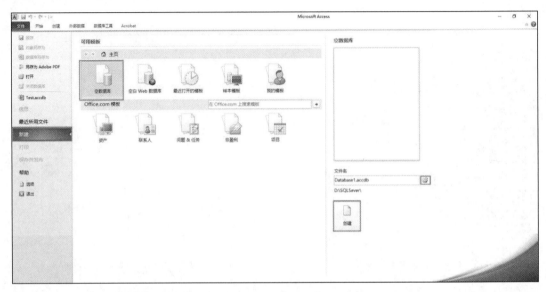

图 B. 34 新建文件

（2）单击【文件名】文本框后的路径按钮，在弹出的【文件新建数据库】对话框中指定项目保存路径，并指定【文件名】为 test1，【保存类型】为【Microsoft Access 项目(*.adp)】，如图 B.35 所示。

图 B.35 指定为 adp 类型项目

（3）单击【确定】按钮后，返回到图 B.34 的界面中。单击【创建】按钮，弹出询问是否选择连接数据库的对话框，如图 B.36 所示。

（4）单击【是】按钮，弹出【数据链接属性】对话框。在【选择或输入服务器名称】文本框中输入服务器的名称，在【输入登录服务器的信息】选项区域中输入 SQL Server 的用户名称和密码，并允许保存密码，在【在服务器上选择数据库】下拉列表框中选择 WZGL 数据库，如图 B.37 所示。

图 B.36　是否选择连接数据库　　　　　　图 B.37　【数据链接属性】对话框

（5）单击【测试连接】按钮，弹出测试连接成功提示的对话框，如图 B.38 所示。单击【确定】按钮，返回【数据链接属性】对话框。单击【确定】按钮，进入 test1.adp 项目，如图 B.39 所示。

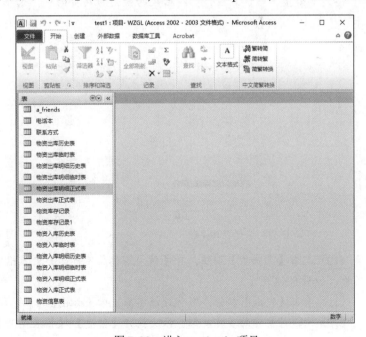

图 B.38　测试连接成功　　　　　　图 B.39　进入 test1.adp 项目

（6）在项目界面中的【表】列表中可以看到所有 WZGL 数据库的表。单击列表右侧的下拉按钮，会展示可显示的对象，如图 B.40 所示。

（7）依次执行【创建】|【窗体向导】命令，弹出【窗体向导】对话框，如图 B.41 所示。

图 B.40　可显示的对象

图 B.41　创建窗体向导

（8）在该对话框中选择对应的表，并添加字段到【选定字段】列表框中，如图 B.42 所示。

（9）单击【下一步】按钮，在出现的使用布局页面中，选中【表格】单选按钮，如图 B.43 所示。

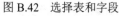

图 B.42　选择表和字段

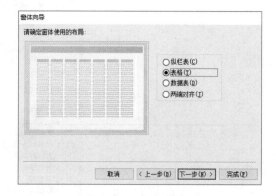

图 B.43　选择窗体布局

（10）单击【下一步】按钮，在【请为窗体指定标题】文本框中输入"物资库存记录"作为标题名称，如图 B.44 所示。

（11）单击【完成】按钮，窗体设计完成，效果如图 B.45 所示。

（12）同设计窗体的步骤类似，依次执行【创建】|【报表向导】命令，使用报表向导可以设计物资库存记录的报表，效果如图 B.46 所示。

图 B.44 指定窗体标题

物资库存记录

物资编码	物资名称	规格型号	单位	数量	单价	最低库存数	备注
0001	轮胎	0001	件	5	1	1	
0002	车架	0002	件	10	1	1	
0003	螺丝	0003	件	50	1	1	
0004	螺母	0004	件	3	1	1	
0005	扳手	0005	件	4	1	1	
0006	软管	0006	件	2	1	1	
0007	锁子	0007	件	4	1	1	
0008	车座	0008	件	4	1	1	
0009	座套	0009	件	7	1	1	

图 B.45 窗体效果

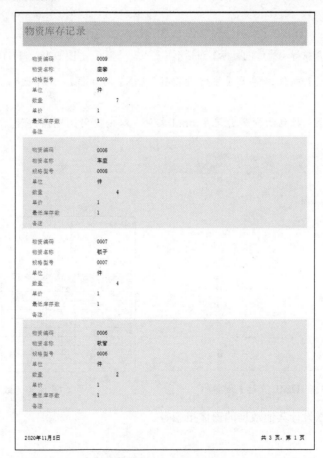

图 B.46 报表效果

（13）在表中右击【物资库存记录】表，在弹出的快捷菜单中执行【导出】|【HTML 文档】命令，弹出【选择数据导出操作的目标】对话框，如图 B.47 所示。

（14）单击【确定】按钮，弹出【HTML 输出选项】对话框，如图 B.48 所示。如果有模板，可以通过单击【浏览】按钮进行选择使用。

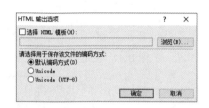

图 B.47　【选择数据导出操作的目标】对话框　　　　图 B.48　【HTML 输出选项】对话框

（15）单击【确定】按钮，弹出【导出-HTML 文档】对话框，如图 B.49 所示。单击【关闭】按钮，导出完成。

（16）在保存路径中找到物资库存记录.html 文件，双击使用浏览器打开，效果如图 B.50 所示。

图 B.49　【导出-HTML 文档】对话框　　　　　图 B.50　数据访问页

读者有兴趣还可以设计其他数据的窗体报表等。

B.4　在 Visio 中设计 SQL Server 数据库

在 Visio 中，对数据库进行设计比较直观。所以，用户可以将 SQL Server 数据库服务器中的对象导入 Visio 进行设计。具体操作如实例 B.5 所示。

实例 B.5 将 WZGL 数据库信息导入 Visio。

（1）打开 Visio。依次执行【数据】|【将数据链接到形状】命令，弹出【数据选取器】对话框，如图 B.51 所示。

（2）选中【Microsoft SQL Server 数据库】单选按钮，单击【下一步】按钮，弹出【数据连接向导】对话框，如图 B.52 所示。

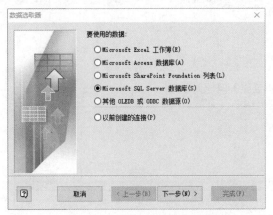

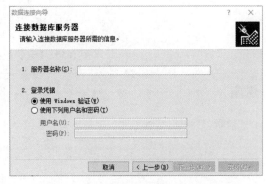

图 B.51　【数据选取器】对话框　　　　　图 B.52　【数据连接向导】对话框

（3）将服务器名称填写为 DESKTOP-4QILP1J_SHILI1。单击【下一步】按钮，弹出【选择数据库和表】向导页面，如图 B.53 所示。

（4）选择 WZGL 数据库，并选择"物资信息表"。单击【下一步】按钮，弹出【保存数据连接文件并完成】向导页面，如图 B.54 所示。在这里，使用默认设置即可。

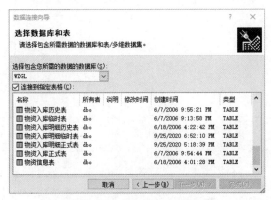

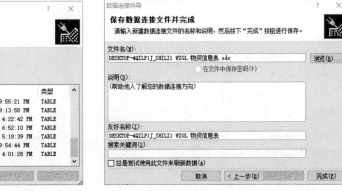

图 B.53　【选择数据库和表】向导页面　　　图 B.54　【保存数据连接文件并完成】向导页面

（5）单击【完成】按钮，弹出【选择数据连接】向导页面，如图 B.55 所示。

（6）单击【完成】按钮，将物资信息表导入 Visio，如图 B.56 所示。

（7）拖动表格中的数据到绘图窗口会形成对应的图形，如图 B.57 所示。

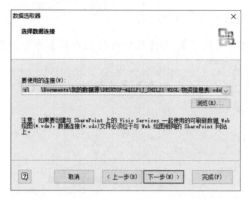

图 B.55 【选择数据连接】向导页面

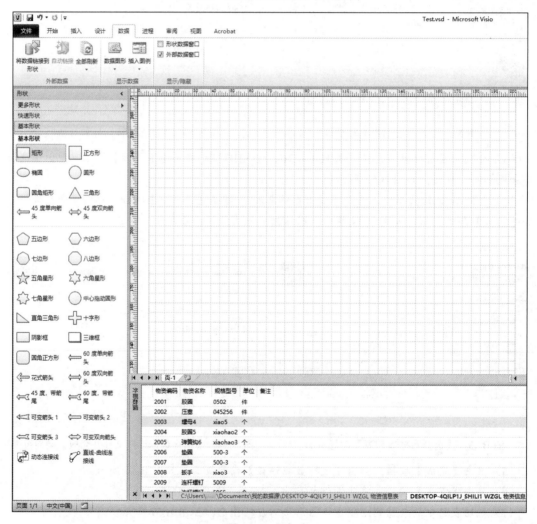

图 B.56 导入表

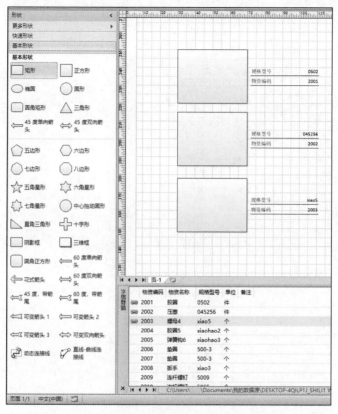

图 B.57　将数据变为图形

在 Visio 中对数据库属性的编辑并不能反射回 SQL Server 数据库中。

B.5　小结

本附录主要介绍如何在 Word 和 Excel 中使用 SQL Server 中的数据，如何将 SQL Server 数据库迁移到 Access 的 mdb 文件中，如何使用 adp 项目访问 SQL Server 数据库，以及在 Visio 中如何导入 SQL Server 并进行设计。通过本附录的学习，读者能够了解 SQL Server 如何与微软软件进行集成使用。